DATONG KUANGQU TEHOU MEICENG ZONGFANG KAICAI

大同矿区特厚煤层综放开采理论与技术

于 斌 刘长友 著

中国矿业大学出版社

China University of Mining and Technology Press

内 容 提 要

本书以大同矿区特厚煤层为工程背景,研究了该条件下综放开采的理论与技术。主要内容包括石炭系特厚煤层综放开采设备选型与配套、石炭系特厚煤层综放开采煤矸流场规律及放煤工艺、石炭系特厚煤层综放开采强矿压显现规律、石炭系特厚煤层综放开采覆岩破断运动规律、石炭系特厚煤层综放开采强矿压显现机理、石炭系特厚煤层综放开采覆岩破断失稳结构特征、特厚煤层综放开采覆岩结构力学模型及支架阻力确定、石炭系特厚煤层综放开采安全保障技术和效益分析。本书所述内容具新颖性、先进性和实用性。

本书可供从事采矿工程及相关专业的科研人员及工程技术人员参考。

图书在版编目(CIP)数据

大同矿区特厚煤层综放开采理论与技术/于斌,刘长友
著. —徐州:中国矿业大学出版社,2014.12
ISBN 978-7-5646-2598-6

Ⅰ.①大… Ⅱ.①于… ②刘… Ⅲ.①特厚煤层－煤
矿开采－矿压显现－研究－大同市 Ⅳ.①TD823.25

中国版本图书馆 CIP 数据核字(2014)第 306050 号

书　　名	大同矿区特厚煤层综放开采理论与技术
著　　者	于　斌　刘长友
责任编辑	王美柱
出版发行	中国矿业大学出版社有限责任公司
	(江苏省徐州市解放南路　邮编 221008)
营销热线	(0516)83885307　83884995
出版服务	(0516)83885767　83884920
网　　址	http://www.cumtp.com　E-mail:cumtpvip@cumtp.com
印　　刷	江苏淮阴新华印刷厂
开　　本	787×1092　1/16　**印张** 14.25　**字数** 356 千字
版次印次	2014 年 12 月第 1 版　2014 年 12 月第 1 次印刷
定　　价	56.00 元

(图书出现印装质量问题,本社负责调换)

前　言

我国厚煤层储量丰富,可采储量占全国总可采储量的 45％左右,每年由井工开采的厚煤层产量占全国煤炭总产量的 40％～50％,因此,厚煤层的安全、高效、高回收率开采对于我国煤炭工业的发展具有重要影响。综放开采技术是实现厚及特厚煤层安全高效开采的有效方法之一。30 多年来,综采放顶煤技术经过不断的试验研究,其适用的煤层地质条件不断扩大,技术与经济效益优势不断突显,从而在我国得到了迅猛发展和广泛应用,为企业创造了巨大的效益,为煤炭工业的发展作出了重大贡献,其主要技术经济指标处于国际领先水平。目前,我国年产 600 万～1 000 万 t 及以上具有国际领先技术水平的高产高效矿井和综采工作面都是在厚及特厚煤层开采条件下实现的。近年来,随着煤炭开采技术和装备水平的提高,综放开采的煤层开采厚度已经突破 14 m,使特厚煤层综放开采跃上了新水平。

大同煤田属于双系开采煤田,目前上部侏罗系煤层开采已近结束,正逐步转产到下部石炭系煤层,主采煤层为 3-5# 煤层。3-5# 煤层全层总厚 1.63～29.21 m,平均厚 15.72 m,为了安全高效地开采该特厚煤层,大同矿区结合大采高综采和综放开采的优势,发明了“特厚煤层(14～20 m)大采高综放开采工艺技术”(ZL201010297332.2),从而在 20 m 特厚煤层安全高效开采方面实现了重大突破。3-5# 煤层开采不但受本煤层覆岩坚硬顶板的影响,还受侏罗系采空区煤柱以及井田范围口泉断裂构造应力等的影响。因此,3-5# 特厚煤层的开采面临覆岩坚硬顶板的影响和双系煤层开采引起的强矿压的影响,要保障石炭系特厚煤层的安全高效高回收率开采,必须在设备的合理选型配套、回采工艺参数合理确定、强矿压显现机理、坚硬顶板控制等关键技术方面进行攻关研究。本书即是石炭系特厚煤层开采有关理论与技术研究成果的总结。本书分为十章,包括绪论、石炭系特厚煤层综放开采设备选型与配套、石炭系特厚煤层综放开采煤矸流场规律及放煤工艺、石炭系特厚煤层综放开采强矿压显现规律、石炭系特厚煤层综放开采覆岩破断运动规律、石炭系特厚煤层综放开采强矿压显现机理、石炭系特厚煤层综放开采覆岩破断失稳结构特征、特厚煤层综放开采覆岩结构力学模型及支架阻力确定、石炭系特厚煤层综放开采安全保障技术和经济效益等。研究成果丰富了综放开采理论与技术。

本书是大同矿区在特厚煤层安全高效开采方面的研究实践成果总结,也是产学研合作的成果。感谢参与相关研究的有关科研人员所做的工作,感谢同煤集团领导和塔山煤矿、同忻煤矿的有关领导和工程技术人员的支持和帮助,正是有了你们的大力支持和密切合作,保障了各项研究工作的顺利完成。

由于作者水平所限,书中难免出现错误和不当之处,敬请同行专家和读者给予批评指正。

著 者

2014 年 11 月

目　录

1 绪论 ……………………………………………………………………………… 1
　1.1 我国特厚煤层综放开采的发展现状及趋势 ……………………………… 1
　1.2 大同矿区煤层赋存条件和开采环境 ……………………………………… 5
　1.3 大同矿区特厚煤层综放开采面临的科技问题 ………………………… 17
　1.4 取得的主要成果 ………………………………………………………… 18

2 石炭系特厚煤层综放开采设备选型与配套 ………………………………… 20
　2.1 特厚煤层地质条件 ……………………………………………………… 20
　2.2 特厚煤层综放工作面液压支架选型 …………………………………… 23
　2.3 特厚煤层综放工作面采煤机选型 ……………………………………… 28
　2.4 特厚煤层综放工作面刮板输送机选型 ………………………………… 30
　2.5 特厚煤层综放工作面其他设备选型 …………………………………… 33
　2.6 特厚煤层综放工作面三机配套 ………………………………………… 34

3 石炭系特厚煤层综放开采煤矸流场规律及放煤工艺 ……………………… 47
　3.1 特厚煤层综放开采煤矸流场规律 ……………………………………… 47
　3.2 影响特厚煤层顶煤回收率的因素 ……………………………………… 53
　3.3 特厚煤层综放面放煤工艺参数确定 …………………………………… 54

4 石炭系特厚煤层综放开采强矿压显现规律 ………………………………… 58
　4.1 特厚煤层综放工作面来压规律及矿压显现特征 ……………………… 58
　4.2 特厚煤层综放工作面回采巷道强矿压显现规律 ……………………… 74
　4.3 特厚煤层综放工作面区段煤柱的应力分布特征 ……………………… 80

5 石炭系特厚煤层综放开采覆岩破断运动规律 ……………………………… 83
　5.1 上覆侏罗系煤层开采顶板的运动失稳规律 …………………………… 83
　5.2 石炭系煤层开采顶板的运动失稳规律 ……………………………… 114
　5.3 基于数字全景成像的覆岩运动观测 ………………………………… 123
　5.4 基于微震监测的覆岩活动特征 ……………………………………… 127

6 石炭系特厚煤层综放开采强矿压显现机理 ……………………………… 130
　6.1 特厚煤层综放开采强矿压显现影响因素 …………………………… 130

6.2 区域构造对煤岩应力场的影响规律 ·· 132

6.3 侏罗系煤层采空区煤柱的应力集中影响规律 ·································· 138

6.4 石炭系特厚煤层开采覆岩破断运动影响范围 ·································· 142

6.5 临空巷道超前支护段的双向应力影响规律 ···································· 146

6.6 石炭系特厚煤层综放开采的强矿压显现机理 ································ 148

7 石炭系特厚煤层综放开采覆岩破断失稳结构特征 ······················· 150

7.1 厚层坚硬顶板的垮断特征及破断机理 ·· 150

7.2 特厚煤层综放开采顶板破断规律的相似模拟 ································ 160

7.3 石炭系特厚煤层开采覆岩应力变化特征 ······································ 169

7.4 石炭系特厚煤层开采覆岩坚硬顶板破断失稳结构特征 ················ 171

8 特厚煤层综放开采覆岩结构力学模型及支架阻力确定 ················· 173

8.1 特厚煤层综放开采覆岩结构力学模型 ·· 173

8.2 特厚煤层综放开采覆岩结构参数确定 ·· 176

8.3 特厚煤层综放工作面支架阻力计算 ·· 178

9 石炭系特厚煤层综放开采安全保障技术 ······································· 180

9.1 覆岩厚层坚硬顶板分层垮断定向控制技术 ···································· 180

9.2 特厚煤层初采期间瓦斯控制技术 ·· 192

9.3 特厚煤层临空巷道强矿压控制技术 ·· 203

9.4 特厚煤层综放工作面防灭火技术 ·· 208

10 效益分析 ··· 215

10.1 经济效益 ·· 215

10.2 社会效益 ·· 215

参考文献 ·· 216

1 绪　　论

1.1 我国特厚煤层综放开采的发展现状及趋势

1.1.1 特厚煤层综放开采技术发展现状

我国厚煤层储量丰富,可采储量占全国总可采储量的 45％ 左右,每年由井工开采的厚煤层产量占全国煤炭总产量的 40％～50％,因此,厚煤层的安全、高效、高回收率开采对于我国煤炭工业的发展具有重要影响。我国传统的厚煤层开采方式一般采用分层综采工艺方式,到 20 世纪 80 年代初,我国开始引进试验综采放顶煤技术开采厚及特厚煤层,由于综采放顶煤技术与厚煤层分层综采相比具有巷道掘进率低、产量高、成本低、效益好的优点,因而综放开采技术在我国经过不断探索、研究完善和推广应用,得到了快速发展,取得了令世人瞩目的技术和经济效益。

我国综放开采技术的发展过程,大体可分为以下三个阶段。

第一阶段为探索阶段(1982～1986 年)。我国从 1982 年开始引进研究综放开采技术。1984 年在沈阳矿务局蒲河煤矿北三采区首次进行了缓倾斜长壁工作面综放开采工业试验,由于支架设计及配套不合理、生产管理缺乏经验,试验没有取得成功。1985～1986 年,又在甘肃窑街矿务局二矿进行急倾斜特厚煤层水平分段综放采煤法,试验获得成功并进行了技术鉴定,该成果分别于 1988 年和 1990 年获得煤炭工业科技进步二等奖和国家科技进步二等奖,试验结果证明,综放开采在我国是完全可行的。

第二阶段为推广完善提高阶段(1987～1995 年)。1986 年以后,综放开采进入推广、完善和提高阶段,并在我国得到迅猛发展,先后在辽源矿务局梅河口矿、乌鲁木齐矿务局六道湾煤矿和平庄矿务局推广了急倾斜特厚煤层水平分段综放开采技术,均获成功。在平顶山、阳泉、潞安、晋城、郑州、兖州等矿务局推广了缓倾斜特厚煤层综放采煤法,都取得了良好的技术经济效果。1990 年下半年,阳泉一矿 8603 长壁工作面首先在倾角 3°～7°,煤层厚 6 m 左右,工作面长度 120 m 的综放面实现了月产原煤超过 14 万 t,比该矿分层综采工作面产量和效率都提高了一倍以上,而且工作面的煤炭回采率超过 80％。1993 年潞安王庄煤矿综放工作面单产达到 0.311 Mt/月,年产达到 2.53 Mt。1994 年兖州兴隆庄煤矿综放工作面单产突破 300 万 t/a,实现了高产高效的目标,成为这一阶段的标志性成果。同时,在"三软"煤层、"大倾角"煤层(30°左右)、"高瓦斯"煤层等难采条件下的综放开采技术以及综放开采的岩层控制、支架与围岩关系、顶煤可放性、放煤工艺等理论研究均有了重大进展,加快了综放开采推广应用的步伐。

第三阶段为技术成熟、高产高效发展和提高阶段(1995 年至今)。随着综放开采有关技术难点被逐渐攻克,综放开采技术进入了高产高效发展阶段,其巨大的技术优势得到了煤矿生产企业的普遍认同。1995 年煤炭工业部把综放开采技术列为"九五"期间煤炭行业重点攻关和推广的五项技术之一,并把综放开采的有关问题列为煤炭部"九五"重点科技攻关项目,1997 年国家自然科学基金委将"厚煤层整层开采基础研究"作为重点项目(NO.59734090)加以研究。兖矿集团煤炭行业"九五"攻关重点项目"缓倾斜特厚煤层高产高效综放开采成套技术与装备研究"的完成,解决了综放开采排头支架放煤、采煤机负压二次降尘、支架结构由铰接顶梁改为整体顶梁,以提高顶板控制效果和顶煤回收率等关键技术问题。综放开采技术在一些地质构造简单、储量大、自然灾害少、煤层厚度 6～9 m 的中硬煤层工作面,单产、效益大幅度增长,连创新高。如 1997 年兖州矿务局东滩煤矿综采二队年产达 410 万 t,工效 208 t/工;1998 年,该队又创下了工作面年单产超过 540 万 t、工效达 235 t/工的佳绩,达到了长壁开采单产国际先进水平。2001 年,兖州矿区"600 万 t 综放工作面设备配套与技术研究"项目的实施和完成,使我国综放开采技术达到了一个新的阶段,实现了平均日产 20 376 t,最高日产 24 047 t,最高月产 631 668 t,最高回采工效 369.39 t/工,平均采出率 87.43%的最高水平,创造了二十年来我国也是世界上综放开采单产、工效和采出率的最高纪录。2007 年,平朔煤炭公司安家岭 2# 井工矿综放工作面年产量达到 800 万 t,达到世界先进采煤国家水平。同时,对一些难采煤层,如"三软"、"两硬"、"大倾角"、"高瓦斯"、"易燃"、"较薄厚煤层"等的放顶煤开采技术也有了长足的发展,并形成了各自的开采特色。

随着科学技术的进步,综放开采技术也在不断发展和提高,2004 年 12 月,两柱掩护式综采放顶煤液压支架在兖矿集团成功进行了工业性试验,并进行了全面的推广和应用。该架型的试验成功,为我国综放开采技术、装备的出口奠定了基础。2007 年 4 月,兖矿集团兴隆庄煤矿针对平均 8.6 m 特厚煤层试验研究了 4 m 大采高综放工作面支护设备配套与工艺研究,解决了 4 m 大采高综放液压支架、过渡放顶煤液压支架以及端头和顺槽支架配套问题;2007 年 5 月,潞安王庄煤矿在 6203 工作面建成国内第一个在 7 m 厚煤层条件下的大采高自动化综放工作面。同煤集团于 2006 年 6 月在塔山煤矿煤层厚度平均 15.4 m 条件下开展特厚煤层大采高综放开采试验研究,支架工作阻力由起初的 10 000 kN 增加到 13 000 kN,8103 工作面顶煤放出率达到 90.1%,工作面采出率达到 92%;平均日产煤量 20 592.19 t/d,最高月产量 130 万 t,工作面直接工效平均 196.12 t/工,最高为 412.70 t/工。2010 年 9 月,在同忻煤矿 8101 工作面试验成功了我国第一套国内支撑高度最高、工作阻力最大的 ZF15000/27.5/52 型高效综放液压支架,由于机采高度的提高,煤层采出率提高了 3.5%,工作面年产能力达到 1 000 万 t,获得了巨大的经济效益和社会效益。

1.1.2 厚及特厚煤层开采装备进展

近 10 年以来,我国采煤装备发展迅速,在电牵引采煤机、系列化液压支架、大型刮板输送机及大运量、大运距带式输送机开发上取得了突破,从而为厚及特厚煤层的安全高效开采提供了保障。

我国自主研发了适应不同开采条件的智能化、高可靠性采煤机装备,形成了系列化的电牵引采煤机。目前,我国电牵引采煤机割煤高度最大 7.0 m、总装机功率 2 500 kW、适应倾角 0～60°,牵引速度超过 20 m/min,最大落煤能力达 6 000 t/h,并装备了以微处理技术为基础的智能监测、监控、保护系统,采用先进的信息处理技术和传感技术,实现了机电一体化。如 MG1000/2500—WD 型采煤机,采高 3.2～7.0 m,装机功率 2 500 kW,截割功率 2×1 000 kW,滚筒直径 3 200 mm,牵引速度 12～24 m/min。

我国自主研发了支护高度 0.5～7.2 m,工作阻力 2 000～17 000 kN,支架宽度 1.50、1.75、2.05 m,立柱缸径最大达 500 mm,适应倾角 0～60°等 500 多种架型。Q890、Q690、Q550 高强度材料和先进焊接工艺的应用大幅度提高了支架的可靠性和稳定性。综放开采液压支架架型以两柱掩护式低位放顶煤液压支架和四柱支撑掩护式低位放顶煤液压支架为主导架型,支架最大高度 5.2 m,最大工作阻力 15 000 kN,满足了大采高综放开采的要求。

我国自主研发了槽宽 630～1 400 mm,功率 2×110～3×1 500 kW,运力 500～4 500 t/h 的 12 种系列刮板输送机、转载机,可满足单一工作面年产 60 万～1 000 万 t 的要求。如 SGZ1400/4500 型刮板输送机,总功率 3×1 500 kW,运输能力 4 500 t/h,刮板链速 1.6 m/s,链条最小破断力 3 900 kN。SZZ1600/700 型转载机,总功率 700 kW,运输能力 15 000 t/h,刮板链速 2.0 m/s,链条最小破断力 2 220 kN,具有大运量和高可靠性特点。

长运距、大运量带式输送机。目前,我国研发的煤矿带式输送机带宽可达 2.0 m,装机功率可达(3×500+3×500) kW,运力达到 4 500 t/h,固定带式输送机带速可达 6.0 m/s,工作面巷道可伸缩带式输送机带速可达 4.5 m/s,单条运输距离达 6 000 m 以上,完全能够保证单一工作面年产 1 000 万 t 的运力要求。DSJ160/300/3×500+3×500 型工作面巷道可伸缩带式输送机主要参数见表 1-1。

表 1-1 可伸缩带式输送机主要参数

总功率/kW	带宽/mm	运输能力/(t/h)	运输长度/m	带速/(m/s)	带强/(N/mm)
3 000	1 600	3 000	>6 000	4.5	ST2500

1.1.3 大同矿区综放开采的发展历程

大同矿区综放开采最早始于 1993 年,是在侏罗系"两硬"厚煤层条件下进行的,开采条件包括侏罗系厚煤层整层综放开采、预采顶分层的网下综放开采和石炭系特厚煤层的大采高综放开采。

(1)侏罗系"两硬"厚煤层综放开采

1993 年在忻州窑矿侏罗纪 11#～12# 合并煤层 8920 工作面进行了"两硬"条件厚煤层一次采全高低位放顶煤开采试验,但效果不理想。真正意义上的成功开采是 1998 年 1 月在忻州窑矿西二盘区 11# 煤层 8911 综采放顶煤工作面进行的放顶煤试验,达到了平均日产 3 200 t,平均月产 96 200 t,顶煤采出率 70.1%,工作面采出率 80.3%。实现了"两硬"条件下年产达百万吨、工作面采出率达 80% 以上的科研攻关目标,后来推广到煤峪口矿、云冈矿等。现今技术成熟,最高日产达到 7 500 t,平均月产在 13 万 t 以上,工作面煤炭采出率达到 83% 以上,实现了安全、高效开采。

工作面用 ZFS7500/22/35 型基本支架、ZFSD5600/22/35 型端头支架及 ZFSG6800/22/35 型过渡支架支护顶板,选用 MGTY300/700—1.4 采煤机割煤,前部刮板输送机为 SGZ—764/400,后部刮板输送机为 SGZ—830/630。工作面采用单一走向长壁后退式放顶煤开采,机采高度 3.0 m,放顶煤步距按"一刀一放",确定循环进尺 0.6 m,顶煤从支架后掩护梁上落入后部刮板输送机,放顶煤与割煤平行作业。

大同"两硬"条件下综放开采的难点在于坚硬顶板和煤层的处理,顶煤坚硬致使冒放性差、顶煤难以回收,顶板坚硬不易垮落且难以控制。通过研究与实践,采用了坚硬顶煤和顶板弱化、破碎控制技术,攻克了硬煤冒放和顶板控制的理论技术难题,实现了"两硬"特厚煤层低位放顶煤综采。

坚硬顶煤和顶板弱化、破碎控制技术是在沿顶板掘进的 2 条工艺巷内超前工作面 20 m 对顶板和顶煤实施预爆破。事先在煤岩体内产生裂隙,使煤岩体弱化,从而达到安全、高效放顶煤的目的。顶煤预爆破的炮孔深度一般为 25 m 左右,顶板预爆破的炮孔深度一般为 15 m 左右。采用普通硝铵炸药与瞬发雷管起爆,开采实践证明,效果较好。

大同侏罗纪煤层预采顶分层放顶煤开采试验曾经历 2 个时期,1991 年在煤峪口矿 11# ~ 12# 合并煤层 8809 工作面下分层(上层采用铺连网综采)采用工作阻力 5 600 kN 的高位放顶煤支架进行金属网假顶下的放顶煤开采。采煤机切割煤厚 2.8 m,顶煤厚 2.0 m。开采中存在 2 个问题:一是由于已采上分层(采高 3.0 m)破坏了顶板的原岩应力,工作面煤壁前方所受的集中应力降低,煤壁几乎没有压酥区,使采煤机割煤非常困难,采煤机的切割速度与牵引速度都很低,导致工作面推进速度慢;二是尽管顶煤厚只有 2.0 m,但仍不易自行破碎且块度大,放煤效果很差。采取在支架放煤槽外破顶煤措施后,虽然放煤效果略有提高,可是又增加了回采工序使采煤工艺更加复杂。因此工作面月产量一直在 4 万 t 以下,后来停止开采试验。2003 年 6 月同煤集团又在煤峪口矿 408 盘区 8810 下工作面进行了低位放顶煤开采试验。试验期间,工作面最高月产达 109 246 t,最高日产达 4 822 t,工作面顶煤采出率平均 79.9%,工作面采出率平均 88.9%,取得了较好的效果。8810 下工作面长 124.2 m,可采长度 420 m,煤层平均厚 8.4 m,上分层工作面已采 3.0 m,下分层剩余煤厚 4.0 ~ 6.6 m,平均 5.4 m。8810 下工作面机采采高 2.8 m,放顶煤厚度 1.2 ~ 3.8 m,工作面采用双巷布置形式,两巷均沿 11# ~ 12# 合并煤层底板布置。

工作面主要配套设备为 MG300/690—W 采煤机,ZF4600/19/30 支架和 SGZ—764/400 型刮板输送机。工作面采用采煤机斜切进刀→割煤→移架→推前部刮板输送机→放顶煤→拉后部刮板输送机的循环作业流程。采用"一刀一放"作业形式,顺序多轮放煤方式,移架滞后采煤机 15 m,放煤滞后移架 15 m,每刀进尺 0.6 m。为了提高顶煤采出率,增加顶煤破碎度,采用了顶煤松动爆破技术,炮眼孔口布置在相邻两支架前梁的间隙中,每架之间布置 1 孔,孔深随煤厚变化相应进行调整,但必须保证孔底距顶煤上界面 0.5 m 的距离,炮眼仰角 55°,朝向采空区松动,爆破作业在检修班进行。

(2)石炭系特厚煤层综放开采

石炭系特厚煤层综放开采是基于十一五国家科技支撑计划"特厚煤层大采高综放开采成套技术与装备研发"项目,以同煤集团塔山矿为示范进行的。由同煤集团联合国内科研院所、煤机制造厂家联合攻关,研发了特厚煤层(≤20 m)大采高(3.5 ~ 5.0 m)综放装备。该套设备于 2010 年 4 月 8 日完成了工作面三机设备地面配套及运转,2010 年 9 月 5 日工作面开始试生产,设备运转基本正常,各项指标与相邻工作面开采配备的进口设备差距不大。工作面共布置 122 架支架,在运输巷内布置 ZTZ20000/30/42 型端头支架 1 组,过渡支架型号为 ZFG15000/28.5/45H,在工作面头侧布置 3 架、尾侧布置 4 架,工作面中部布置 114 架 ZF15000/28/52 型中间架。该支架采用铰接前梁和高可靠性伸缩梁加二级护帮结构,防止工作面片帮和冒顶,采用了新型双四连杆中通式大空间放顶煤支架稳定机构和扰动式高效放煤机构,研制了缸径 360 mm 恒阻抗冲击立柱。布置 MG750/1915—GWD 型采煤机 1 台,前后部刮板输送机分别为 SGZ—1000/2×855 和 SGZ—1200/2×1000。工作面实施双轮顺序放煤,单产突破了 1 000 万 t,最高月产 131.2 万 t,最高日产 5.8 万 t,煤炭采出率在 87% 以上。

1.1.4　特厚煤层综放开采的发展趋势

科学技术的进步推动了我国综采装备与技术的发展,同时也推动了综放开采装备与技术的发展。随着综放开采技术的不断完善和提高,综放开采的适应条件也在不断扩大,随着浅埋深特厚煤层综放开采、厚层坚硬顶板条件下、多层采空区条件下以及高应力复杂条件下特厚煤层综放开采的应用,在取得显著成效的同时,生产中也出现了强矿压显现、异常矿压现象、动载矿压特征以及压死支架事故,影响了综放工作面安全生产。此外,综放工作面的高效高回收率开采也是需要不断深入研究的问题。因此,综放开采技术在以下方面尚需研究开发:① 高装备水平和高可靠性,包括大功率采煤机、大运量刮板输送机、高阻力液压支架、高可靠性配套能力和电子化信息化技术,是保障综放工作面安全高效生产的关键。② 自动化智能化生产技术,以适应综放工作面多工序和多生产环节以及生产影响因素多的特点,综放工作面各生产工序的自动化、智能化控制,尤其是放煤工序的电液自动控制是关键。③ 提高顶煤采出率技术,包括合理采放比的研究确定,为大采高综放开采合理采高的确定提供理论依据,并实现采放工序的合理协调,研究解决端头设备布置和放煤问题,以提高端头区顶煤采出率。④ 特厚煤层复杂条件综放开采支架与围岩关系,尤其是在强矿压、动载作用下支架与围岩的相互作用规律和支架工作阻力的合理确定,为支架的合理选型提供理论依据。

1.2　大同矿区煤层赋存条件和开采环境

1.2.1　大同矿区双系煤层赋存特点

1.2.1.1　侏罗系煤岩赋存条件

大同矿区侏罗系煤层,含煤地层总厚度 74~264 m,平均 210 m,可采煤层 21 层,单层最大厚度 7.81 m。从煤层沉积特征上看,自上而下分为三组煤层,上组煤层主要为中厚煤层段,即 2#、3#、4#、5# 煤组;中组煤层为薄煤层段,即 7#、8#、9#、10# 煤组;下组煤层为厚煤层段,即 11#、12#、14#、15# 煤组。随着开采规模日益增大,加之矿区地方小煤矿的开采破坏,侏罗系煤炭可采储量日趋减少,各矿井相继转入下组煤层的开采。

大同煤田下组 11#、12#、14#、15# 煤组,煤层层间距离很近,分叉合并频繁,可采煤层共有 8 层,分别为 11-1#、11-2#、12-1#、12-2#、14-2#、14-3#、15-1#、15-2# 煤层。

① 11# 煤组含可采煤层两层,上部为 11-1# 层,下部为 11-2# 层。11-1# 层与 10# 层间距 0~19 m,一般 12 m。其间岩性以中、粗砂岩为主,中夹细砂岩、粉砂岩。11-1# 层赋存面积较大,无煤区零星分布在云冈沟各井田。可采区局部分布在大巴沟、挖金湾、雁崖、井儿沟、燕子山等井田和杏儿沟煤矿,以及晋华宫井田南部和上深涧煤矿,其他井田均为零星分布,靠近 11# 煤组合并区的边缘。煤厚一般 1.00~1.50 m,全层煤厚 0~2.90 m,一般在 1.00 m 左右。

11-1# 层与 10# 层合并区主要分布在晋华宫井田中部、云冈井田北部、大巴沟井田南部、王村井田北部。在燕子山井田北部及雁崖井田中部也有零星分布。煤厚 0.89~4.48 m,一般 2.50 m。11-1#层结构简单,局部含 1 层夹石,个别含 2 层夹石,属不稳定煤层。

11-2#层与 11-1#层间距 0～18.0 m,一般 8 m。11-2#层赋存面积大,无煤区在云冈沟的各井田和大巴沟井田。王村井田、马口煤矿等处有零星分布。本层除与其他煤层合并外,单层出现的面积不大。煤厚 0～3.47 m,一般 2.00 m。可采区各井田均有分布,煤厚一般 1.80～2.50 m。

11-2#层与 11-1#层合并范围较大,口泉沟中雁崖以东的各井田,11#煤组合并几乎占全部面积,并往北东延伸到煤峪口、忻州窑井田和云冈、晋华宫井田的南部。此外,云冈沟各井田的北部,也存在 11#煤组的合并区。煤厚 1.35～5.25 m,一般 3.50 m。11-2#层结构比较简单,局部含 1～2 层夹石,可采面积大,煤厚变化不大,属比较稳定煤层。

11#煤组与 10#煤组合并区主要分布在晋华宫、云冈、四老沟等井田的北部,同家梁、白洞、四老沟、雁崖等井田的东南部。王村井田西南部,也有局部分布。煤厚 1.00～7.07 m,一般 5.00 m。

② 12#煤组含两层可采煤层,12-1#为上部煤分层,12-2#为下部煤分层。12-1#层与 11-2#层间距 0～28 m,间距变化极大,一般 12 m。其间岩性为细砂岩、粉砂岩或中粗砂岩。12-1#层赋存面积较大,无煤区主要分布在雁崖井田及王村、大巴沟井田东南一带。此外,在燕子山、四台沟、云冈井田也有分布。本层煤大部分与其他煤层合并,单层出现一般不可采,煤厚 0～4.02 m,一般 0.90 m,可采区主要在王村、大巴沟、井儿沟井田一带,以及四台沟井田西南部与燕子山井田东南部一带。可采区煤厚一般为 1.50 m。

12-1#层与 11-2#层合并区主要分布在云岗、四台沟井田南部一带。在燕子山井田与杏儿沟矿也有局部分布,其他井田只有零星分布。煤厚 0.70～5.72 m,一般 3.00 m。12-1#层与整个 11#煤组合并区分布在煤峪口、忻州窑井田与云岗、四台沟井田交界一带,井儿沟井田有局部分布。煤厚 2.56～8.87 m,一般 6.00 m。12-1#层往上合并到 10#煤组,分布在煤峪口井田西北部,煤厚 7.00 m 左右。12-1#煤层结构复杂,煤厚变化大,属不稳定煤层。

12-2#层与 12-1#层间距 0～17 m,在煤田南部间距大,北部间距较小,一般 7 m。本层煤赋存面积比上分层小一些。无煤区有较大面积出现,主要分布在四老沟、雁崖井田和云冈井田北,四台沟井田西部,燕子山井田南部一带。本层除与其他煤层合并外,单层出现大部分不可采。煤厚 0～3.40 m,一般 0.79 m,可采区集中分布在王村、井儿沟一带与四台沟井田中,煤厚一般为 1.50 m。

12#煤组合并区主要分布在晋华宫、云冈井田及四台沟井田北部。在忻州窑到同家梁井田、井儿沟井田北部,燕子山井田西北部等地区也有局部分布。大部分可采,煤厚 0～7.54 m。井儿沟井田北部煤厚较大,一般 4.00 m,其他地区煤厚较小,一般 2.00 m。12#煤组与 11-2#层合并区主要分布在晋华宫井田南部。煤厚 3.20～8.54 m,一般 5.00～7.00 m。12#煤组与 11#煤组全部合并区分布在云岗井田南部,忻州窑、煤峪口井田西北部一带。煤厚 5.25～12.55 m,一般在 8.00 m 左右。12#煤组往上合并到 10#煤组,煤厚 8.00 m 左右。煤层结构复杂,大多含 1 层夹石,煤厚变化大,属不稳定煤层。

③ 14#煤组含两层可采煤层。上部为 14-2#煤分层,下部为 14-3#煤分层。14-2#层与 12-2#层间距 0～25 m,煤田东北部间距小,西南部间距大,一般 5 m。其间岩性为细砂岩、粉砂岩互层或中、粗粒砂岩。

14-2#层赋存面积较大,无煤区局部分布在燕子山井田西北部,以及云岗、晋华宫井田北部。在井儿沟、四台沟井田有零星分布。不可采区主要分布于云岗沟各井田。煤厚 0～3.97 m，一般 1.70 m。可采区面积较大，煤厚一般 1.50～2.00 m。与 12-2# 层合并区主要分布在燕子山井田，在晋华宫、四台沟、同家梁等井田也有局部分布，煤厚 0.86～7.60 m，一般 3.00 m。与 12# 煤组整个合并主要分布在燕子山井田中部，同家梁井田西北部，晋华宫井田有零星分布，煤厚一般 4.00 m。14-2# 层普遍含 1 层夹石，属比较稳定煤层。

14-3# 层与 14-2# 层间距 0～17 m，一般 6 m。本层赋存面积比上分层差一些。无煤区集中在煤田的东部，如四台沟、晋华宫、云冈、忻州窑等井田。无煤区大面积成片分布，其他井田只有零星分布。14-3# 层单层分布主要在四台沟、燕子山井田，煤厚 0～7.21 m，厚度变化极大，一般 1.60 m。煤层结构复杂，普遍含 1 层夹石，局部含 2～3 层夹石，煤层厚度变化极大，属不稳定煤层。

14# 煤组整个合并区大部分在口泉沟各井田。四台沟井田北面也有较大面积分布，井儿沟井田只有局部分布，大部分可采。煤厚 0～8.84 m，一般 3.50 m。14# 煤组与 12-2# 层合并，主要分布在挖金湾井田与雁崖井田南部一带。在燕子山、同家梁、永定庄、四台沟等井田有零星分布。煤厚 2.59～7.06 m，一般 4.50 m。14# 煤组往上一直合并到 10# 煤组，煤层高度合并，共 4 个煤组，7 层煤分层，分布在煤田北部、刘家窑矿一带，煤厚达 10.20 m。

④ 15# 煤组含煤分层 2～3 层，但可采煤分层大面积分布的只有一层，个别地点有两层，因此只划分一个可采煤层为 15# 层。它与 14-3# 层间距 0～23 m，一般 9 m。其间岩性为细砂岩、粉砂岩互层，局部夹中、粗砂岩。15# 层赋存面积不大，无煤区与不可采区大面积分布，可采区主要分布在煤田的东南部。从白洞井田起，可采区呈北东方向延伸经口泉沟外各井田到晋华宫井田东南部，煤厚一般 2.00～4.00 m，全层煤厚 0～10.20 m，厚度变化极大，一般 1.70 m。15# 煤组与 14# 煤组整个合并区分布在永定庄、煤峪口井田的东南部，煤厚 1.38～4.46 m，一般 3.00 m。煤层结构复杂，普遍含 1～2 层夹石，可采面积小，煤厚变化极大，属极不稳定煤层。

侏罗系煤层综合柱状图如图 1-1 所示。

1.2.1.2　石炭系煤岩赋存条件

石炭系煤系包括上石炭统下部本溪组、上石炭统上部太原组及下二叠统山西组。本溪组不含可采层。太原组由陆相及滨海相砂岩、泥岩夹煤层及高岭岩组成，组厚 36～95 m，含可采及局部可采煤层 10 层，煤层总厚在 20 m 以上。山西组由陆相砂岩夹煤及泥岩层组成，组厚 45～60 m，含 1 层可采煤层，厚 0～3.8 m。二叠系下统山西组和石炭系上统太原组为下部含煤建造，地层总厚 13.44～157.24 m，平均 95.80 m，共含煤 14 层，煤层总厚 21.80 m，含煤系数 23%。

① 山4# 煤层零星散布，伪顶岩性为碳质泥岩、泥岩、砂质泥岩及粉砂岩，薄层状，水平层理，厚 0.10～0.63 m。煤层厚度 0～4 m，平均 2.67 m；直接顶为粉砂岩、砂质泥岩及泥岩，水平微波状层理，中厚层状，厚 3.0～8.0 m；基本顶以粗粒砂岩和细粒砂岩为主，次为砂砾岩和中粒砂岩，厚层状，交错层理，胶结致密，厚 1.26～18.53 m；底板为砂质泥岩、粉砂岩和泥岩，局部为砂岩和砂砾岩，水平层理，中厚层状，厚 0.75～4.30 m。

② 2# 煤层厚度 0.6～2.4 m，平均 1.39 m；伪顶在井田的中东部呈零星散布，岩性为碳质泥岩、砂质泥岩和泥岩，水平层理，厚 0.31～0.65 m；直接顶大多数分布于井田的东南部，

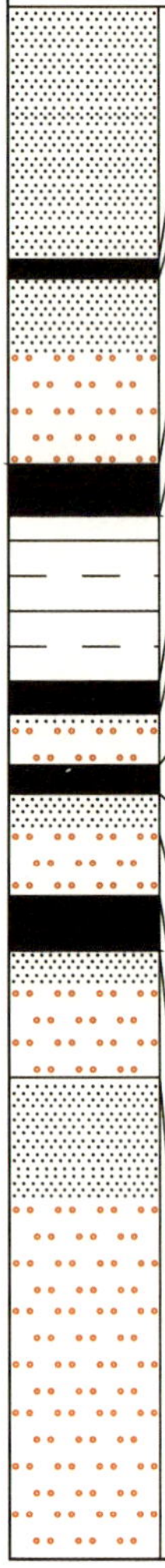

柱 状	岩 性	煤岩厚/m 平均 最小~最大	岩 性 描 述
	细砂岩	13.87 / 11.84~19.07	灰白色,灰色,深灰色粉砂岩、细砂岩
	10#煤层	0.57 / 0~1.69	井田大部分赋存,零星可采
	砂岩	25.54 / 2.60~38.60	上部以粉、细砂岩为主,中部以中粗粒砂岩为主
	11#煤层	4.29 / 1.15~10.44	全井田可采,井田西部是12#层合并,煤厚为4.55~0.44 m
	砂岩	21.40 / 0.80~33.70	上部以粉砂岩、细砂岩为主,夹煤1~6层,下部为中粗砂岩
	12#煤层	2.47 / 0~5.16	局部无煤,大部分可采
	砂岩	6.83 / 0.70~12.40	以粉细砂岩为主,中部局部为中粗砂岩,含煤1~2层
	14#煤层	2.11 / 0~4.77	全井田赋存,局部不可采
	砂岩	14.18 / 6.20~23.30	以粉砂岩、细砂岩为主,中下部夹中粗砂岩,底为粗砂岩
	砂岩	1.70 / 0.75~5.50	深灰色、灰色粉砂岩,灰黑色碳质泥岩
	15#煤层	7.71 / 0~9.27	井田中部赋存,大部分可采,西部局部赋存
	砂岩	20.34 / 1.95~41.87	上部粉细砂岩,中下部中粗砂岩,底部为含砾粗砂岩
	砂砾岩	55.26 / 53.90~72.96	上部为灰色粉砂岩、细砂岩,中部为灰白色中粗砂岩,下部为灰色中粗砂岩,底为灰色砾岩

图 1-1 侏罗系煤层综合柱状图

岩性主要为砂质泥岩和泥岩,个别地段为粉砂岩,水平及波状层理,中厚层状,厚0.75~11.73 m,局部为复层结构,一般为2~6层,最多达11层,结构复杂,岩性为粉砂岩、砂质泥岩及泥岩等薄层相间互层,厚0.81~3.6 m,稳定性较差;可采区均有基本顶分布,多为K_3和K_8砂岩,岩性以砂砾岩、粗粒砂岩为主,中、细粒砂岩次之,厚至巨厚层状,交错层理,泥质胶结,厚3.30~7.05 m,其中,砾岩单向抗压强度34.8 MPa,属半坚硬岩石;底板为高岭质泥岩、碳质泥岩、砂质泥岩及泥岩,厚0.90~2.36 m。

③ 3-5#煤层伪顶呈零星散布,岩性主要为碳质泥岩、高岭质泥岩和砂质泥岩,个别地段为泥岩和粉砂岩,水平及微波状层理,厚0.10~0.65 m;煤层厚度12.6~20.2 m,平均16.9 m;直接顶岩性为砂质泥岩、碳质泥岩、高岭质泥岩及泥岩等泥质岩类,仅个别地段为

粉砂岩,水平及波状层理,厚 0.70~13.12 m,少数为复层结构,层数较多,结构复杂,多为泥岩类薄层相间互层,稳定性差;基本顶主要为粗粒砂岩和砂砾岩,少数为细粒砂岩和中粗粒砂岩,分布较稳定,多为 K_3 砂岩或 K_8 砂岩,厚度变化较大,厚至巨厚层状,交错层理,钙质泥岩胶结,厚 2.0~44.67 m,砂岩单向抗压强度为 45.73 MPa,属半坚硬岩石;底板主要为高岭质泥岩、砂质泥岩、泥岩、碳质泥岩和粉砂岩,个别为细、中粒砂岩,水平及微波状层理,厚 0.30~3.82 m,岩石力学试验砂岩单向抗压强度 22.9~73.8 MPa,平均为 39.87 MPa,属软弱至坚硬岩石,泥岩单向抗压强度 32.1 MPa,属半坚硬岩石。

④ 6# 煤层伪顶为碳质泥岩、高岭质泥岩及砂质泥岩,水平层理,薄层状,厚 0.20~0.65 m;煤层厚度 0.3~1.9 m,平均 0.8 m;直接顶岩性为砂质泥岩、高岭质泥岩、泥岩、粉砂岩及碳质泥岩,水平及波状层理,厚 0.70~3.50 m,个别地段为复层结构,一般为 2~3层,粉砂岩、砂质泥岩及碳质泥岩互层,稳定性较差,厚度一般为 3~7 m,粉砂岩单向抗压强度 62.1 MPa,属坚硬岩石;基本顶分布极少,岩性为粗、中粒砂岩,厚层状,交错层理,坚硬;底板为砂质泥岩、粉砂岩、高岭质泥岩、碳质泥岩及泥岩,少数为粗、中粒砂岩,厚 1.51~3.90 m,水平层理,粉砂岩单向抗压强度 62.7 MPa,属坚硬岩石。

⑤ 7# 煤层伪顶为碳质泥岩、高岭质泥岩及泥岩,少数为粉砂岩,薄层状,水平层理,厚度 0.20~0.40 m;直接顶以粉砂岩、泥岩、高岭质泥岩及砂质泥岩为主,局部含碎屑高岭岩,薄层状,结构致密,微波状层理,半坚硬,厚 0.50~8.52 m;基本顶以粗粒砂岩、砂砾岩为主,个别地段为细粒砂岩,厚层状,交错层理,胶结良好,厚 1.06~20.29 m,含砾粗砂岩单向抗压强度 65.0 MPa,属坚硬岩石;底板主要为粉砂岩、砂质泥岩、高岭质泥岩及泥岩,个别为粗、中、细粒砂岩,水平及波状层理,厚 2.00~6.11 m,高岭质泥岩单向抗压强度 42.1 MPa,属半坚硬岩石。

⑥ 8# 煤层伪顶为碳质泥岩、泥岩及粉砂岩,水平层理,薄层状,厚 0.20~0.60 m;煤层厚度 2.2~6.9 m,平均 4.4 m;直接顶岩性为粉砂岩、砂质泥岩及泥岩,个别为碳质泥岩,中厚层状,半坚硬,具水平及波状层理,厚 0.50~9.69 m,局部为复层结构,一般为 2~3层,为砂质泥岩、粉砂岩及碳质泥岩互层,厚 0.50~19.28 m;基本顶分布较广,岩性以粗粒砂岩、砂砾岩及中粒砂岩为主,少数为细粒砂岩,厚至巨厚层状,钙泥质胶结,交错层理,厚 0.72~16.10 m,一般为半坚硬至坚硬岩石;底板以粉砂岩、砂质泥岩、高岭质泥岩及泥岩为主,少数为粗、细粒砂岩,水平层理,厚 0.40~11.76 m,砂岩单向抗压强度 41.1~105.1 MPa,平均 69.55 MPa,属半坚硬至坚硬岩石,泥岩单向抗压强度 29.6~76.00 MPa,平均52.8 MPa,属软弱至坚硬岩石。

⑦ 9# 煤层伪顶为碳质泥岩、砂质泥岩及粉砂岩,薄层状,具微波状层理,厚 0.20~0.50 m;直接顶为砂质泥岩、粉砂岩、高岭质泥岩及泥岩,水平及波状层理,半坚硬,中厚层状,厚 0.60~9.02 m,少数为复层结构,一般为 2~3层,岩性为砂质泥岩、粉砂岩及高岭质泥岩薄层相间互层,稳定性较差,泥岩单向抗压强度 22.8~43.1 MPa,平均 35.87 MPa,属软弱至半坚硬岩石;基本顶以粗、中粒砂岩为主,细粒砂岩及砂砾岩次之,厚层状,交错层理,钙质胶结,厚 0.43~14.13 m,粗粒砂岩单向抗压强度 51.5 MPa,属半坚硬岩石;底板为砂质泥岩、粉砂岩、高岭质泥岩及泥岩,个别地段为粗、中、细粒砂岩,水平层理,厚 1.34~3.45 m,属软弱岩石。

石炭系煤层综合柱状图如图 1-2 所示。

地层时代	深度/m	柱状 1:500	层厚/m	岩石名称	岩 性 描 述
二叠系山西组	380.88	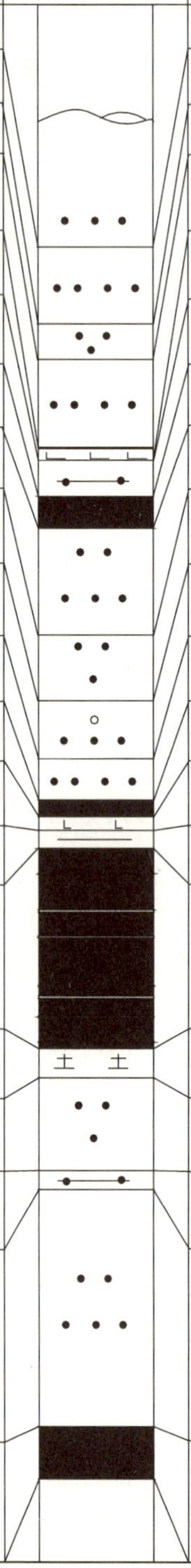		细砂岩	灰色,以石英为主,次为长石及暗色矿物,平均层理
	387.38		0.20~13.29 / 6.50	粉砂岩	灰白色,成分以石英、长石为主,次为黑色矿物,局部为细砾岩,成分主要为石英,胶结坚硬,分选差
	390.38		0.52~7.72 / 3.00	中粗砂岩	深灰色,薄层状,水平层理,分选较好,中夹高岭岩
	397.88		1.10~15.40 / 7.50	粉砂岩	灰白色,晶质结构,块状,局部分叉为两层,下部为煤及硅化煤,厚度在0.1~0.27 m
	398.88		0.40~1.80 / 1.00	岩浆岩	深灰色,泥质结构,水平纹理,含植物化石
	401.93		2.33~4.10 / 3.05	砂质泥岩	灰黑色,含植物化石,块状构造
	404.60		0~4.40 / 2.67	山4#煤	煤,半亮型,局部赋存
	413.63		7.38~12.51 / 9.03	中细砂岩	灰白色,细砂岩无层理,分选性差,中砂岩以石英为主,磨圆度呈棱角状
	419.15		0.90~10.40 / 5.52	中粗砂岩	主要成分以石英、长石为主,含少量暗色矿物,交错层理发育
	424.05		1.70~7.72 / 4.90	含砾细砂岩	斜层理发育,局部夹薄状粉砂岩或煤线
	427.55		2.15~4.47 / 3.50	粉砂岩	灰色,局部夹碳质泥岩,有灼烧变质现象
	428.94		0.59~2.40 / 1.39	2#煤	煤,局部赋存
石炭系太原组	430.10		0~2.50 / 1.16	煌斑岩	灰白色,局部分叉,达两层以上
	431.60		0~2.90 / 1.50	泥岩	灰黑色,碳质泥岩,高岭质泥岩或砂质泥岩
	448.47		12.63~20.20 / 16.87	3-5#煤	煤层夹石变化较大,分层较多 2.11(0.1)3.00(0.2)2.00(0.16)4.00(0.10) 0.8(0.20)1.50(0.10)2.05(0.05)0.5
	450.97		0~5.52 / 2.50	高岭质泥岩	棕色,南部较薄向北变厚,局部相变为粉砂质泥岩
	458.78		5.17~10.92 / 7.81	中砂岩或粗砂岩	灰白色,主要成分以石英、长石为主,含少量的暗色矿物,为含水层
	460.38		0.60~3.80 / 1.60	砂质泥岩	黑色砂质泥岩,含大量的粒物化石,局部夹煤线
	480.38		17.18~23.61 / 20.00	中细砂岩	灰白色,层理较发育,局部夹斑煌岩和煤线,底部为灰黑色碳质泥岩
	484.78		2.20~6.88 / 4.40	8#煤	半亮型

图 1-2 石炭系煤层综合柱状图

综上可知,大同矿区双系煤层间广泛分布着细粒砂岩、煤层、粉砂岩、中粒砂、岩砾岩、砂质泥岩,其中,砂质岩性岩层占 90%～95%,泥岩与煤层仅占 5%～10%,双系煤层层间距 150～350 m,其中,同忻煤矿双系煤层间距 150～200 m,塔山煤矿双系煤层间距 250～350 m。

1.2.2 矿区地质构造特征

大同含煤盆地内有地质构造云岗块拗,呈 NNE 向展布,长约 125 km,宽 15～50 km,北部边界与内蒙断块相邻,东部及南部以口泉断裂、神头山前断裂以及桑干河新裂陷为界。大同含煤盆地区域构造特征如图 1-3 所示。

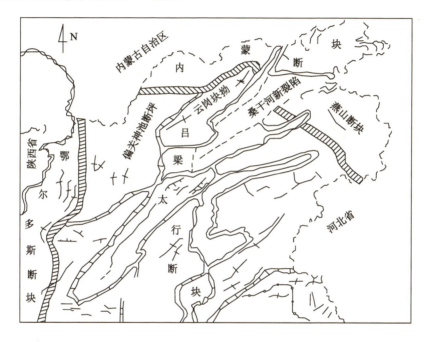

图 1-3 大同含煤盆地区域构造图

大同矿区位于口泉断裂构造西侧,口泉断裂位于大同矿区西部边缘。受侏罗系末燕山运动的影响导致口泉山脉的崛起,而矿区双系煤层的开采受断裂构造的影响,井田开采范围内的煤岩运动及地应力赋存条件相对复杂,因此煤层开采过程中将受到煤层地质大环境的影响。

大同矿区位于华北地区,受该地区北东向挤压应力的影响,井田地质构造块体接近东西方向运移,构造边界以走向滑动为主,南北边界为张性以及压性边界,如图 1-4 所示。

大同矿区口泉断裂主要以压缩运动为主,该地区构造板块间处于压缩状态。受板块间挤压作用的影响,构造区域内应力相对集中,导致区域岩层内积聚了一定能量。由此可见,当大同矿区内井田距离口泉断裂相对较近时,矿区煤层的开采将受到地质构造的一定影响,此时矿区构造影响范围内积聚的能量越高,煤层开采受到的影响程度也越大,从而工作面开采过程中受到的强矿压影响概率也越大。相反,当矿区井田距离口泉断裂相对较远条件下,此时区域构造岩层内积聚的能量相对较小,因此对矿区煤层开采的强矿压影响程度也相对较小。

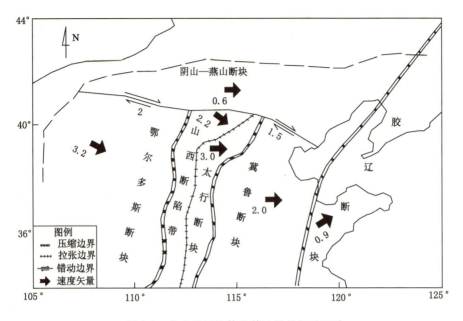

图 1-4　华北地区块体及其边界的相对运动

　　自公元 512 年至 1952 年末大同地区发生过三十多次强地震,说明大同地区构造运动较为活跃,至目前为止地区构造仍处于运动状态,例如,大同地区新构造运动特征如图 1-5 所示。

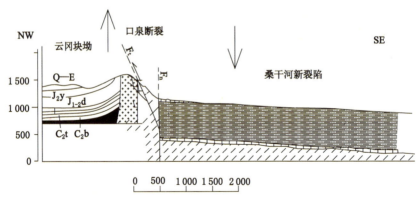

图 1-5　大同地区新构造运动的基本特征

　　从图 1-5 可以看出,大同地区口泉断裂长度达 160 km,主要分布在地区含煤盆地西侧,以逆断层结构形态出现,自新生代以来该断裂控制着盆地西侧边界,主要表现为正倾滑活动。大同矿区部分井田分布特征如图 1-6 所示。

　　受活动地质构造的影响,矿区岩层内具有一定强度的地质动力,且在该动力作用下,断裂构造近区块段范围内积聚着一定的弹性能,而井田煤层的开采破坏了原区域高应力平衡状态,此时煤层覆岩在高能量积聚状态影响下,工作面矿压显现将受到一定影响。

　　根据地质实测结果可知,矿区侏罗系煤岩体高程相对较大,受口泉断裂活动影响相对较小;而高程在 +1 000~+1 100 m 以下的煤层在开采过程中,工作面覆岩顶板破断失稳相对

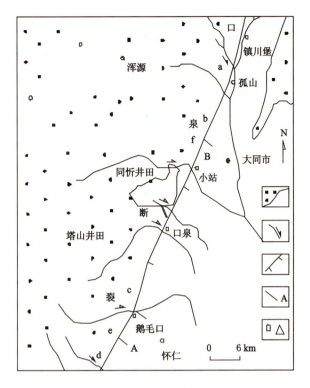

图 1-6 部分井田分布特征

侏罗系煤层开采时的概率要大,且工作面来压强度明显增大,可见,处于该地质环境条件下的煤层开采将受到矿区口泉断裂活动的较大影响。

华北地区现今构造应力场以水平挤压作用为主,方位为 NE60°～80°,最大主应力以及最小主应力呈近水平分布,主应力方向均在 20° 以内,如图 1-7 所示。

大同矿区位于华北地块东部偏北地区,矿区主要受 NE 至 NEE 向主压应力以及 NW 至 NNW 向主拉应力影响,如图 1-8 所示。

1.2.3 石炭系煤层开采环境

1.2.3.1 侏罗系煤层开采现状

目前,大同矿区侏罗系煤层开采已近完毕,深部石炭系特厚煤层开采区上方为侏罗系煤层采空区及遗留煤柱。以同忻矿 8105 工作面上覆侏罗系煤层开采情况为例,该工作面上覆侏罗系采空区全部位于永定庄矿,包括侏罗系 9#、11#、12#、14# 煤层采空区,其中,侏罗系 14# 煤层早在 1980～1983 年期间已开采结束,与 3-5# 煤层间距为 130～160 m。图 1-9 至图 1-13 为同忻煤矿 8105 工作面与上覆侏罗系煤层开采情况对应关系。

1.2.3.2 侏罗系煤层开采对石炭系煤层开采影响

侏罗系煤层顶板经长期运动调整,顶板活动已趋于稳定,此时采空区留设煤柱作为顶板结构的拱脚,形成煤柱下部岩层的应力集中。受下部石炭系特厚煤层大采空区空间的影响,特厚煤层覆岩顶板活动程度与垮裂高度相对较大,此时石炭系特厚煤层的开采扰动有可能再次波及上覆侏罗系煤层采空区已稳定的岩层结构。

当只进行侏罗系煤层开采时,底板岩层破坏形成裂隙,经采空区垮落矸石的挤压,岩层

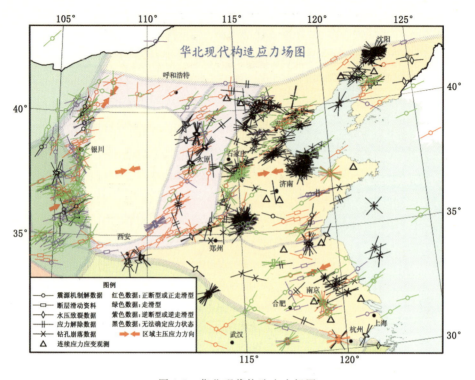

图 1-7　华北现代构造应力场图

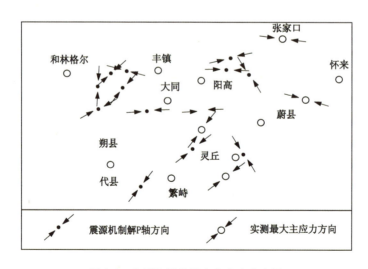

图 1-8　大同地区的最大主应力分布图

中的裂隙重新闭合。

当受到石炭二叠系煤层开采扰动影响时,侏罗系底板岩层的裂隙被活化,成为导水、导气的通道,甚至成为石炭二叠系煤层开采形成的垮落带的一部分。

侏罗系煤层开采引起的底板岩层破坏使双系煤层之间稳定岩层的有效高度减小,使石炭二叠系煤层采动覆岩的运动与破坏规律趋于复杂。

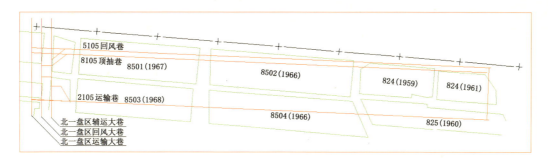

图 1-9   8105 工作面与永定庄矿 9# 煤采空区对应关系

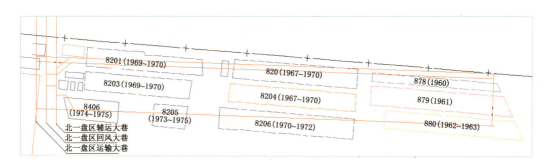

图 1-10   8105 工作面与永定庄矿 11# 煤采空区对应关系

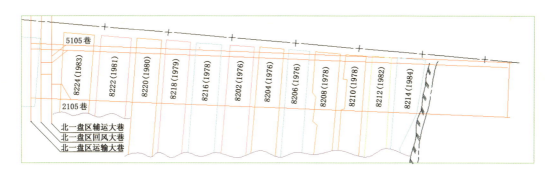

图 1-11   8105 工作面与永定庄矿 12# 煤采空区对应关系

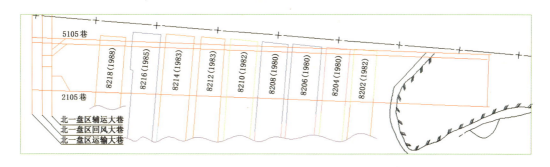

图 1-12   8105 工作面与永定庄矿 14# 煤采空区对应关系

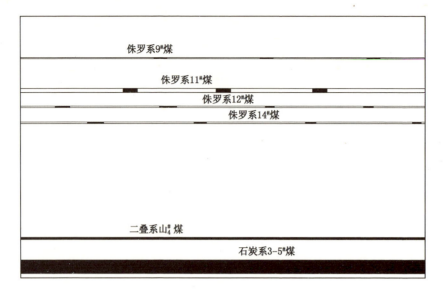

图 1-13　8105 工作面上覆侏罗系煤层开采情况

1.2.3.3　石炭系煤层覆岩赋存特征

石炭系太原组 3-5# 煤层埋深 400～600 m,与侏罗系煤层间距 150～350 m,煤层间广泛分布着以砂质性质为主的厚硬岩层,占 90%～95%。距离 3-5# 煤层 50～70 m 范围内,分布着粉砂岩、中粗砂岩和细砂岩,其间分布着厚度较小的砂质泥岩和煤柱;距离 3-5# 煤层 70 m 以上,同样分布着厚硬砂质岩层。可见,3-5# 煤层覆岩为多层岩性不同、层理明显、厚度大、坚硬的岩层。在较厚煤层大开采空间条件下,受覆岩中主、亚关键层的影响,顶板的破断失稳垮落以及结构的失稳变化会对工作面矿压显现、支架选型及顶板的有效控制产生影响。

1.2.3.4　大同矿区口泉断裂构造影响

同忻井田毗邻口泉断裂,口泉断裂的活动对同忻井田围岩稳定性及矿压显现具有明显的影响及控制作用。以口泉断裂为接触边界的鄂尔多斯断块与山西断陷带存在相对运动速度差,形成了口泉断裂挤压的动力学状态;以口泉断裂为边界块所划分的桑干河新裂陷的大块下沉和云冈块拗的相对大块上升是大同矿区新构造运动的基本特征。概括地说,口泉断裂既有水平挤压运动,又有垂直升降运动,在两者共同作用下,形成了同忻井田典型的地质动力环境。

大同矿区构造应力场沿袭了华北断块应力场的特征,主要受 NE 至 NEE 向挤压构造应力场的控制。口泉断裂与最大主应力近 30° 的夹角关系使口泉断裂的活动性增强,主要表现为压性特征的同时兼具一定的剪切作用。这一应力状态下其周围岩体能够产生大的压缩应变,积聚较高的弹性潜能,受开采扰动围岩容易失稳。

口泉断裂作为同忻井田附近最重要的一条活动断裂,它的活动特征影响着双系煤层的应力环境。

口泉断裂水平挤压运动造成双系煤层均存在应力集中,但侏罗系煤层的地层位置使其存在自由边界,应力和能量有释放的渠道;大同矿区的两硬条件加剧了煤岩体在挤压受力下弹性潜能的储存,煤岩硬而脆容易产生瞬间破坏,在开采扰动的情况下,煤岩体中的能量可能突然释放,易引起强矿压显现;口泉断裂的竖直升降运动对双系煤层的应力集中程度影响明显,相比无构造运动条件下,石炭二叠系煤层的最大主应力提高了 2.9 倍,侏罗系煤层最大主应力提高了 0.8 倍。

综上分析可知,大同矿区位于华北断块云岗块拗。矿区口泉断裂的水平挤压和垂直升降形成了大同井田典型的地质动力环境。该动力环境对大同矿区特厚煤层开采过程的矿压显现具有重要的影响和控制作用;复杂的构造背景、弹性能量的积聚以及应力的集中使矿区具备发生强矿压显现的地质动力条件。

1.3 大同矿区特厚煤层综放开采面临的科技问题

特厚煤层综放开采的开采强度及采动影响范围均远大于大采高综采与普通综放开采。在特厚煤层复杂煤岩赋存及开采条件下将不可避免地产生强矿压显现,影响矿井安全开采,而且在石炭系特厚煤层条件下,要实现高效、高回收率开采,还要有合理的设备选型、配套及工艺。因此,石炭系特厚煤层综放开采涉及装备及工艺、矿压显现机理、支架与围岩关系以及顶板控制技术等关键问题。

1.3.1 石炭系特厚煤层综放开采的设备选型与配套

煤矿安全高效技术的核心在于装备,工作面成套装备技术参数确定的合理性是成套装备成功的保证。针对大同矿区石炭系特厚煤层及坚硬顶板赋存条件,在调研国内外煤矿工作面三机设计、制造、生产水平及能力,以及前沿技术发展现状的基础上,从满足工作面生产能力、各生产环节高效衔接出发,进行工作面配套装备总体参数优化设计,建立一套适用于坚硬顶板特厚煤层条件的工作面设备参数确定方法,为特厚煤层工作面参数确定及其成套设备的选型提供科学依据。

1.3.2 石炭系特厚煤层条件下的强矿压显现机理

大同矿区侏罗系煤层采空区留设煤柱及井田地质构造引起的煤岩高应力集中,以及石炭系特厚煤层覆岩多层坚硬顶板的影响,是特厚煤层工作面强矿压显现的影响因素。因此,结合大同矿区特有的复杂地质赋存环境,综合考虑矿区双系煤层的相互影响及特厚煤层开采后的覆岩活动规律,是分析大同矿区特厚煤层工作面强矿压显现机理的重要突破,并基于此揭示矿区高应力环境下双系煤层开采相互作用时的强矿压机理,为矿区类似条件的工作面安全开采及顶板控制提供理论依据。

1.3.3 石炭系特厚煤层开采条件下的覆岩结构及支架与围岩关系

大同矿区石炭系特厚煤层开采后采空区空间较大,工作面覆岩为多层坚硬顶板,随着工作面的推进,顶板结构破断情况相对复杂,顶板破断影响高度难以确定,因此弄清特厚煤层工作面覆岩多层坚硬顶板结构的运动破断特征,对于分析工作面支架与围岩相互作用关系,提出工作面支架工作阻力的确定方法极为重要,从而为特厚煤层开采条件下工作面支架合理选型和顶板的控制提供理论依据。

1.3.4 石炭系特厚煤层强矿压条件下的顶板控制技术

石炭系特厚煤层覆岩顶板的失稳活动是引起工作面强矿压显现的主要因素,也是工作面围岩控制的直接对象。为预防工作面强矿压的产生,必须对坚硬顶板采取高效辅助控制措施,以降低顶板的稳定性,弱化顶板失稳造成的矿压显现。因此,合理确定大同矿区特厚煤层开采条件下的顶板控制技术,可节约煤炭生产成本,提高煤炭采出率,保证煤矿安全生产。

1.4 取得的主要成果

大同煤矿集团公司长期主采的是侏罗系煤层,截至 2006 年年末,集团公司所属井田范围内实采储量不足 10 亿 t。加速石炭二叠系煤层的开发是大同煤矿集团可持续发展的紧迫任务。石炭系主采煤层厚度为 11.1～31.7 m,含有 6～11 层夹矸,最大厚度达 0.6 m,煤层多有火成岩侵入,煤层与顶板都受到不同程度的破坏,开采难度极大。因此,进行特厚煤层综放工作面设备合理选型与配套、特厚煤层顶煤运移规律、放顶煤工艺技术、特厚煤层工作面矿压分析以及特厚煤层顶板控制等研究对于实现石炭系煤层的安全、高效开采及大同煤矿集团可持续发展都具有重要的战略意义,并可为促进特厚煤层放顶煤开采理论及技术的发展奠定基础。

鉴于此,开展了现场调研与实测、实验室测试与模拟、计算机数值计算与理论分析及工程试验相结合的综合研究攻关,实测分析了大同矿区特厚煤层坚硬顶板的强矿压显现规律,提出了特厚煤层工作面设备配套选型原则,进行了顶煤运移规律和工作面强矿压机理的研究,根据大同矿区石炭系特厚煤层开采引起的围岩活动与工作面强矿压显现特征,提出了强矿压的控制技术,形成了大同矿区特厚煤层坚硬顶板条件下工作面强矿压控制的理论与技术体系。主要取得以下成果:

① 通过分析大同矿区区域地质构造及其应力场的分布特征和石炭系特厚煤层覆岩的赋存特征,揭示了石炭系特厚煤层开采工作面强矿压显现的特征规律,建立了基于地质动力和开采技术条件的从区域到局部的矿压研究新方法,提出了特厚煤层综放开采工作面工艺参数确定、设备选型与配套的原则。

② 攻克了特厚煤层条件下的高效综放液压支架研制和综放装备与技术应用难题,成功地进行了特厚煤层高效安全开采实践。现场实践证明 ZF15000/27.5/42 型高效综放液压支架的主要技术性能和参数设计是合理的,与其配套的设备选型和设计也是成功的。为实现特厚煤层综放工作面国产设备年产千万吨提供了技术保障。

③ 掌握了特厚煤层综放开采顶煤顶板空间破坏运移规律,优化了特厚煤层综放工作面参数和开采工艺,降低了开采成本,极大地提高了资源回收率,提升了企业的生产技术水平,取得了巨大的社会经济效益,为特厚煤层的安全、高效、高回收率开采开创了新的技术途径。

④ 分析了大同矿区石炭系特厚煤层综放工作面强矿压显现的影响因素,建立了大同矿区双系煤层开采影响下强矿压机理的分析模型,揭示了区域断裂构造应力、侏罗系采空区煤柱及石炭系特厚煤层采动对工作面强矿压显现的影响规律,提出了石炭系特厚煤层综放工作面强矿压显现机理是高应力环境下煤柱与覆岩活动联合作用下的结果。

⑤ 揭示了石炭系特厚煤层开采覆岩的垮断失稳规律,得出了石炭系特厚煤层开采覆岩的垮断失稳呈现"下位组合悬梁与上位多层砌体梁"的结构特征,建立了特厚煤层综放工作面支架与围岩关系力学模型,提出了特厚煤层覆岩多层坚硬顶板条件下支护阻力的确定方法。

　　⑥ 提出了大同矿区特厚煤层强矿压显现的支架合理选型与辅助控制技术相结合的控制方法,建立并实施了水压致裂与超前预裂爆破坚硬顶板的控制技术,合理确定了工艺系统和技术参数,现场应用取得了显著的技术效果和经济社会效益。

　　⑦ 提出了以大流量抽放为主的瓦斯综合治理成套技术,得到了特厚煤层采空区内的瓦斯分布规律,建立了综放面多点组合采空区瓦斯抽放方法,确立了以顶板巷道抽放为主要手段的瓦斯综合治理方案,同时建立了以注氮为主的综合防灭火技术体系,全面保障了石炭系特厚煤层的安全高效开采。

2 石炭系特厚煤层综放开采设备选型与配套

特厚煤层综放工作面装备的合理选型与配套是实现工作面安全高效生产的重要保障。为此,在大同矿区 3-5# 煤层条件下,按照大采高综放开采的目标和要求,提出特厚煤层工作面设备配套选型原则,建立特厚煤层工作面设备选型计算方法。

2.1 特厚煤层地质条件

同煤大唐塔山煤矿有限公司是大同煤矿集团有限责任公司为开发山西省大同煤田石炭二叠系煤层而新建的一座大型现代化矿井。矿井井田走向长 24.3 km,倾向宽 11.7 km,面积 170.9 km²。可采煤层 5 层,分别是山2#、3#、4#、5#、8# 层。矿井地质储量 50.7 亿 t,工业储量 47.6 亿 t,可采储量 30.7 亿 t,2007 年煤矿设计生产能力为 1 500 万 t/a,矿井服务年限为 140 a。矿井现开采 3-5# 煤层,由于煌斑岩的侵入破坏,上部煤层遭受热变质或硅化,煤层结构趋于复杂化,上部煤层结构疏松、易碎。煤层瓦斯相对涌出量为 1.95 m³/t,属于瓦斯矿井,但煤尘具有爆炸危险性,爆炸指数为 37%,自然发火期为 68 d。无高温热害区,地温梯度为 2.41 ℃/100 m。煤层为南高北低的单斜构造,局部有小型向斜。

8105 工作面地表标高 1 352～1 568 m,井下标高 1 015～1 038 m,煤层平均厚度 16.8 m,倾角 1°～3°,坚固性系数 2.7～3.7,属复杂结构煤层,垂直节理发育;煤层直接顶为黄白、灰白、灰绿色岩浆岩、灰黑色碳质泥岩、深灰色泥岩、黑色硅化煤交替赋存;基本顶为深灰色粉砂岩、灰、灰白色细砂岩与含砾粗砂岩;直接底为灰褐色、浅灰色高岭质泥岩。综合柱状图如图 2-1 所示。

8106 工作面走向长度 2 741.5 m,斜向长度 217.5 m,埋深约 417.20 m,煤层平均倾角 3°,煤层赋存平均厚度 14.47 m。煤层顶底板岩层分布如图 2-2 所示。

由图 2-2 可以看出,塔山矿 3-5# 煤层 8106 工作面直接底平均厚度 3.94 m,老底平均厚度 9.80 m,直接顶平均厚度 12.52 m,K₃ 基本顶平均厚度 15.11 m,该基本顶属于整体稳定性强、强度高、岩性致密岩层,以石英、长石为主的细砂岩、中砂岩互层。

塔山煤矿煤层总厚度 86～95.86 m,平均 88.67 m,煤层顶板坚硬,覆岩结构相对完整。顶板岩层组成基本为砂质岩层,其中包括砂砾岩、砂岩、粉砂岩、砂质泥岩、泥岩以及高岭质泥岩等。煤层厚度赋存不稳定,交叉合并频繁。石炭系特厚煤层直接顶厚度一般 2～8 m。基本顶岩层厚度平均 20 m,岩性基本为粗粒砂岩以及砂砾岩,岩层硬度相对较高,岩体单向抗压强度 70～113 MPa。

通过对大同矿区塔山煤矿 8105 与 8106 工作面、同忻煤矿 8104 与 8105 工作面特厚煤层赋存、顶底板条件以及上覆煤层开采情况进行统计分析,得到大同矿区特厚煤层开采工作面地质赋存特征,如表 2-1 所示。

地　层			柱状	累深	层厚	岩　性　描　述
系	统	组	1:200	/m	/m	
二叠系	下统	山西组		66.71	$\dfrac{2.46\sim10.10}{5.37}$	灰白、灰黑色砂质泥岩、泥岩,局部为浅灰色高岭岩与灰白色岩浆岩,以砂质泥岩为主
				61.34	$\dfrac{0.36\sim3.08}{1.78}$	煤(山$_4^\#$):半亮型,油脂、沥青光泽,局部硅化,含1~2层夹矸,岩性为黑色泥岩、碳质泥岩
				59.56	$\dfrac{0.50\sim2.27}{1.12}$	灰黑色碳质泥岩、泥岩、砂质泥岩、高岭质泥岩、灰白色岩浆岩互层,含碳质成分高,断口平坦,性脆,含大量植物茎叶化石
		组		58.44	$\dfrac{10.46\sim21.73}{15.67}$	褐、灰、灰白、深灰色细砂岩、中粒砂岩、粗砂岩、含砾粗砂岩、粉砂岩、砂质泥岩交替赋存,成分以石英为主,长石及暗色矿物次之,胶结致密,岩芯较硬。含砾粗砂岩砾石直径大于2 mm,分选磨圆度较好
				42.77	$\dfrac{0.60\sim7.21}{3.17}$	灰、灰白、深灰、杂色粉砂岩、细砂岩、中粒砂岩、粗砂岩、砂砾岩交替赋存
		K3		39.60	$\dfrac{0.10\sim9.34}{2.97}$	灰黑色砂质泥岩、泥岩、灰绿色岩浆岩、硅化煤交替赋存,局部有深灰色粉砂岩,均一结构
石炭系	上统	太原组		36.68	$\dfrac{0.15\sim2.10}{1.33}$	煤(2$^\#$):暗淡型,粉状,局部变质大部硅化,中夹1~2层夹矸,岩性为黑色碳质泥岩、砂质泥岩
				35.30	$\dfrac{2.57\sim6.43}{4.49}$	黄白、灰白、灰绿色岩浆岩,灰黑色碳质泥岩,深灰色泥岩,黑色硅化煤交替赋存;岩浆岩为半晶质结构,赋存不稳定,厚度不均匀,硅化煤结构疏松,碳质泥岩含植物根茎叶化石,细腻、性脆、污手、易碎
				24.80	$\dfrac{9.42\sim19.44}{16.80}$	煤(3-5$^\#$):黑色,半亮型、暗淡型,粉状及块状结构。煤层总厚12.18~18.17 m,平均14.81 m;利用厚度10.17~15.43 m,平均13.16 m;煤层中含夹矸4~14层,夹矸总厚度0.56~3.89 m,平均1.75 m,夹矸单层厚度0.05~0.83 m。夹矸岩性为黑色高岭质泥岩、灰褐色高岭质泥岩、灰黑色碳质泥岩、泥岩、砂质泥岩,局部有深灰色粉砂岩
				9.99	$\dfrac{1.50\sim9.18}{4.87}$	灰褐色、浅灰色高岭质泥岩,块状,含有炭化体及煤屑,南部局部为深灰色砂质泥岩,块状,致密,均一,含植物根茎叶化石
				5.12	$\dfrac{4.22\sim11.69}{5.12}$	灰白、浅灰色细砂岩、中粒砂岩、粗砂岩、含砾粗砂岩,成分以石英、长石为主,次棱角状,磨圆度差,分选中等。局部赋存灰白色砂砾岩,以石英为主,见燧石,砾径5~15 mm,坚硬

图 2-1　8105工作面综合柱状图

岩层名称	柱状	埋深/m	层厚/m	岩性描述
山4#煤		376.71	2.29	黑色,暗淡型,块状,部分硅化不可采
细砂岩、中砂岩互层(K3基本顶)		379.00	15.11	灰白色细砂岩、中砂岩,以石英、长石为主。顶部为部分灰黑色砂质泥岩、黑色泥岩、碳质泥岩及灰黑色高岭质泥岩
细砂岩		394.11	3.90	灰白色,局部为岩浆岩,隐晶质
2#煤		399.03	4.92	黑色,玻璃光泽,局部硅化
砂质泥岩		402.73	3.70	深灰色,有节理发育,薄层状结构
3-5#煤		417.20	14.47	黑色,半亮型,玻璃光泽,为较复杂煤层,含2~18层夹石,夹石岩性为高岭岩、高岭质泥岩。可利用厚度13.33 m
高岭质泥岩		421.14	3.94	灰褐色,性脆
细砂岩		430.94	9.80	灰白色,以石英、长石为主

图 2-2　8106 综放工作面柱状图

表 2-1　　　　　　　　　大同矿区特厚煤层开采工作面地质赋存特征

煤矿	塔山矿		同忻矿	
工作面	8105	8106	8104	8105
开采煤层描述	开采 3-5#煤层,煤层开采深度约 433.5 m,煤层平均赋存倾角 2°,煤层赋存厚度平均约14.50 m	开采 3-5#煤层,煤层开采深度约 417.2 m,煤层平均赋存倾角 3°,煤层赋存厚度平均约14.47 m	开采 3-5#煤层,煤层开采深度约 439.6 m,煤层平均赋存倾角 2°,煤层赋存厚度平均约16.42 m	开采 3-5#煤层,煤层开采深度约 448.3 m,煤层平均赋存倾角 2°,煤层赋存厚度平均约16.85 m
有无覆岩采空区	广布采空区且含有较多区段煤柱与边界煤柱	广布采空区且含有较多区段煤柱与边界煤柱	广布采空区且含有较多区段煤柱与边界煤柱	广布采空区且含有较多区段煤柱与边界煤柱
直接顶岩性描述	岩浆岩、碳质泥岩、泥岩与硅化煤交替赋存,岩浆岩赋存不稳定,厚度不均匀,硅化煤结构疏松,碳质泥岩易碎,平均厚度8.79 m	以煌斑岩、高岭质泥岩、碳质泥岩、泥岩和砂质泥岩等为主,厚度一般为12.52 m	灰黑色,含化石,节理发育,致密,块状,平均厚度 0.78 m	粉砂岩:具水平层理,夹有煤屑;碳质泥岩:块状,易污手,含植物茎叶化石,平均厚度3.35 m

煤矿	塔山矿		同忻矿	
工作面	8105	8106	8104	8105
基本顶岩性描述	以石英、长石为主,上部为砂质泥岩、高岭质泥岩,厚层状构造,局部有粉砂岩,含植物根茎叶化石,平均厚度为22.93 m	以石英、长石为主的细砂岩、中砂岩互层,属于整体稳定性强、强度高、岩性致密岩层,平均厚度15.11 m	灰白色含砾粗砂岩,石英为主,分选差,次棱角状,硅质胶结,坚硬,平均厚度8.2 m	灰白色含砾粗砂岩,成分以石英为主,次为长石、云母及暗色矿物,次棱角状,分选性差,结构较坚硬,平均厚度为11.39 m
直接底岩性描述	高岭质泥岩为主,局部为砂质泥岩,块状、致密、均一,含植物根茎叶化石,平均厚度4.87 m	砂质高岭碳质泥岩、泥岩和高岭岩,含少量粉砂岩和细砂岩,平均厚度3.94 m	灰白色,石英为主,长石次之,含有白云母,巨厚层状,平均厚度4.03 m	黑灰色,块状,质疏松易碎,含少量粉砂岩,平均厚度1.94 m

由表 2-1 可知,大同矿区塔山矿和同忻矿所开采的石炭系 3-5# 特厚煤层赋存条件基本一致,煤层顶底板岩性均为砂质岩层,顶板相对完整、硬度较高。在不同煤矿不同工作面条件下,煤层顶板岩性及厚度稍有差异,但岩性仍基本保持一致,可见大同矿区不同矿井石炭系煤层开采环境基本一致,煤岩赋存条件具有较高的一致性。通过现场取煤岩样,实验测试得到大同矿区石炭系 3-5# 特厚煤层顶板煤岩样的基本力学性质参数为:坚硬顶板岩层平均重度 25.42 kN/m³、劈裂抗拉强度 7.85 MPa、抗压强度 88.43 MPa、弹性模量 26.93 GPa、泊松比 0.234、内摩擦角 32.81°、黏聚力 8.18 MPa;石炭系 3-5# 煤层顶板为坚硬岩层,岩体相对完整,强度较大。

鉴于大同矿区塔山和同忻煤矿开采的石炭系 3-5# 特厚煤层赋存条件基本一致,因此,两矿井特厚煤层工作面设备选型遵循相同原则,本书以塔山煤矿特厚煤层工作面设备选型为例,所选设备同样适用于条件相似的矿区其他工作面。

2.2　特厚煤层综放工作面液压支架选型

2.2.1　特厚煤层综放支架选型原则

研究表明以下 4 个主要因素影响支架的支护效果:

(1)悬顶距的大小;

(2)支架合力作用点距煤壁的距离;

(3)支架水平作用力的大小;

(4)支架垂直作用力的大小。

因此,支架设计应提高支架水平和垂直作用力并使支架合力作用点位置尽可能靠近煤壁,提高支架的切顶能力,减小悬顶距,并遵循以下选型原则:

(1)根据近年部分特厚煤层矿区综放面高强度支架存在支架压死、立柱压坏等问题,要求特厚煤层综放支架支护强度加大,同时应与煤层赋存条件相适应;

(2)根据特厚煤层综放开采割煤高度要求,支架最大支护高度应大于 3 800 mm,具体

支撑高度与工作面采高相适应;

(3)支架强度和高度的增加,使得支架吨位必然加大,因此要求支架推溜力和拉架力增大;

(4)支架的可靠性必须与工作面安全高效生产要求相适应;

(5)根据通风要求选择支架断面,使支架通风断面与工作面通风要求相适应。

2.2.2 特厚煤层支架选型特点

特厚煤层开采条件下,工作面割煤高度相对较大,工作面支架稳定性是决定特厚煤层综放支架选型成功与否的关键。针对特厚煤层综放开采带来的一系列问题,为了实现特厚煤层综放工作面年产千万吨,工作面支架选型必须具备以下特点:

(1)优化综放支架四连杆机构参数。利用液压支架参数可视化动态优化设计软件,优化支架的四连杆结构,选择的双纽线变化小,从高到低近似一条向前倾斜的斜线。当顶板下沉支架承载时,支架顶梁对顶板产生一个向前的摩擦力,有利于防止架前冒顶和煤壁片帮,同时使液压支架在工作高度范围内受力良好,减小立柱、连杆、掩护梁的水平受力,这对保证支架的稳定性至关重要。

(2)提高支架的初撑力。特厚煤层综放支架要选取较高的初撑力,使得支架主动支撑顶板的能力加强,可有效地保证顶板的完整性。为此,工作面支架的初撑力应达到支架额定工作阻力的85%。

(3)加大支架的中心距。把特厚煤层综放支架的中心距加大到1.75 m,同时尽量加宽支架底座的宽度,增加底座和底板的接触面积,加大立柱的横向中心距,加宽连杆宽度,这是因为随着工作面倾角的变化,特厚煤层工作面支架由于高度加大的原因,支架重心很容易偏至底座边沿,甚至超出底座边沿,从而增加了支架横向不稳定因素。

(4)减小轴孔间隙和径向间隙。支架各部件之间通过销轴铰接,轴孔之间存在着一定的配合间隙。这些间隙过大,即使在工作面水平状态下,顶梁和底座也会发生错位,若工作面稍有倾角,这些间隙就会累加起来,使支架重心和合力作用点发生偏移,致支架产生倾斜、扭转,严重时倒架,随着工作高度的增加,这些情况更加严重。

(5)增大前梁千斤顶缸径,设置二级护帮装置。随着采高的增加,煤壁压力增大,特别容易发生片帮和冒顶,一旦出现这种情况,支架不能正常接顶,更容易发生倒架事故,为此应加强顶梁前端的护顶能力。

(6)采用新型双前后连杆中通式大空间放煤稳定机构。前、后连杆的结构对支架的抗扭起到至关重要的作用,采用"前双、后双"连杆结构,较传统的"前双、后单"结构,前后连杆的刚性大大加强,前后连杆受力变形量随之减小,进而减小了顶梁、掩护梁相对底座的偏移量,增加了工作面支架的稳定性。同时,在前后连杆间形成较大的行人通道,维修人员可到达支架后部进行维修作业。同时,操作人员可随时观察放煤情况、控制放煤过程,提高放煤的精度和回收率。

(7)前梁—伸缩梁运动结构选用V形槽导向结构。支架前端的护顶性能是特厚煤层综放液压支架亟须研究解决的关键技术之一,为使支架具有良好的护顶性能,支架前梁设计了带大行程的内伸缩式伸缩梁,通常通过控制伸缩梁两边梁外侧与顶梁边主筋内侧间的距离来导向,往往由于加工的原因造成误差,致使伸缩梁在伸缩过程中经常遇到憋卡现象,影响支架的护顶性能。为此,特厚煤层工作面综放支架前梁—伸缩梁运动结构的设计应采用V

形槽导向结构。

（8）采用抗冲击立柱。实践和理论证明特厚煤层综放支架常常受到冲击载荷,为了保证工作面高效安全,工作面支架所用的立柱必须具有抗冲击性。

2.2.3　特厚煤层综放工作面支架参数确定

2.2.3.1　支架架型的选择

目前,我国主要使用的综放液压支架为四柱正四连杆支撑掩护式液压支架和两柱掩护式支架。四柱正四连杆综放液压支架自 20 世纪 90 年代试验成功以来,经过不断的改进和完善,适应性大大提高,是目前国内使用数量最多,应用最为成功的架型之一。两柱掩护式放顶煤支架是对综放支架架型的一次重大变革。至 2010 年年底,在我国已有神东保德煤矿、大柳塔煤矿、鄂尔多斯满世集团的灌子沟煤矿和平朔井工一矿等采用了两柱式放顶煤支架。

支撑掩护式支架兼有支撑式和掩护式支架的优点,支架顶梁长,对顶板的支撑能力大,同时大部分的支撑力集中顶梁后端,有较大的切顶力,由于采用了掩护梁和四连杆机构,挡矸性能好,也能承受较大的、来自煤壁方向的侧向推力,支架稳定性好,适合于稳定顶板和坚硬顶板。两柱掩护式放顶煤液压支架与四柱支撑掩护式放顶煤液压支架架型主要特点汇总分析见表 2-2。

表 2-2　　　　　　　两柱掩护式和四柱支撑掩护式放顶煤支架架型比较

序号	项　目	两柱掩护式	四柱支撑掩护式
1	架型应用前景	技术先进,是自动化发展方向	全国普遍使用,技术成熟
2	适应煤层条件	硬、中硬、软煤	硬、中硬
3	顶梁结构特点	可实现整体顶梁,结构简单,前端支撑力大,防止片帮、冒顶	整体梁前后柱受力不均,铰接梁结构复杂,前端支撑力小
4	顶梁长度	较短	较长
5	调节顶梁合力作用点位置	通过平衡千斤顶调节,合力作用点在柱窝前后	不可调,以前后立柱受力不均,牺牲支护力来改变合力作用点
6	底板前端比压	较大	较小

目前,使用最多的架型是四柱正四连杆低位放顶煤支架。一方面是由于四柱正四连杆低位放顶煤液压支架发展时间长,相对较成熟,适应性较好;另一方面是使用习惯和技术创新的风险较大。两柱掩护式放顶煤支架虽然克服了四柱正四连杆低位放顶煤液压支架的一些缺陷,但使用中也出现了一些对复杂条件的适应性问题,所以推广速度不快。考虑到特厚煤层综放开采起步时间晚,工作面煤层采高加大后要求通风断面大,因此,综合考虑大同矿区塔山煤矿石炭系煤层赋存条件,为实现特厚煤层工作面安全、高效开采,塔山煤矿选用四柱正四连杆低位放顶煤支架。

2.2.3.2　支架工作阻力的确定

（1）按现行较通用的岩石重度法公式计算

$$q_z = \frac{K_d M \gamma}{K_p - 1} \qquad (2-1)$$

式中　q_z——支护强度;

K_d——动载系数,取为 1.2;

M——一次采厚,取均值 16 m;

K_p——冒落矸石碎胀系数,取为 1.35;

γ——顶板岩石重度,取为 25 kN/m^3。

代入相关参数计算得到工作面支架支护强度为 1 371 kN/m^2,由此得到工作面支架工作阻力为:

$$P = q_z B(L_K + L_D) \tag{2-2}$$

式中　P——支架工作阻力;

L_K——梁端距,取 0.3 m;

L_D——顶梁长度,取 5 m;

B——支架宽度,取 1.75 m。

代入相关参数计算得到放顶煤支架的工作阻力为 12 716 kN。

(2) 顶板结构分析估算法

该计算方法的理论基础是工作面支架承受直接顶和顶煤的载荷,并平衡基本顶失稳时对支架的动载,支护强度计算公式为:

$$q = K_d(q_d + q_c) \tag{2-3}$$

式中　q——工作面支架所需支护强度;

q_d——直接顶自重应力;

q_c——支架上方顶煤自重应力。

根据工作面实际地质情况,当煤层采出厚度为 16 m 时,计算得到覆岩垮落带高度范围为:

$$h = \frac{0.8M}{c_1 - 1} = \frac{0.8 \times 16}{1.3 - 1} = 43 \ (m) \tag{2-4}$$

式中　h——顶板垮落高度;

c_1——煤岩松散系数。

代入相关参数得到工作面支架支护强度为:

$q = 1.2 \times [2\ 500 \times 10 \times 43 + 1\ 400 \times 10 \times (16 - 3.5)] = 1.5 \ (MPa)$

此方法最终确定的支架合理支护强度为 1.5 MPa,由此确定的支架工作阻力为 13 913 kN。

为保证特厚煤层工作面的安全高效回采,工作面支架工作阻力的选择应留有一定富余量,因此最终确定支架工作阻力为 15 000 kN。

2.2.3.3　支架高度的确定

支架最大支撑高度的确定取决于工作面采煤机的最大割煤高度。

放顶煤工作面的出煤量由采煤机割煤和放顶煤两部分组成,适当增加割煤高度,可以提高煤炭回收率,并且有利于特厚顶煤的放出。带来的后果是矿山压力显现加剧,工作面片帮冒顶现象严重,可能影响工作面的正常生产。同时,合理的割煤高度还要考虑通风和工作面风速的限制。通过调研可以看出,国内放顶煤开采的割煤高度基本保持在 2.3~3.2 m。

针对塔山特厚煤层地质条件,工作面煤层由下向上依次为 4 m 含垂直节理的煤层、5 m 倾斜节理发育的煤层、4 m 层理发育煤层、2 m 破裂煤层和不到 1 m 的破碎煤。为了保证合理的采放比(1∶2～1∶3),并且提高顶煤回收率,塔山煤矿采高应该尽可能选择较大。由于煤层底部6～7 m结构相对比较稳定,为了减少或取消顶煤弱化措施,希望通过依靠支架的反复支撑去破碎支架上方3 m左右的顶煤,并通过增大机采高度增强矿压对顶煤的破碎效果。同时,增大采高,还能缓和割煤与放煤产量的不均衡问题。

综合考虑以上各种因素,确定塔山矿工作面机采高度为3.5～3.8 m,支架的最大高度确定为4.2 m。

从安全的角度考虑,机采高度的加大,相对于16 m的一次采全高而言,并不能严重影响工作面的围岩受力状态,可能的后果是工作面由于煤壁暴露面积较大导致一定的片帮,但可以通过提高支架支护强度和采用护帮板设计进行控制。从放顶煤支架设计制造的情况来看,4.2 m左右的放顶煤支架已经通过压架实验,设计制造上都已经成熟。

2.2.3.4 支架其他参数确定

整体顶梁的特点是结构简单,可靠性好,顶梁对顶板载荷的平衡能力强,前端支撑能力较大,可以设置全长侧护板,有利于提高顶板覆盖率,改善支护效果,减少架间漏矸。

铰接顶梁的特点是对不平顶板的适应性强,可减小运输尺寸,要求前梁有足够的支撑力和连接强度,前梁一般不设侧护板。为了顺利移架,前梁一般设有100～150 mm间隙,从而增加了破碎顶板漏矸的可能性。

总体看来,较完整顶板采用铰接顶梁,破碎顶板采用整体顶梁。另一个采用铰接顶梁较多的原因是,四柱式支架整体顶梁由于顶板的不稳定(不平整)经常处于不平衡接顶状态,导致各立柱受力不均匀,尤其是放顶煤工作面,现场经常出现后柱不受力的情况,影响支架的受力状态、降低支架整体支护效率。由于塔山矿采用放顶煤开采,支架上方虽然是相对岩石较松软的顶煤,但煤质较硬,且下部7 m左右煤层结构稳定。放顶煤工作面的实践证明,如果采用整体顶梁,工作面大部分支架处于前排立柱压力大于后排立柱压力的情况。其原因是,由于顶煤的及时放出,支架上部顶煤靠近采空区侧有较大的自由面,并且顶煤结构经过矿山压力的反复作用,已经变得相当松软,不具备很强的承载和传递载荷作用。

如果出现支架后排立柱不受力的情况,产生的后果是,支架受力状态恶劣,支护效率降低,达不到设计支护强度,不但工作面顶板难以维护,而且影响对顶煤的破坏,对顶煤的冒放性产生影响。因此,为了保证支架的支护效率和使支架处于合理的受力状态,塔山矿放顶煤支架采用铰接顶梁设计。

根据以上分析,针对大同矿区特厚煤层开采条件,研制了ZF15000/27.5/42型放顶煤液压支架、ZFG15000/28.5/45H型过渡液压支架和ZTZ20000/30/42型端头支架。

ZF15000/27.5/42型支撑掩护式低位放顶煤液压支架中心距1.75 m,其技术参数见表2-3,实物见图2-3。

表2-3　　　　　　　　　ZF15000/27.5/42型放顶煤液压支架技术参数

架型	支撑掩护式放顶煤液压支架	支架宽度/mm	1 660～1 860
型号	ZF15000/27.5/42	立柱缸径/mm	360
支架结构高度/mm	2 750～4 200	支护强度/MPa	1.46
支架中心距/mm	1 750	初撑力/kN(MPa)	12 778(31.4)
支架最大长度/mm	8 600	额定工作阻力/kN(MPa)	15 000(36.86)

图 2-3　ZF15000/27.5/42 型放顶煤液压支架

2.3　特厚煤层综放工作面采煤机选型

2.3.1　工作面采煤机选型要求

根据已有的研究成果,当工作面长度为 207 m 时,年产千万吨特厚煤层综放工作面采煤机选型应满足以下要求:

(1) 要符合煤层赋存条件,割煤功率应不小于 1 350 kW;

(2) 考虑机身较大便于安装,采用分体式直摇臂结构,主机身应分为三段,取消底托架结构,采用圆柱定位销与高强度液压螺栓连接,简单可靠,装拆方便;

(3) 采用交流变频调速技术,实现牵引速度无级变速;

(4) 特厚煤层综放开采绝对瓦斯涌出量大,采煤机应有分布式控制模块,界面除显示基本参数外,还应显示高压箱与变压器箱的环境温度、瓦斯浓度、冷却水的报警信号等,具有开机语音报警及瓦斯超限、故障报警功能;

(5) 中部卧底量应大于 0.5 m,过煤高度要大于 1.2 m;

(6) 能切割到刮板输送机端部,处理端部底煤并能自动开切口。

2.3.2　工作面采煤机选型确定

综放工作面生产能力取决于采煤机割煤能力和放煤量,它与采煤机最大割煤牵引速度、无故障割煤时间、截深、采高、煤的重度等有关。而采煤机割煤速度决定工作面出煤速度和产量,因此主要分析采煤机割煤速度是否能满足特厚煤层综放开采实现年产千万吨的要求。

工作面按年产千万吨,每年按 330 个工作日计算,工作面长度按 207 m 计算,当工作面采用端部斜切进刀单向割煤方式时,采煤机平均落煤能力为:

$$Q_{\mathrm{m}} = \frac{60 Q_{\mathrm{r}} B H \gamma \left[L(1+i) - 2iL_{\mathrm{m}} \right]}{K T B \gamma (HLC + H_{\mathrm{f}} C_{\mathrm{f}} L_{\mathrm{f}}) - 2 T_{\mathrm{d}} Q_{\mathrm{r}}} \tag{2-5}$$

工作面采用端部斜切进刀双向割煤方式时,采煤机平均落煤能力为:

$$Q_{\mathrm{m}} = \frac{60 Q_{\mathrm{r}} B H \gamma (L + 2 L_{\mathrm{s}} + L_{\mathrm{m}})}{T K B \gamma (HCL + H_{\mathrm{f}} C_{\mathrm{f}} L_{\mathrm{f}}) - 3 T_{\mathrm{d}} Q_{\mathrm{r}}} \tag{2-6}$$

式中　Q_{m}——采煤机平均落煤能力;

　　　Q_{r}——采煤机平均日产量;

　　　γ——煤的重度;

L——工作面长度,207 m;

L_f——工作面放顶煤长度;

L_s——刮板输送机弯曲段长度,35 m;

L_m——采煤机两滚筒中心距,13.86 m;

C——工作面采煤机割煤回采率,97%;

C_f——顶煤回收率,75%;

T_d——采煤机返向时间,1 min;

B——采煤机截深,0.8 m;

H_f——综放工作面平均顶煤厚度,取 12.61 m;

H——平均采高;

T——工作面采煤时间,20 h;

K——采煤机平均日开机率,按0.8计算。

采煤机平均截割牵引速度:

$$v_c = \frac{Q_m}{60BH\gamma} \tag{2-7}$$

式中　v_c——采煤机平均截割牵引速度。

采煤机割煤功率计算公式如下:

$$N = 60K_bBHv_cH_w \tag{2-8}$$

式中　N——采煤机截割功率;

K_b——备用系数;

H_w——采煤机割煤单位能耗。

8105 工作面采用端部斜切进刀双向割煤方式,计算结果如表 2-4 所示。

表 2-4　　　　　　　　　　　年产千万吨采煤机计算参数

割煤高度/m	循环进尺/m	小时产量 Q_m/(t/h)	割煤速度 v_c/(m/min)	功率 N/kW
3.6	0.8	857.26(1 285.89)	3.42(5.13)	709.46(1 064.18)
3.8	0.8	889.44(1 334.17)	3.36(5.04)	736.09(1 104.14)
4.0	0.8	920.55(1 380.82)	3.31(4.96)	761.83(1 142.75)
4.2	0.8	950.63(1 425.94)	3.25(4.88)	786.73(1 180.09)
4.4	0.8	979.73(1 469.60)	3.20(4.80)	810.81(1 216.22)
4.6	0.8	1 007.90(1 511.86)	3.14(4.72)	834.13(1 251.19)
4.8	0.8	1 035.19(1 552.79)	3.10(4.65)	856.71(1 285.06)
5.0	0.8	1 061.63(1 592.45)	3.05(4.58)	878.59(1 317.89)

备注:括号内数值为乘不均衡系数 1.5 所得。

由表 2-4 可知,不同煤厚采煤机小时产量和功率差别较大,割煤高度 3.6 m 时,小时产量、割煤速度和功率分别为 857.26 t/h、3.42 m/min 和 709.46 kW,最大分别为 1 285.89 t/h、5.13 m/min 和 1 064.18 kW;而割煤高度 5.0 m 时,最大功率 1 317.89 kW。因此,特厚煤层综放开采实现年产千万吨,采煤机割煤功率应不小于 1 350 kW。

根据以上分析,大同矿区塔山煤矿石炭系煤层 8105 工作面选用截割功率 2×750 kW

的 MG750/1915—GWD 型采煤机。

2.4 特厚煤层综放工作面刮板输送机选型

2.4.1 特厚煤层刮板输送机选型要求

综放工作面前部刮板输送机是综放工作面的关键设备。综放工作面总体配套对前后部刮板输送机的基本要求：

（1）输送能力能满足特厚煤层综放开采年产千万吨以上要求，当工作面长取 207 m 时，前部刮板输送机运输能力应大于 1 700 t/h，装机功率大于 1 400 kW，后部刮板输送机运输能力应大于 2 200 t/h，装机功率大于 1 750 kW；

（2）优先选用双电动机、双机头驱动方式；

（3）为配合滚筒采煤机自开切口，前部刮板输送机应优先选短机头和短机尾刮板输送机，但机头架和机尾架中板的升角不宜过大，以减少通过压链块时的能耗；

（4）前、后部输送机采用端卸式机头，配液压马达紧链及伸缩机尾辅助紧链，伸缩行程 600 mm，伸缩机尾可采用手动/自动方式；

（5）结构应能保证采煤机的运行配套要求，采煤机导轨装置必须可靠性高，具有足够强度；

（6）前、后部输送机中部槽采用整体铸焊封底板结构，槽帮进行调质处理，中板厚 50 mm，封底板厚 30 mm，中板、封底板材料选用高强度耐磨板；

（7）结合煤质硬度、块度、运量选择结构形式（单链、边双链、中双链等），煤质较硬、块度较大时优先选用边双链，煤质较软时可选单链或中双链；

（8）前部刮板输送机中部槽选择铸焊结合高强度中部槽，一般优先选用封底式；煤层底板软、不平整时刮板输送机应选用封底式中部槽；

（9）为了保证适宜的输送能力，必须装置大功率电动机、强力减速箱及联轴节以及可靠的启动装置；

（10）前、后部输送机在机头、机尾处每两节中部槽含一节开天窗槽（即机头、机尾各六节槽），剩余每七节中部槽含一节开天窗槽；

（11）所有进水管路带有反冲洗过滤器，液压管路带有过滤器；

（12）前、后部输送机配置工况监测系统，可以对减速器的油温、油位、冷却水的流量和压力、电机输出轴的轴承及一组绕组的温度进行监测并实时显示；

（13）前、后部输送机机头减速器在端面做护罩，以防止煤流冲击、磨损减速器；

（14）前、后部输送机冷却用水及偶合器用水总量大于 1 100 L/min，压力≤3 MPa；

（15）前、后部整机寿命为过煤量 2 000 万 t，整机大修周期过煤量为 1 200 万 t。

2.4.2 特厚煤层刮板输送机能力确定

2.4.2.1 前部刮板输送机能力确定

工作面刮板输送机的运输能力应满足采煤机最大落煤能力的要求：

$$Q = K_v K_c K_y Q_m \tag{2-9}$$

式中 Q——刮板输送机运输能力；

K_c——采煤机割煤速度不均匀系数,可取 1.5;

K_v——考虑采煤机与刮板输送机同向运行时的修正系数,$K_v = v_\varepsilon/(v_\varepsilon - v_c)$;

v_ε——刮板输送机链速;

K_y——考虑运输方向及倾角的系数,取 1.0。

计算结果如表 2-5 所示。

表 2-5　　　　　　　　　　　年产千万吨前部刮板输送机计算参数

割煤高度/m	循环进尺/m	小时产量 Q_m/(t/h)	刮板输送机运输能力 Q/(t/h)
3.6	0.8	857.26(1 285.89)	891.55(1 337.33)
3.8	0.8	889.44(1 334.17)	925.02(1 387.53)
4.0	0.8	920.55(1 380.82)	957.37(1 436.06)
4.2	0.8	950.63(1 425.94)	988.66(1 482.98)
4.4	0.8	979.73(1 469.60)	1 018.92(1 528.38)
4.6	0.8	1 007.90(1 511.86)	1 048.22(1 572.32)
4.8	0.8	1 035.19(1 552.79)	1 076.60(1 614.90)
5.0	0.8	1 061.63(1 592.45)	1 104.10(1 656.15)

备注:括号内数值为乘不均衡系数 1.5 所得。

从表 2-5 可知,当割煤高度为 5.0 m 时,前部刮板输送机运输能力应大于 1 656.15 t/h。

2.4.2.2　后部刮板输送机能力确定

要实现综放工作面安全高效,工作面采煤机割煤和放顶煤工序应最大限度地平行作业,在选择综放工作面参数和设备能力时,应使采煤机平均循环割煤时间 T_c 与放顶煤平均循环时间 T_f 匹配,以减少两个工序的相互影响时间,提高工作面单产。当综放工作面长 207 m,采煤机平均循环割煤时间为:

$$T_c = \frac{L(i+1) - 2iL_m}{v_c} + 2T_d \qquad (2\text{-}10)$$

式中　T_c——采煤机平均循环割煤时间。

$$T_f = \frac{L_f}{v_f} \qquad (2\text{-}11)$$

式中　T_f——工作面平均放顶煤循环时间;

v_f——沿工作面平均放煤速度;

L_f——工作面放顶煤的长度。

因此,与采煤机落煤能力相配套的工作面平均放煤能力为:

$$Q_f = 60 H_f B m \gamma C_f (1 + C_g) v_f \qquad (2\text{-}12)$$

式中　Q_f——工作面平均放顶煤能力;

m——放煤步距与采煤机截深之比,一采一放时取 1;

C_g——顶煤含矸率;

H_f——顶煤平均厚度。

满足工作面最大放煤流量要求的后部刮板输送机能力为:

$$Q \geqslant K_f K_y Q_f \qquad (2\text{-}13)$$

式中　K_f——放煤流量不均匀系数,取 1.3。

根据上述公式计算结果如表 2-6 所示。

表 2-6　　　　　　　　　　年产千万吨后部刮板输送机计算参数

割煤高度/m	循环进尺/m	采煤机割煤速度 v_c/(m/min)	后部刮板输送机能力 Q/(t/h)
3.6	0.8	3.42(5.13)	1 460.41(2 168.29)
3.8	0.8	3.36(5.04)	1 435.31(2 131.39)
4.0	0.8	3.31(4.96)	1 414.37(2 098.56)
4.2	0.8	3.25(4.88)	1 389.24(2 065.70)
4.4	0.8	3.20(4.80)	1 368.28(2 032.81)
4.6	0.8	3.14(4.72)	1 343.11(1 999.88)
4.8	0.8	3.10(4.65)	1 326.32(1 971.05)
5.0	0.8	3.05(4.58)	1 305.32(1 942.19)

备注:括号内数值为乘不均衡系数 1.5 所得。

由表 2-6 可知,当割煤高度为 3.6 m 时,后部刮板输送机运输能力应不小于 2 168.29 t/h。

2.4.3　特厚煤层刮板输送机功率验算

刮板输送机电机功率计算过程如下:

$$F = k_1 k_2 \left[(q\omega + 2q_1\omega_1)Lg\cos\beta \pm (q + 2q_1)Lg\sin\beta + q_1 Lg(\omega_1\cos\beta \mp \sin\beta) \right]$$

$$P = \frac{Fv}{1\ 000\eta} \tag{2-14}$$

式中　q_1——刮板链+刮板单位长度的质量,约 60 kg/m;

　　　q——煤层单位长度的质量;

　　　L——刮板输送机的长度;

　　　β——安装倾角;

　　　k_1——刮板链绕链轮的阻力附加系数,取 1.1~1.3;

　　　k_2——中部槽弯曲的运行阻力附加系数,取 1.1~1.3;

　　　ω——煤的阻力系数,取 0.7;

　　　ω_1——刮板链阻力系数,取 0.4。

前部刮板输送机功率验算:

$$F = 1.2 \times 1.2 \times (516\ 136.7 + 48\ 686.4) = 813\ 345.26$$

$$P = \frac{813\ 345.26 \times 1.5}{1\ 000 \times 0.9} = 1\ 355.58\ (\text{kW})$$

从以上计算来看,当工作面长度为 207 m 时,年产千万吨的特厚煤层综放工作面前刮板输送机功率应不小于 1 355.58 kW。

后部刮板输送机功率验算:

$$F = 1.2 \times 1.2 \times (667\ 560.79 + 48\ 686.4) = 1\ 031\ 395.96$$

$$P = \frac{1\ 031\ 395.96 \times 1.5}{1\ 000 \times 0.9} = 1\ 719.0\ (\text{kW})$$

从以上计算来看,当工作面长度为 207 m 时,年产千万吨的特厚煤层综放工作面后部刮板输送机功率应大于 1 719 kW。根据上述分析及选型原则,前部刮板输送机选用国产 SGZ1000/2×855 型刮板输送机,后部刮板输送机选用 SGZ1200/2×1000 型刮板输送机。

2.5 特厚煤层综放工作面其他设备选型

2.5.1 特厚煤层综放工作面转载机选型

刮板转载机选型应满足以下要求:

(1)转载机的生产能力应能满足综放工作面两部输送机的卸载要求,其生产能力按下式计算:

$$Q = Q_m + Q_f + \sqrt{(K_m - 1)^2 Q_m^2 + (K_f - 1)^2 Q_f^2} \tag{2-15}$$

式中 Q_m——采煤机平均落煤能力;

Q_f——工作面平均放顶煤能力;

K——采煤机割煤速度不均匀系数,1.5。

(2)转载机的机型,即机头传动装置、电动机、溜槽类型及刮板链类型,应尽量与工作面输送机机型一致,以便于日常维修及配件管理;

(3)转载机机头槽接带式输送机的连接装置,应与带式输送机机尾结构以及搭接重叠长度相匹配,搭接处的最大机高要适应巷道动压后的支护高度;

(4)转载机高架段中部槽长度既要满足转载机前移重叠长度的要求,又要考虑工作面采后超前动压对巷道顶底板移近量的作用大小;

(5)通常对于超前动压影响距离远,且矿压显现强烈的较低平巷,转载机应该选用较长机身(架空段)及较大的功率;

(6)巷道易底鼓变形时,转载机不宜采用直接骑在运输机机尾导轨上的方式,而应选用跨接在两侧的专用地轨上的方式;

(7)当平巷内水患大,带式输送机需要铺在巷道上帮侧时,转载机增设中间槽使其机尾仍在巷道下帮侧,以保证工作面刮板输送机进入运输巷,利用采煤机自开缺口;

(8)工作面快速推进还要求转载机有良好的推移、锚固和行走机构。

根据大同矿区塔山煤矿石炭系特厚煤层 8105 工作面的实际情况以及转载机的选型要求,可选用 PF6/1542 型转载机。

2.5.2 特厚煤层综放工作面破碎机选型

破碎机按传动形式分为胶带传动和减速器传动两种。胶带传动形式的破碎机电机安装在破碎箱上部,整机宽度小,但高度大。减速器传动破碎机动力部安装在破碎箱侧面,整机宽度大,但高度小。刮板转载机选型应满足以下要求:

(1)破碎机类型和破煤能力应满足生产可能出现的大块煤、岩等破碎需要;

(2)一般选用锤式破碎机;

(3)破碎机的结构应与所选转载机结构、尺寸相适应;

(4)破碎机应与其安装位置相适应。

结合塔山煤矿特厚煤层 8105 工作面生产条件,工作面破碎机选用与 PF6/1542 型转载机相配套的 SK1118 型破碎机。

2.5.3 特厚煤层综放工作面带式输送机选型

可伸缩带式输送机的能力应与转载机的能力相配套。由于胶带输送机输送能力与运输距离密切相关,工作面推进长度不同,胶带输送机在工作面生产能力相同的情况下,其装机功率需随运输距离的加长而加大。带式输送机的发展趋势是大运量、长运距、高强度胶带。中间传动、自动张紧装置、软启动和自动监控系统等新技术、新装置应用普遍。

带式输送机选型应满足以下要求:

(1)带宽和带速及其传动功率必须大于转载机运输能力的 1.2 倍;

(2)单机许可铺设长度要与综放工作面的推进长度相适应,尽量减少铺设输送机台数,必要时可选用多点驱动装置;

(3)选型要考虑巷道顶底板条件,对于无淋水或底板无渗水、无底鼓巷道,选用 H 架型落地式可伸缩带式输送机,否则宜选用绳架吊挂式可伸缩带式输送机;

(4)选用抗静电阻燃高强度输送带;

(5)带式输送机应有较好的启动和工况监测监控性能。

塔山煤矿特厚煤层 8105 工作面运输巷长约 2 965.9 m,根据工作面生产能力及胶带输送机选型要求,选用 DSJ140/350/3×500 伸缩型胶带输送机。

2.6 特厚煤层综放工作面三机配套

综放工作面设备的配套是实现产量目标的重要物质基础,为满足矿井的煤层赋存条件及特厚煤层工作面年产要求,必须优化选择工作面设备,发挥工作面最大生产能力并实现安全生产。采煤机、刮板输送机和液压支架之间在生产能力、设备性能、设备结构、空间尺寸以及相互连接部分的形式、强度和尺寸等方面,必须互相匹配,才能保证各设备正常运行,实现工作面安全高效。

2.6.1 工作面设备总体配套前提

特厚煤层综放工作面设备布置必须要了解以下几方面基本情况:

(1)工作面尺寸,包括工作面长度、倾角、顺槽断面尺寸等;

(2)各设备型号、数量、参数、外形尺寸、主要结构形式等;

(3)工作面煤炭运输方向;

(4)前后部刮板输送机机头布置方式。

特厚煤层综放开采与普通煤层综放开采的主要区别在于割煤高度的加大导致各采煤设备尺寸随之加大,所以特厚煤层综放开采条件下,顺槽和切眼断面尺寸的合理性是配套的重要前提,也是区别于普通综放设备配套的重点所在。

2.6.1.1 运输巷最小宽度

(1)在运输巷布置转载机、端头支架及前后部刮板输送机,图 2-4 为运输巷工作面断面。为了保证采煤机割透上、下三角区顶煤和底煤,并保证距巷道下帮的安全行人空间和设备布置,运输巷宽度 X 应满足:

$$X \geqslant D/2 + m + a + b + K \tag{2-16}$$

式中　X——运输巷宽度；

　　　D——滚筒直径；

　　　m——富余宽度；

　　　a——行人空间；

　　　b——端头支架宽度；

　　　K——巷道变形余量。

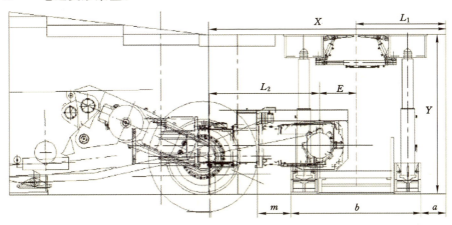

图 2-4　机头设备断面图

（2）根据机头链轮的空间位置及采煤机自行进刀的要求，运输巷宽度 X（图 2-5）应满足：

$$X \geqslant L_1 + L_2 + E + K \tag{2-17}$$

式中　L_1——转载机中心线与巷道外帮的距离；

　　　L_2——输送机链轮中心线与巷道里帮的最小距离；

　　　E——转载机中心线与输送机链轮中心线之间的富余距离。

（3）按设备列车与带式输送机并列布置考虑，所需的巷道净宽 X 应满足：

$$X \geqslant L_3 + L_4 + g_1 + g_2 + g_3 + K \tag{2-18}$$

式中　L_3——设备列车的最大宽度；

　　　L_4——胶带架宽度；

　　　g_1——人行道及检修空间宽度；

　　　g_2——胶带架至煤墙间隙；

　　　g_3——设备列车至煤墙间隙。

根据塔山煤矿设备选型结果可知，采煤机滚筒直径为 2 500 mm，端头支架宽度 3 000 mm，安全规程要求行人空间 800 mm，带入上式可得运输巷宽度不应小于 5 300 mm。考虑一定富余系数，运输巷宽度定为 5 500 mm。

2.6.1.2　回风巷最小宽度

回风巷（图 2-6）主要功能为运输设备和回风，运输设备采用胶轮搬运车。根据平朔、神华等单位使用胶轮搬运车的情况，结合塔山矿的实际及下式计算，回风巷宽度确定为 5 500 mm。

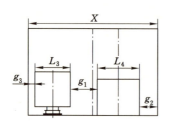

图 2-5　运输巷断面图

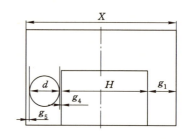

图 2-6　回风巷断面图

$$X = H + g_1 + g_4 + g_5 + d + K \tag{2-19}$$

式中　X——回风巷宽度；

　　　H——支架搬运车宽度；

　　　d——瓦斯管路直径；

　　　g_4——瓦斯管路与支架搬运车间隙；

　　　g_5——瓦斯管路至煤墙间隙。

巷道宽度确定以后，根据大采高支架运输、工作面通风要求，确定巷道高度。

设备运输采用胶轮车运输时，回风巷高度应满足下式：

$$Y = h + \eta + A \tag{2-20}$$

式中　Y——巷道高度；

　　　h——支架最低高度；

　　　η——采用支架搬运车运输时支架离地面距离；

　　　A——支架与巷道顶板的安全空间。

液压支架最低高度为 2 800 mm，支架在巷道内采用胶轮搬运车搬运，支架需要离开地面 300 mm，支架与巷道顶面留 400 mm 的安全空间，带入公式可得巷道最低高度确定为 3 500 mm。

运输巷高度一方面考虑运输巷内置设备列车、胶带输送机和转载机等设备，巷道有效通风断面减小；一方面要有利于机头处的端头管理。

按支架安装要求，开切眼宽度应满足：

$$B = L + S + K_1 \tag{2-21}$$

式中　B——切眼宽度；

　　　L——支架回转最大长度；

　　　S——安全间隙，取 0.8 m；

　　　K_1——辅助支护所需空间，取 0.4 m。

因此，塔山矿 8105 面切眼宽度：$B \geqslant 8.3 + 0.8 + 0.4 = 9.5$ m，考虑一定富余量，开切眼宽取 10 m。支架由回风巷运输进入切眼，因此切眼高度与巷道高度一致。

2.6.2　工作面中部断面配套

综放工作面中部断面的配套是指工作面中部支架、前后部刮板输送机中部槽及采煤机的配套关系。该断面的设计需满足以下配套原则：

（1）销轨和销排的连接关系要合理；

（2）采煤机滑靴与前部刮板输送机铲煤板的配合关系要合理；

（3）前部刮板输送机电缆槽的高度、内部空间及其与采煤机的间隙要合理；

（4）前部刮板输送机铲煤板与采煤机滚筒之间的间隙要合理；

（5）中部断面前后部刮板输送机中心距的确定要合理；

（6）中部支架和前后部刮板输送机的连接关系及其间隔要合理；

（7）中部支架的控顶距要满足要求；

（8）采煤机和前部刮板输送机以及液压支架和后部刮板输送机的过煤空间要得以保证；

（9）正常采高下，采煤机机身与支架顶梁间安全间隙在 150～200 mm 以上。

为了实现特厚煤层工作面高产高效，保证采煤机割透工作面两端头煤壁和不留三角煤，根据采煤机摇臂长度、摇臂下摆角、滚筒直径、刮板输送机过渡槽高度、顺槽宽度等布置两端头三机位置，设备型号越大，卧底量越大。采煤机中部卧底量计算原理如图 2-7 所示，采用下式计算：

$$x = A - A_3/2 - L\sin\beta_m - D/2 \tag{2-22}$$

式中　β_m——摇臂向下的最大摆角；

　　　　A——机面高度；

　　　　D——滚筒直径；

　　　　L——摇臂长度；

　　　　x——卧底量。

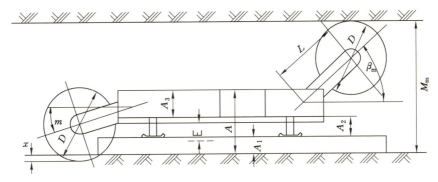

图 2-7　卧底量计算原理图

按照及时支护原则对塔山煤矿 8105 面中部的采煤机、放顶煤液压支架和前后部输送机进行总体配套，配套结果如图 2-8 和图 2-9 所示。运输巷断面尺寸为 5.3 m×3.5 m，回风巷断面尺寸为 5.3 m×3.6 m，放顶煤支架的设计工作高度为 4 200 mm。前后部输送机中部中心距 7 200 mm，前后部输送机机头机尾处中心距 7 300 mm。

为满足后部放煤的工艺要求，支架掩护梁长 2 735 mm，尾梁长 1 515 mm，最大行程 750 mm。在插板全部伸出时的封闭状态，插板与后部输送机上沿的最小间隙为 524 mm。在缩回状态下，尾梁的最大下摆角度为 41°，此时插板到刮板输送机槽帮上沿的最小高度为 332 mm。因此，只要操作正确，尾梁在上下摆动的放煤过程中不会与后部输送机产生干涉。若放煤口上方的顶煤在放煤过程中出现成拱现象，可通过尾梁上、下摆动松动煤体，尾梁向

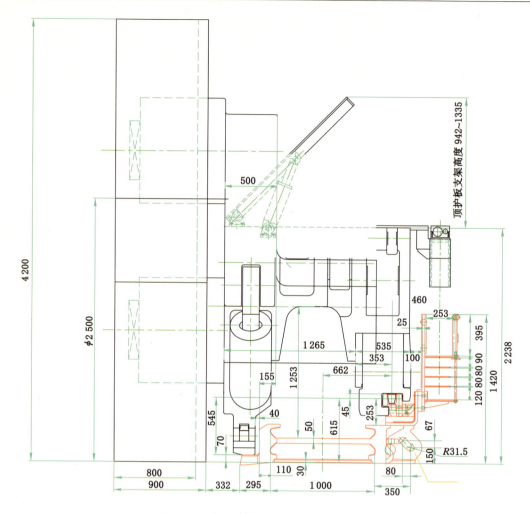

图 2-8　工作面采煤机与刮板输送机配套图

上松动待放顶煤的最大摆角为 19.5°。

　　在前部输送机移溜到位、后部输送机完成放煤和拉溜工序、放顶煤液压支架移架前的待割煤状态,顶梁前端到工作面煤壁的空顶距为 504 mm,采煤机滚筒内侧与输送机铲煤板前端的侧向间隙为 332 mm,支架底座前端到前部输送机推溜耳子外沿保持 940 mm 的移架空间和安全富余量,支架底座外沿到后部输送机铲煤板尖端的安全间隙为 546 mm。此时处于伸出状态的尾梁插板完全可以将采空区的矸石挡在采煤空间之外,后部输送机上方不存在串矸问题。

　　在采煤机割煤之后、移架工序还未执行的最大控顶状态,可升起安装在前梁端的护帮板,临时支护机道上方刚暴露的煤层顶板。采煤机割煤工序和拉架工序完成后,工作面处于最小控顶距状态。此时,在前部输送机推溜工序完成之前,前后部输送机中心线间距为 7 200 mm,支架底座前端到前部输送机推溜耳子外沿的最小安全间隙为 150 mm。在刮板输送机靠挡煤板一侧,采煤机与刮板输送机挡煤板间的最小侧向间隙位于采煤机牵引装置处,其值为 100 mm。

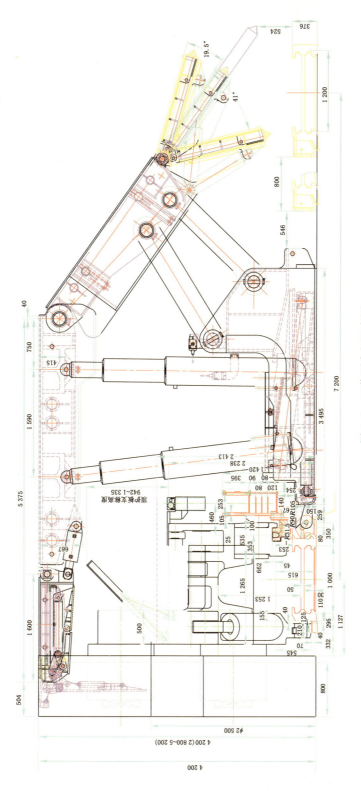

图 2-9 工作面中部配套图

采煤机在工作面采用骑溜运行,无链牵引,齿轮销排传动。采煤机依靠安装在工作面靠煤壁侧的行走滚轮和布置在工作面靠采空区侧的传动齿轮与导向滑靴,骑行在前部刮板输送机靠煤壁侧的铲煤板和靠采空区侧的销排轨上。采煤机的驱动齿轮在输送机销排上相对啮合前进,从而实现采煤机在工作面往返运行。销排轨固定在刮板输送机靠挡煤板侧的轨座上。输送机溜槽间允许的偏摆角度为:水平方向±1°,垂直方向±3°。在确保以上参数的情况下,采煤机可在刮板输送机上顺利行走。为了保证前、后部输送机处于良好的运行状态,减少输送机弯曲段的运行阻力和磨损,工作面中部前、后部输送机弯曲段的溜槽个数不少于17节,弯曲段长度应不小于30 m。

2.6.3 机头、机尾断面配套

综放工作面机头、机尾断面设计需满足以下配套原则:

(1)前后部刮板输送机机头、机尾电动机减速器与过渡支架各部位间隙要合理;

(2)过渡支架和前后部刮板输送机的连接关系及其间隙要合理;

(3)过渡断面前后部刮板输送机中心距的确定要合理,与中部断面前后部刮板输送机中心距的差值应控制在300 mm以内;

(4)过渡支架的控顶距要满足要求;

(5)过渡支架的高度与上下顺槽高度匹配要合理;

(6)带有护帮板的过渡支架在正常采高下伸收护帮板与刮板输送机帮槽的安全间隙要合理;

(7)过渡支架和后部刮板输送机的过煤空间要得以保证;

(8)由于受前后部刮板输送机驱动电机的限制,过渡支架一般采用滞后布置方式。

采煤机机头卧底量采用下式计算:

$$x = A - A_3/2 - L\sin\beta_m - D/2 - \delta \qquad (2\text{-}23)$$

式中 δ——采煤机前滑靴处刮板槽抬高高度。

由于前、后部输送机均采用平行布置方式,输送机的电机和传动装置的中心线与输送机中部槽的中心线平行,并分别布置在两端头处的前后部输送机之间,占用了前、后部输送机溜槽间的自由空间,使得按中部槽尺寸和工艺要求设计出的工作面中部支架不再适用于工作面两端头。因此,根据电机与传动装置的几何尺寸,需要在工作面的上下端头分别布置几组过渡支架。为了增大支架后部的自由空间,以便放置体积较大的后部输送机机头和机尾,过渡支架采用四柱反四连杆机构,其顶梁长6 428 mm,伸缩梁最大行程为865 mm,掩护梁长1 470 mm,尾梁长1 240 mm,插板长550 mm,底座长3 255.1 mm、宽1 600 mm,前柱下铰点到底座前端的水平距离为700 mm。

根据采煤机摇臂与输送机机头突出部分位置,可保证采煤机正常割煤和适当的卧底量,并避免采煤机摇臂在端头割底煤或清浮煤时与前部输送机的过渡槽和机头、机尾架相干涉。在4 200 mm采高工作状态下,机头处液压支架、采煤机和前后部输送机尺寸配套关系如图2-10所示,机尾处布置配套关系如图2-11所示。

2.6.4 工作面端头断面配套

综放工作面端头断面的配套是指端头支架、前后部刮板输送机机头架及转载机的配套关系。该断面的设计需满足以下配套原则:

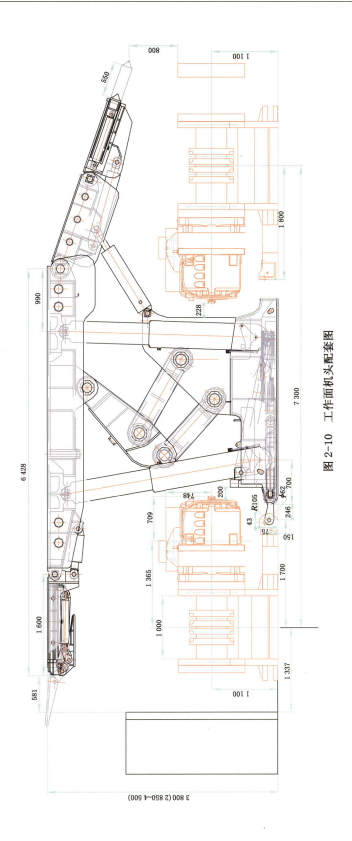

图 2-10 工作面机头配套图

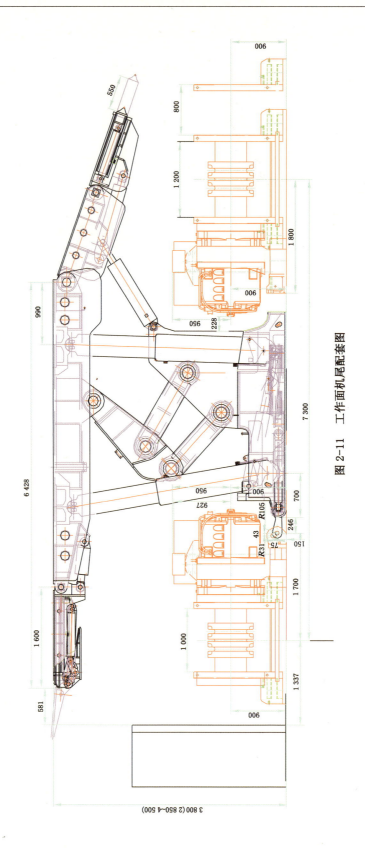

图 2-11　工作面机尾配套图

（1）前后部刮板输送机机头端头支架各部位间隙要合理；

（2）端头支架和转载机的连接关系及其间隙要合理；

（3）前后部刮板输送机机头和转载机的搭接距离及其间隙要合理；

（4）端头支架和过渡支架间隙要合理；

（5）端头支架的高度与顺槽高度匹配要合理；

（6）端头支架顶梁与煤壁的距离要合理，端头支架底座与巷帮之间必须留有足够的安全行人空间；

（7）端头支架前后部刮板输送机及转载机的推移步距要相适应。

为了减小下端头的维护量，保证工作面的连续生产，在工作面机头布置一组端头支架，其配套关系如图 2-12 所示。

2.6.5　工作面平面布置图

设计工作面平面布置图要明确下列关系：

（1）根据工作面斜长、顺槽宽度及设备布置情况确定中部支架、头尾过渡支架及端头支架的数量；

（2）确定合理的前部刮板输送机机头、机尾变线节数，确保采煤机滚筒将两端煤墙割透并留有一定的卧底量；

（3）运输平巷内各设备之间的配合关系要协调；

（4）运输平巷内配套设备与巷道下帮间必须留有足够的无设备安全行人空间；

（5）不配备端头支架的放顶煤工作面在刮板输送机机头、机尾处必须配备过渡支架，过渡支架与转载机之间要留出一个放置拉后部输送机千斤顶的空间。

工作面总体布置基本参数和原则是：工作面倾斜长 207 m，机采高度 4 200 mm；采煤机双向割煤，工作面基本架滞后采煤机后滚筒 3~5 架及时支护；在工作面机头、机尾分别布置 3 和 4 组过渡支架，机头布置一组端头支架，安装设备时，以工作面刮板输送机机头链轮中心线距运输巷下帮 2 950 mm 为基准，按照机头架、机头过渡槽、中部槽、机尾架的顺序依次布置工作面前后部输送机，前后部输送机的机头分别和中部槽之间增加 1 套过渡槽。工作面具体布置如图 2-13 与图 2-14 所示。

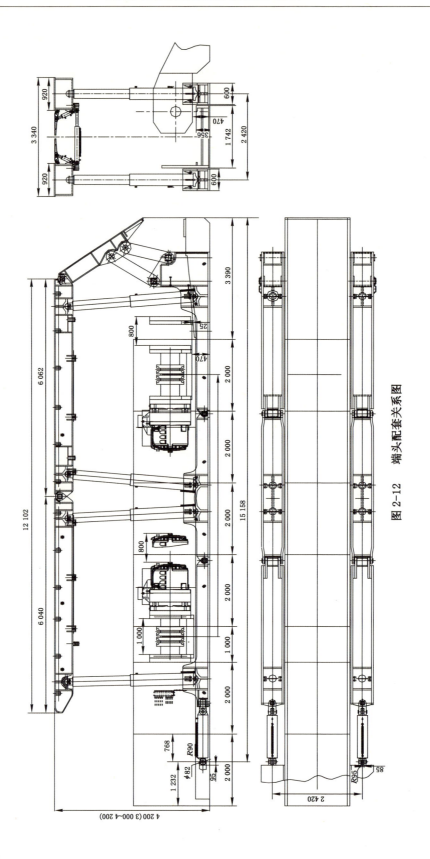

图 2-12　端头配套关系图

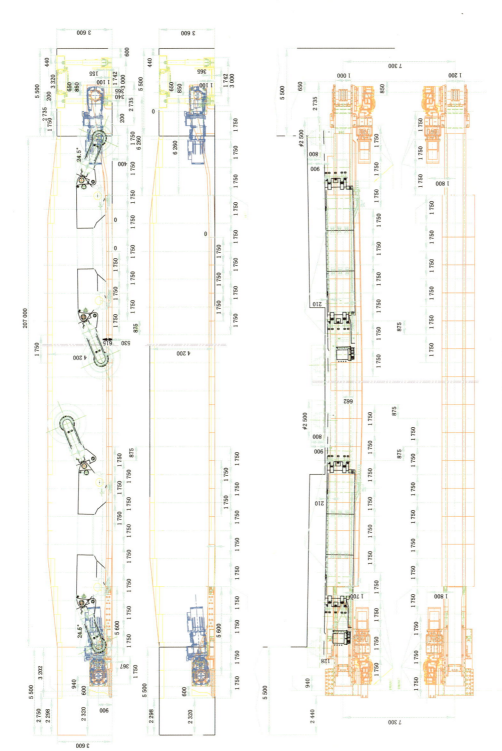

图 2-13　8105 工作面总体布置图

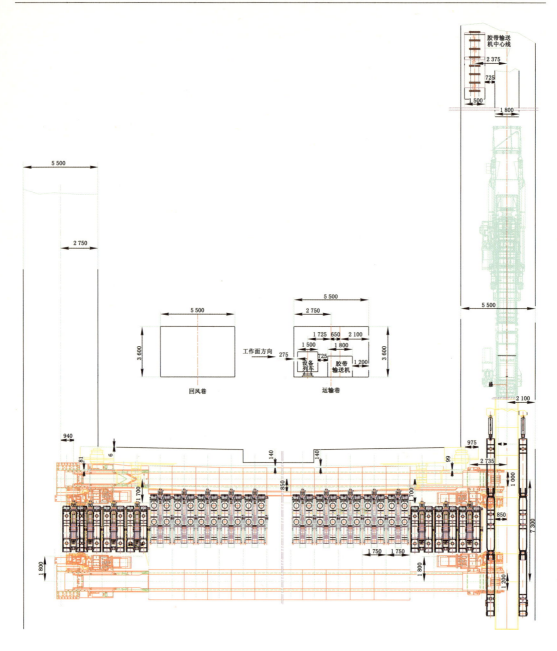

图 2-14　工作面设备平面布置图

3　石炭系特厚煤层综放开采煤矸流场规律及放煤工艺

3.1　特厚煤层综放开采煤矸流场规律

3.1.1　特厚煤层综放开采放煤步距对煤矸流动的影响规律

采用散体模拟实验方法研究特厚煤层综放放煤步距对煤矸流动的影响规律。平面应力散体模型实验台长度 2 000 mm，实验台正面采用透明钢化玻璃封闭，便于观察。沿工作面推进方向布置 44 个抽板，每个抽板宽 16 mm，长 200 mm，几何相似比 1∶50，模拟煤层厚度 16 m，机采高度为 4.5 m，放煤步距 0.8 m。因此，一个抽板宽度为一个放煤步距。

根据顶煤的破碎特征，散体模拟按顶煤由下往上划分为块度尺寸小、中、大不同的块体，其上为块度更大的矸石。用不同粒径的鹅卵石、石子模拟矸石和顶煤，通过染色的方式模拟不同层位煤层，以观测分析其流动、混矸及成拱规律。

实验模拟了一采一放、两采一放和三采一放三种不同放煤步距的放煤。在移架放煤过程中，煤矸分界线以基本相似的形态逐步前移，同时随着放煤步距的加大，放煤始、止边界线之间的间距也逐渐增加。根据现场顶煤的强度特性，结合顶煤煤样压裂结果，模拟不同放煤方式条件下的顶煤流动与成拱结构形态，如图 3-1 所示。

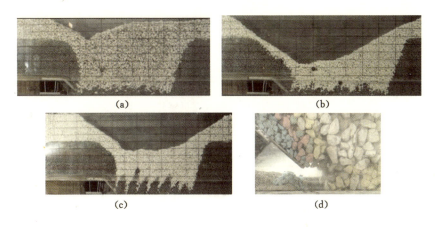

图 3-1　不同放煤方式下的煤矸流动形态与成拱状态
（a）一刀一放；（b）二刀一放；（c）三刀一放；（d）顶煤成拱结构

放煤实验结果表明，随着大块顶煤较快到达放煤口，特别是大于 1 cm 的煤块，严重阻碍了顶煤放出，并且容易形成稳定的拱结构，破坏这种结构的平衡难度增大，放煤时间加长。而且不同放煤步距，顶煤的回收率也不同，如表 3-1 所示。

表 3-1　　　　　　　　　　　不同放煤步距下的顶煤回收率

放煤步距/m	0.8	1.6	2.4
顶煤回收率/%	84.1	80.4	76.1

可见,在 16 m 特厚煤层综放开采条件下,一刀一放,放煤步距为 0.8 m 时,顶煤回收率最高。

实验还表明,顶煤各级块度均匀混合有利于顶煤的放出,随着顶煤块体增大,放出率呈递减趋势。当顶煤块度小于 0.3 cm 时,回收率高于 90%;当顶煤块度大于 1 cm 时,顶煤块体最多能回收 30%,如表 3-2 所示。

表 3-2　　　　　　　　　　　顶煤块体大小对放煤回收的影响

块度/cm	块径/cm				平均放煤时间/min	含矸率/%
	<0.3	0.3~0.5	0.5~0.7	0.7~1	>1		
回收率/%	90.2	89.1	82.1	52.1	28.3	2.87	2.45

顶煤放出效果和顶煤块体大小、分布特点的相关性更加明显,随着大块(大于 0.7 cm)顶煤增多,回收率急剧下降;大块在顶煤中部分布时最不利于顶煤放出。

3.1.2　特厚煤层综放开采放煤方式对煤矸流动的影响规律

在石炭系特厚煤层割煤高度 4.5 m 条件下构建采放比为 1∶3 的 PFC 数值计算模型,以工作面连续 6 架支架为一组,共设两组支架,对不同放煤方式的放煤效果进行分析比较。

(1) 单轮间隔放煤:先打开 1#、3#、5# 等单号支架上的煤且见矸关闭放煤口,留下一定的脊煤,滞后一段距离放双号支架,将留下的脊煤放出。如图 3-2 所示。

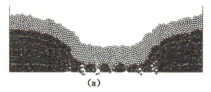

(a)　　　　　　　　　　　　　　　　　(b)

图 3-2　单轮间隔多口放煤顶煤移动颗粒流
(a) 单号架放完;(b) 双号架放完

数值计算结果表明,特厚煤层单轮间隔放煤条件下,顶煤回收率稍有降低,但是整体放煤效果较好。

(2) 单轮顺序放煤:放煤顺序按 1#、2#、3#…放煤口顺序放煤,见矸石关闭放煤口。如图 3-3 所示。

可以看出,单轮顺序放煤放完一架煤之后,第二组的第 1 架上残余煤与第一组第 1 架相当;但是随着两组的第 2 架、第 3 架放煤,第二组上的残煤增加,这主要是第二组上每次都是新放顶煤,所以在实际放煤过程中,要延长第二组的放煤时间,才能保证煤炭的均匀放出。

另外,此种放煤方式顶煤容易形成不平衡力作用,即一个支架一次放出煤量的增多,会导致相邻支架上方顶煤向该架方向运动,从而使顶煤在平行于煤壁平面形成不平衡的接触力,使顶煤不能均匀地沿着竖直方向从放煤口放出,导致顶煤放煤效果不好。

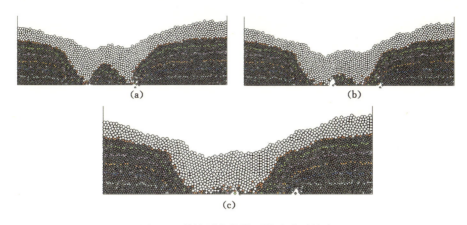

图 3-3　单轮顺序放煤顶煤移动颗粒流

（a）放完两组架中的第 2 架；（b）放完两组架中的第 4 架；（c）放完两组架中的第 6 架

（3）两轮间隔顺序等量放煤：按 1[#]、3[#]、5[#]…放煤口顺序放煤，一次放出顶煤量 1/2，然后再按 2[#]、4[#]、6[#]…放煤口顺序放煤，反复进行两轮将煤放完。如图 3-4 所示。

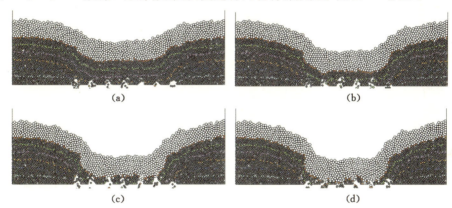

图 3-4　两轮间隔顺序多口放煤顶煤移动颗粒流

（a）放完单号架上方 1/2 顶煤；（b）放完双号架上方 1/2 顶煤；
（c）放完单号架上方顶煤；（d）放完双号架上方顶煤

可以看出，区别于单轮间隔放煤，两轮间隔顺序等量放煤依次打开 1[#]、3[#]、5[#]…放煤口顺序放煤，所以在依次打开单号放煤口时对于双号架而言，其放煤口上方顶煤也是受到不均衡力作用。整个放煤过程中，煤矸分界面保持均匀下落，能够有效地减少含矸量。不同放煤方式时的顶煤放出率，如表 3-3 所示。

表 3-3　　　　　　　　　　　　　　不同放煤方式顶煤放出率

放煤方式	单轮间隔放煤	单轮顺序放煤	两轮间隔顺序放煤
顶煤放出率/%	78.2	73.4	80.6

由此可见，特厚煤层割煤高度为 4.5 m 时，单轮顺序放煤顶煤放出率最低，为 73.4％，两轮间隔顺序放煤的顶煤放出率最高，为 80.6％。

3.1.3 特厚煤层综放开采顶煤成拱机理分析

综放开采顶煤的放出过程是当支架放煤插板打开后,破碎成一定块度的具有松散特性的煤矸在其自重压力、顶板下沉变形压力等作用下向放煤口流动的过程。

在移架前,顶煤受自重压力、顶板变形压力、煤体向采空区方向的扩容张力共同作用,这样顶煤中储存着大量的变形能和位能。而采空区煤岩交界处的岩石处于受重力作用沿斜面下滑的临界状态,顶板的变形压力对其影响很小,这样采空区岩石仅具有位能而无变形能。当支架前移后,放煤口上方的煤体失去支架支撑,储存在顶煤中的变形能迅速释放,引起放煤口上方煤体迅速破坏、顶煤产生形态膨胀,产生自身扩容将周围空间充填,同时给煤岩交界处的松散岩石一个沿界面法线的正压力,加大了岩块之间摩擦力,使界面上的岩石处于一个较为稳定的状态。同时,支架上方的煤体在压力作用下产生水平位移及水平压力,水平压力通过放煤口上方顶煤传递到煤岩交界处,使交界面上正压力增大,岩石稳定性加强。当打开放煤口放煤时,放煤口上方顶煤在变形压力、扩容压力及重力作用下从放煤口流出。通过以上分析可知,顶煤除了承受自重压力以外,还承受变形压力、扩容压力,所以在走向方向破碎顶煤块体间存在力的相互作用,而且随顶煤的流动,块体间力的联系发生变化,并为成拱提供了力学和空间条件。

放煤之前,放煤口上方顶煤处于相对静止状态,打开放煤口时,放煤口处顶煤的静力平衡受到破坏,从放煤口进入工作面后部输送机运出,这种平衡的破坏逐渐传递,就形成了顶煤的不断流动和放出。支架后垮落的煤矸岩堆和支架尾梁(或掩护梁)之间是顶煤的通道,如图 3-5 所示。

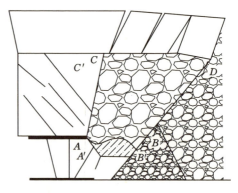

图 3-5　放煤通道示意图

顶煤块体在流动过程中从 AB 到 $A'B'$ 必然产生重新排列,以适应放煤通道断面的缩小,在块体和颗粒彼此相对移动和相互挤压的过程中,随之产生摩擦力并消耗由势能转化而来的能量。其中,内摩擦力可表示为:

$$F_1 = pf_1kr \qquad\qquad (3-1)$$

式中　F_1——由于面积缩小产生的单位体积顶煤的阻力;

　　　p——顶煤与支架尾梁、采空区煤岩堆坡面之间的正应力;

　　　f_1——顶煤块体、颗粒之间的摩擦系数;

　　　k——与形状有关的常数;

　　　r——放煤通道断面面积的收缩率($r = AB/A'B'$,AB 为原截面积,$A'B'$ 为下降到某一高度时的截面积)。

顶煤在放出过程中,还存在与通道壁之间的摩擦力(即外摩擦力),每一单位面积上的阻力与顶煤和支架尾梁、煤矸坡面以及邻架顶煤之间的压力成正比,和接触处的摩擦系数成正比,接触处由开始的点接触逐步发展为面接触,外摩擦力可用单位体积顶煤的阻力来表示:

$$F_2 = \frac{pf_2\eta s\Delta y}{s\Delta y} = pf_2\eta\frac{s}{S} \qquad\qquad (3-2)$$

式中　F_2——单位体积顶煤的外摩擦阻力;

　　　f_2——顶煤对放煤通道壁的平均摩擦系数,与支架掩护梁、尾梁、架后煤矸堆积的坡面性质有关;

　　　η——倾斜因素,为倾斜壁上的正压力 p' 与垂直水平面的正压力 p 之比;

　　　s——放煤通道周长;

　　　S——顶煤原来位置处的截面积;

　　　Δy——垂直距离微量。

顶煤的总摩擦力为:

$$F = \int_0^y (F_1 + F_2)\mathrm{d}y = \int_0^y \left(fkr_1 + f_2\eta\frac{s}{A} \right)p\,\mathrm{d}y \tag{3-3}$$

由于顶煤中末煤和水分的影响,末煤会黏附在一起,因而对顶煤流动产生运动阻力,黏聚力 C 为:

$$C = \int_0^y \left(krC_1 + \frac{sr}{A}C_2 \right)\mathrm{d}y \tag{3-4}$$

式中　C_1——末煤颗粒之间的黏聚阻力;

　　　C_2——顶煤在放煤通道壁单位面积上的黏阻力。

可见,只有放出流动的顶煤重力在其流动方向上的分量大于其放煤通道之间的外摩擦力、顶煤间的内摩擦力、顶煤与放煤通道之间的黏聚力、顶煤之间的黏聚力之和(即 $F+C$)时,顶煤才能连续流动放出,否则流动停止,各种物体间的接触由开始的点接触发展为面接触,最后成拱堵塞放煤。式(3-3)揭示了综放采场必须保证直接顶在采空区有良好冒落状态的内在机理:即形成良好的放煤通道,在减少顶煤损失的同时,良好的顶板冒落状态,有利于形成较大的煤矸石堆积角 δ,减小公式(3-3)中 r 和 η 的值,降低顶煤放出过程中所受的摩擦力,从而降低顶煤形成"面接触块体拱"的概率。坚硬顶煤综放采场,一般其直接顶硬,直接顶、基本顶不易垮落,不能良好充填采空区,不但增加了顶煤在采空区的丢失量,而且煤岩堆积角 δ 小,增大了 r 和 η 的值;同时,由于直接顶、顶煤冒块大,支架后煤矸堆积坡面平整度极差,加大了摩擦系数 f_1 和 f_2 的值,使顶煤放出过程中成拱频繁,放出效率低。

特厚煤层放煤相似模拟实验及相关实践表明,放煤时顶煤运动从下向上扩散,大块顶煤、上部顶煤的下降速度慢。从放煤口中线向两侧垂直下降速度逐渐减慢,而向中线的水平移动速度增加,由于顶煤块体垂直速度慢,不能及时放出,就不能为块体的水平运动提供空间,即顶煤不能迅速放出,在某一高度的顶煤块体因为水平方向的挤压力达到一定的水平,增大了内摩擦力和外摩擦力,直至顶煤成拱停止运动,放煤随即终止。

由于放煤过程中顶煤在支架后上方的空间较小,所以可以忽略煤拱侧压的影响,依照压力拱理论,特厚煤层放落过程中顶煤块体间会形成抛物拱,如图 3-6 所示。

图中,q 为顶煤拱承受的竖直载荷;T 为拱顶所受水平推力;F 为掩护梁对拱脚的摩擦力;N 为掩护梁对拱脚的支撑力。将 N,F 分解为水平和垂直

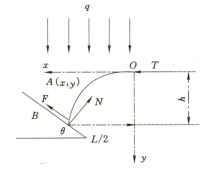

图 3-6　顶煤"面接触块体拱"的平衡分析

方向的力 N_u, N_v 及 F_u, F_v，则拱脚 B 在水平和垂直方向的力分别为：

$$G_u = N_u - F_u = N\sin\theta - Nf\cos\theta \tag{3-5}$$

$$G_v = N_v + F_v = N\cos\theta + Nf\sin\theta \tag{3-6}$$

式中　f——顶煤和掩护梁之间的摩擦系数。

由顶煤平衡拱垂直方向的平衡条件可知：

$$G_v = \frac{ql}{2}, N = \frac{ql}{2(\cos\theta + f\sin\theta)} \tag{3-7}$$

根据顶煤平衡拱水平方向的平衡条件得到：

$$T = G_u = N\sin\theta - Nf\cos\theta \tag{3-8}$$

因此，当弧长 OA 处于平衡状态时，有：

$$M_A = T_y - qx\,\frac{x}{2} = 0 \tag{3-9}$$

将式(3-7)、式(3-8)代入式(3-9)，计算得到特厚煤层顶煤平衡拱方程为：

$$y = \frac{1 + f \cdot \tan\theta}{L(\tan\theta - f)}x^2 \tag{3-10}$$

同时，对平衡拱拱脚 B 点取矩，有平衡关系式：

$$M_B = Th - q\frac{L}{2} \times \frac{L}{4} = 0 \tag{3-11}$$

将式(3-7)、式(3-8)代入式(3-11)，整理后得到：

$$\frac{h}{L} = \frac{1 + f\tan\theta}{4(\tan\theta - f)} \tag{3-12}$$

式(3-12)说明随顶煤块体和支架掩护梁、尾梁之间摩擦系数 f 的增大，h/L 呈递增趋势，表明顶煤平衡拱高度增大，说明由于放煤口处与支架接触的顶煤块体稳定性越强，对附近顶煤的放出阻碍越大，放煤刚开始，顶煤即在原位附近成拱结构，放煤形成平衡拱位置高，严重影响顶煤的松动及其放出。

顶煤经松动到达放煤口上部附近时，由于块体较大，可以认为块体之间的黏聚力为零，所以，放煤过程中拱的平衡和顶煤块体之间的摩擦力有关，当拱体块体间的摩擦力不足以维持该块体重力及其上载荷时，会造成顶煤滑落，导致平衡拱结构的失稳。取顶煤平衡拱结构中的块体 P 作为分析对象，其受力状态如图 3-7 所示。

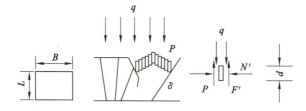

图 3-7　顶煤平衡拱的极限跨距

q——块体上部竖直载荷；N'——顶煤块体接触面上的挤压力；

k'——顶煤块体之间的摩擦系数；F'——块体接触面上的摩擦力；

d——顶煤块体在接触方向的尺寸；L——顶煤平衡拱跨度；B——支架宽度

由此可见，顶煤平衡拱整体受力为：

$$Q = qLB \tag{3-13}$$

由于在放煤口上方的顶煤松动明显,所以认为顶煤块体之间仅受压力和摩擦力作用,由此可知:

$$N = q\cos \delta \sin \delta \times k' \tag{3-14}$$

整个拱脚部位四周的摩擦面的总面积 S 为 $2(B+L)$,所以整个拱脚部位所受摩擦力之合力为:

$$N'S = q\cos \delta \sin \delta \times k' \times (2B+L)d \tag{3-15}$$

根据拱的平衡条件:

$$Q = N'S, qLB = (2B+L)dqk'\cos \delta \sin \delta \tag{3-16}$$

由式(3-16)得到顶煤平衡拱的跨距为:

$$L = \frac{Bdqk'\sin 2\delta}{B - qk'\sin 2\delta} \tag{3-17}$$

支架宽度是一个定值,式(3-17)表明顶煤平衡拱的跨距和顶煤块体尺寸 d、块体间摩擦系数 k'、拱脚所在坡面角度 δ 有关,对特定的 B、k' 和 δ,平衡拱的极限跨距 L 随顶煤块体尺寸 d 的增大而增大。若顶煤块体在各方向尺寸比较接近时,d 可近似认为是球体的直径,一般情况下,由于顶煤块体的接触关系复杂,所以 d 可以其各方向的平均尺寸代之。

顶煤平衡拱高度随跨距的增大而增大,当拱高增大,前拱脚上移到顶煤冒落面时,顶煤呈半拱式冒落,破拱难度大,煤炭损失严重。根据式(3-17)确定的拱跨尺寸,可以确定支架尾梁(或插板)的长度,同时得出合理的放煤口尺寸,在允许的情况下,保证放煤口尺寸大于 L,可有效地防止顶煤平衡拱的形成。

3.2 影响特厚煤层顶煤回收率的因素

3.2.1 顶煤平衡拱的影响

从综放采场放煤支架的结构可知,当支架放煤口打开后,前部顶煤沿支架的掩护梁滚动和滑落,后部顶煤沿后部输送机处的煤岩堆积坡面放出,流动带下部介质的流动速度和方向变化较大,规律性差,由于顶煤块度较大,尺寸和形状不均匀,而顶煤通过断面呈缩小的趋势,放煤口周边突然收缩,水平方向尺寸约为 1.5 m×1 m,煤流断面不断缩小,顶煤冒落时,沿掩护梁运动,具备向采空区的水平速度,而后部顶煤沿着架后岩堆滑向输送机,顶煤有向前的水平速度,若个别顶煤块体放出速度减缓、卡堵,则立即阻碍后续顶煤运动,这种阻止作用一般发生在放煤口最小尺寸处,即掩护梁下部和后部岩堆坡面上,局部的阻止马上导致顶煤淤积,这种淤积的结果是形成两个拱基,进而形成稳定的平衡拱,此时放煤停止。只有破坏这种平衡拱结构,才能继续放煤。生产实践表明,综放工作面的放煤就是“放煤—形成顶煤平衡拱—破拱—放煤”过程的周而复始。由于顶煤平衡拱的产生,降低了放煤效率,甚至使煤炭不能放出,造成资源损失。相似模拟实验表明,即使放煤顺畅,放煤速度也极不均匀,顶煤介质流往往呈脉冲式放出。这是由于顶煤放出过程中速度不均匀,每一个块体的运动都有很强的随机性,总体上讲,顶煤介质的松动和放出是由放煤口逐步向上传播的,所以上部顶煤垂直速度较小,若放煤口附近平衡拱结构不稳定,不足以承受其上下落顶煤的冲击,则平衡拱瞬间被破坏,使人们意识不到平衡拱的存在。所以,只要顶煤块体在某一方向尺寸稍大,就有可能发生卡堵。根据现场经验及相似模拟分析可知,大块卡堵容易发生在掩护梁和尾梁的铰接处,而放煤面形成平衡拱的位置一般高于尾梁和顶梁的铰接处,因为掩护梁位置固定,尾梁和插板可以活动,容易使平衡拱结构遭到破坏;其次,当支架放煤时,相邻支架上的顶煤同时放出,可在平行于工作面方向形成跨度大于支架宽度的拱,其拱基在相邻两支架上部,本架放煤有限,当采取间隔放煤方式时,一个平衡拱基被破坏,平衡被打破,已放支架上落下的顶煤被邻架放出,这就是间隔放煤效果好的原因。

3.2.2 采空区煤岩堆积角的影响

在支架掩护梁后部和采空区垮落煤矸坡面方向,顶煤平衡拱的跨度受采场煤岩冒放结构影响明显,特别是直接顶岩性、厚度、裂隙发育程度对顶煤回收率影响很大,若直接顶不能及时垮落,必然导致顶煤落在后部输送机之外,直至堆积达到其自然安息角,才能形成稳定的放煤通道,导致采空区内滞留煤炭资源的丢失。

由于顶煤和架后岩堆的摩擦系数受不可控因素影响较多,所以从工程角度分析,综放面架后岩堆堆积角是顶煤平衡拱高度及跨距的主要影响因素。前述理论分析表明,综放采场架后煤矸堆积角对顶煤冒放过程中平衡拱影响临界角为50°,大于这一角度,则顶煤平衡拱位置相应较低,平衡拱高度和跨距之比小于1,顶煤可以下降到接近放煤口的部位,在此过程中,放出的顶煤较多;相反,若平衡拱位置较高,顶煤还在距放煤口很高的地方就被迫停止运动,造成放煤困难,影响放煤效率和回收率。例如,当煤矸堆积角为40°时,平衡拱高度与跨距之比为2~5,意味着顶煤在很高处形成平衡拱结构,对放煤通道的卡堵位置较高,破拱困难,放煤效果自然差。因此,通过研究煤矸堆积角对顶煤平衡拱的影响规律,从另一个角度揭示了预爆破弱化坚硬顶板和顶煤,减小顶板和顶煤垮落块度,增大煤矸堆积角度,形成封闭性较好的放煤通道,可降低放煤过程中顶煤平衡拱位置,简化支架破拱工序,增加顶煤回收率。

3.3　特厚煤层综放面放煤工艺参数确定

3.3.1 工作面合理割煤高度确定

特厚煤层综放开采提高割煤高度后,煤壁的稳定性以及顶煤回收率成为特厚煤层综放开采成功实施的一个关键因素。因此,为了分析和研究采高对工作面煤壁及端面稳定性的影响,分别采用 FLAC^{3D} 以及 PFC 软件对不同割煤高度条件下的工作面围岩应力场、位移场以及顶煤回收情况进行计算和分析。

为了全面系统分析特厚煤层采场围岩受力变形过程,以塔山矿 8105 工作面地质和开采技术条件为背景,建立 FLAC^{3D} 计算模型进行数值模拟。模拟计算采用的岩体力学参数见表 3-4。

研究区内的垂直应力随深度线性变化,根据塔山矿 8105 工作面煤层埋藏深度和平均岩体重度($\gamma=25$ kN/m³)计算,模型上部施加垂直方向应力-7 MPa。考虑构造应力的影响,煤层倾向的水平应力与垂直应力相等,沿煤层走向的水平应力也取垂直应力的大小。

由于工作面的开采会引起应力场重新分布,在工作面前方会形成垂直应力和水平应力集中,垂直应力集中后形成超前支承压力。通过分析应力场的分布和应力集中程度,可以有助于更好地掌握矿山压力的显现规律。

表 3-4 计算采用的岩体力学参数

类别	煤岩名称	重度 /(kN/m³)	弹性模量 /GPa	泊松比	抗拉强度 /MPa	内摩擦角 /(°)	黏聚力 /MPa
上覆岩层	砂岩	25.8	9	0.123	1.84	38	2.75
基本顶	砂岩	25.8	9	0.123	1.84	38	2.75
直接顶	中砂岩	24.2	6	0.23	1.29	35	3.2
煤层	煤	14	4	0.2	0.15	30	1.25
直接底	砂质泥岩	25.1	3	0.147	0.75	36	2.16
老底	砂岩	25.8	9	0.123	1.84	38	2.75

图 3-8 是不同割煤高度情况下的围岩垂直应力场分布。由图可知,随着工作面回采的进行,在煤壁前方 5～15 m 范围内都将产生应力集中。不同的是随着开采高度的增大,应力集中峰值点逐渐移向煤壁的深处,影响范围增大,集中系数逐渐减小。

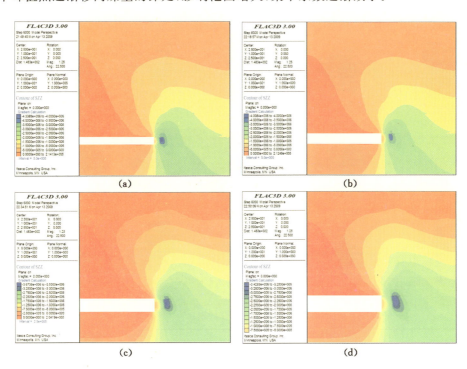

图 3-8 不同采高时的垂直应力场分布

(a) 割煤高度 3.5 m;(b) 割煤高度 4.0 m;(c) 割煤高度 4.5 m;(d) 割煤高度 5.0 m

因采煤工作面的形成,煤壁产生倾向水平位移,并且位移量随着采高的增大而逐渐增大。如图 3-9 所示。

数值分析结果表明,随着割煤高度的增大,采场围岩产生的位移也逐渐增大,最大水平应力产生在工作面煤壁靠上位置。总体来讲,塔山煤矿 8105 工作面即使割煤高度增大到 5.0 m,也能满足特厚煤层综放开采要求。

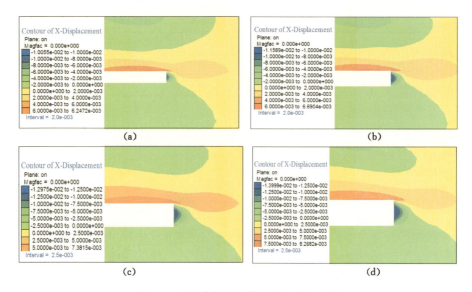

图 3-9 不同采高时的煤壁水平位移分布

（a）割煤高度 3.5 m；（b）割煤高度 4.0 m；（c）割煤高度 4.5 m；（d）割煤高度 5.0 m

PFC 放煤计算模型如图 3-10 所示。顶煤块体大小 0～400 mm（即块度半径 0～0.20 m），按高斯随机分布考虑，为减少机时、加快计算收敛速度，舍掉少量的过大或过小的块体。

图 3-10 放顶煤 PFC 计算模型

根据现场取样和岩石力学实验结果，并考虑到岩石的尺度效应，模拟计算采用的岩体力学参数见表 3-5。

表 3-5 　　　　　　　　　　　 岩体力学参数表

岩石名称	重度 /(kN/m³)	法向刚度 /(N/m)	切向刚度 /(N/m)	黏结力 /N	摩擦因数
矸石	25	4.0×10^8	4.0×10^8	0	0.40
煤层	14	2.0×10^8	2.0×10^8	0	0.40

通过 PFC 数值计算发现，针对塔山矿煤层赋存条件，增大割煤高度能够增加顶煤的回收率。当割煤高度为 3.5 m 时，一刀一放回收率 77.8%，当割煤高度增大到 4.5 m 时，一刀一放回收率增大到 84.1%。因此，8105 大采高综放工作面割煤高度初步确定为 4.5 m。可见，在保证煤壁稳定性、设备可靠性基础上，适当提到割煤高度能够增加顶煤的回收率。

3.3.2　合理截深和放煤步距

目前,我国大采高综采工作面截深主要以 800 mm 和 1 000 mm 为主,而年产千万吨大采高综采工作面采煤机一般均采用进口设备,其截深一般为 800 mm(滚筒截深为 865 mm),如晋城寺河煤矿 1 000 万 t/a 大采高综采工作面截深为 800 mm。我国安全、高产高效矿井综放工作面截深主要以 800 mm 和 1 000 mm 为主,如潞安准大采高综放工作面截深为800 mm,平朔安家岭 1 000 万 t/a 大采高综放工作面截深为 800 mm。根据塔山煤矿实际情况,结合我国目前截深现状,塔山煤矿 8105 大采高综放工作面采煤机截深确定为800 mm。

选择合适的放煤步距,对提高回收率、降低含矸率是至关重要的。放煤步距太大,顶煤就有可能窜入采空区,造成丢煤;放煤步距太小,矸石容易混入放煤窗口,不仅影响煤质,而且使操作者误认为煤已放尽,造成操作上的丢煤。影响放煤步距的主要因素是顶煤的厚度、顶煤裂隙发育程度以及顶煤破碎后块度大小,同时必须考虑支架放煤口的长度、放煤口中心高度及采煤机截深。确定循环放煤步距的原则是,应使放出范围的顶煤能够充分的破碎松散,并做到提高顶煤放出率,降低含矸率。合理的放煤步距应与采煤工艺相适应,并与采煤机截深成整数倍关系。根据 3.1.1 节的分析结果,以及塔山煤矿特厚煤层赋存条件和煤岩特性,工作面合理放煤步距确定为 0.8 m。

3.3.3　特厚煤层综放开采提高顶煤放出率的措施

根据前述分析可知,放煤过程中顶煤平衡拱的形成及其位置影响顶煤的回收,同时后部刮板输送机靠近采空区侧的输送机高度是丢煤的空间,尤其当顶板坚硬不能及时垮落时。因此,必须封闭该空间一定范围,减少顶煤在此空间损失。为此,首次研发了液压支架强扰动式尾梁—插板放煤机构,加强了支架尾部破拱能力;研发了后部刮板输送机导煤装置,从而提高了顶煤放出率,如图 3-11 所示。

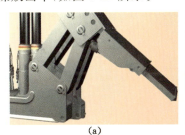

(a)　　　　　　　　　　　　　(b)

图 3-11　特厚煤层放煤机构

(a)尾梁—插板放煤机构;(b)后部刮板导煤装置

4 石炭系特厚煤层综放开采强矿压显现规律

随着大同矿区侏罗系煤层开采已近完毕,深部石炭系特厚煤层成为主采煤层。由于石炭系埋藏深度相对较大,煤岩赋存条件相对复杂,加之上覆侏罗系煤层群采空区留设煤柱的影响,石炭系特厚煤层开采过程中工作面矿压显现强烈。为弄清大同矿区石炭系煤层开采过程中强矿压显现的特征规律,进而开展强矿压显现机理的研究,在大同矿区石炭系煤层开采工作面进行了矿压显现规律的实测分析。

4.1 特厚煤层综放工作面来压规律及矿压显现特征

4.1.1 工作面矿压监测内容及方案

大同矿区塔山与同忻煤矿共同开采深部石炭系 3-5# 特厚煤层,工作面顶板岩性基本一致,煤层赋存环境基本相同,因此随着特厚煤层的开采,工作面采场矿压显现也具有一定的相似性。这里为了掌握大同矿区石炭系特厚煤层综放工作面的矿压显现规律,对大同矿区特厚煤层工作面进行现场观测,观测内容包括以下几方面。

（1）工作面顶板的活动规律、来压特征及垮断规律;

（2）工作面矿压显现规律,包括煤壁片帮、端面冒顶、安全阀开启率;

（3）工作面的动载显现特征,包括顶板垮落对支架的冲击影响、立柱活柱的瞬时下缩量;

（4）工作面支架的承载规律,包括支架的阻力分布及利用率,支架的工作特性、适应性等。

大同矿区石炭系 3-5# 煤层工作面均采用单一走向长壁后退式综合机械化低位放顶煤一次采全高开采方法。为研究石炭系煤层坚硬顶板条件下的上覆岩层结构及运动特征,掌握工作面初次来压、周期来压规律,探讨支架—围岩关系及优化支架选型,对四个工作面进行了矿压监测。采用山东尤洛卡公司生产的 ZVDC—1 型综采支架计算机监测系统对塔山与同忻煤矿典型工作面支架的载荷及其工况连续不间断地监测。工作面共有支架 114 架,设 11 个压力分机,从 9# 支架开始每间隔 10 个支架安设一组,分别设在 9#、19#、29#、39#、49#、59#、69#、79#、89#、99#、109# 支架上(由于工作面长度关系,个别工作面的压力分机布置在 8#、18#、28#、38#、48#、58#、68#、78#、88#、108 支架上),具体布置如图 4-1 所示。压力分机的三个接口分别接支架的前柱、后柱的下腔,对前柱、后柱油缸的下腔压力进行监控。

4.1.2 工作面矿压监测结果分析

4.1.2.1 工作面支架初撑力统计分析

综采工作面液压支架在升起支护顶板时,其立柱下腔液体压力达到泵站压力时支架对

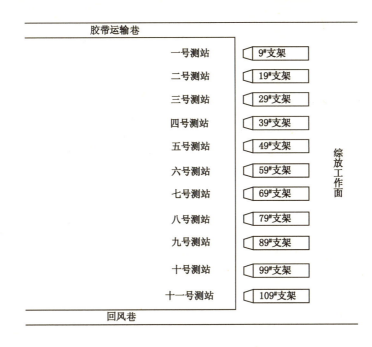

图 4-1　矿压观测测站布置

顶板所产生的初始支护力为支架初撑力。它的作用是保证支架的稳定、阻止或限制直接顶的下沉离层和破碎，从而有效地控制顶板；使支架上的垫层如矸石、浮煤等压缩，提高支架实际支撑能力，加强支撑系统刚度；综放工作面支架初撑力可以压碎顶煤，提高放煤效果。因此，初撑力是工作面液压支架最重要的技术参数之一。从两矿井典型工作面支架初撑力分布直方图(图 4-2 至图 4-4)可以看到：

(1) 工作面支架前后柱初撑力主要分布在 8 000～11 000 kN，分布频率在 46.3％～67.9％，其中，后柱初撑力较前柱初撑力小，以立柱初撑力不小于额定初撑力的 65％ 为质量指标，则前柱初撑力合格率分别为 77.98％、61.32％、59.53％，后柱初撑力合格率为57.8％、43.6％、33.15％。因此，应进一步提高支架后柱的初撑力。

(2) 综放采场采空区内形成的自由空间相对较大，上覆岩块的回转空间也相应地增大，"砌体梁"结构易于发生回转变形失稳，变形失稳加剧了支架后部顶煤的破碎，导致支架后立柱初撑后不容易撑紧，造成了后柱初撑力偏低。

4.1.2.2　工作面支架循环最大工作阻力统计分析

评价支架的工作性能和顶板冲击程度主要是由支架的最大工作阻力在不同区间的百分比来确定，支架合理的最大工作阻力分布为一正态分布形式。图 4-5 至图 4-7 为工作面开采期间支架最大工作阻力分布直方图，用以分析支架最大工作阻力的分布区间及频率。

从图 4-5 至图 4-7 可以看出：支架最大工作阻力呈正态函数分布。各工作面支架整架最大工作阻力在 10 000～12 000 kN 区间的比率分别为 31.25％、32.56％、33.18％，12 000～14 000 kN 区间的比率分别为 39.96％、22.52％、18.92％，最大工作阻力主要集中在 10 000～14 000 kN，占额定工作阻力(15 000 kN)的 66.7％～93.3％。支架工作阻力得到充分发挥，并且额定工作阻力有富余，能够满足工作面顶板支护的要求。

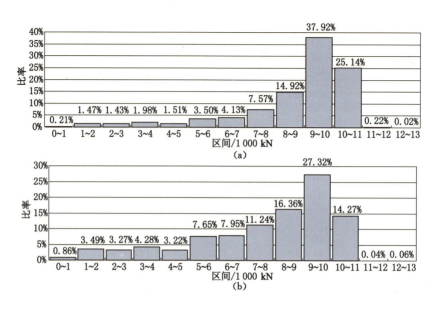

图 4-2　同忻煤矿 8105 工作面支架初撑力分布

（a）支架前柱；（b）支架后柱

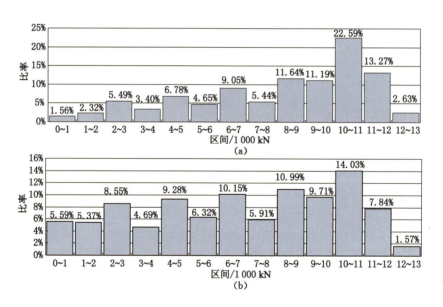

图 4-3　塔山煤矿 8105 工作面支架初撑力分布

（a）支架前柱；（b）支架后柱

图 4-8 至图 4-10 为各工作面所测支架初撑力 P_0 与循环最大阻力 P_M 的散点分布及回归结果，两者近似呈线性关系：

同忻煤矿 8105 工作面：　　　$P_M = 0.756\,9P_0 + 6\,541.4$

塔山煤矿 8105 工作面：　　　$P_M = 1.376\,6P_0 - 369.9$

塔山煤矿 8106 工作面：　　　$P_M = 1.041\,1P_0 + 3\,942.8$

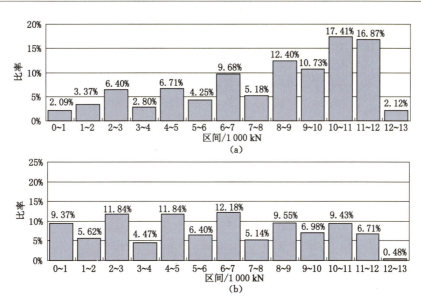

图 4-4 塔山煤矿 8106 工作面支架初撑力分布

（a）支架前柱；（b）支架后柱

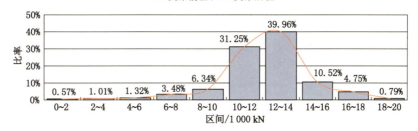

图 4-5 同忻煤矿 8105 工作面支架循环最大工作阻力分布

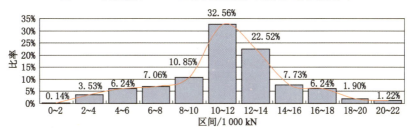

图 4-6 塔山煤矿 8105 工作面支架循环最大工作阻力分布

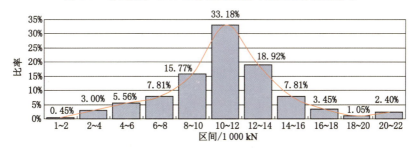

图 4-7 塔山煤矿 8106 工作面支架循环最大工作阻力分布

初撑力与工作面支架循环最大阻力的线性关系说明工作面顶板岩层破断后没有形成相互铰接的平衡结构,而是呈悬梁结构,岩梁的破断与下沉导致工作面支架阻力随初撑力的增长而持续升高。

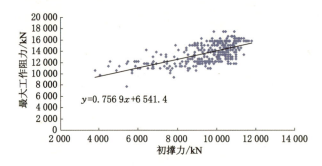

图 4-8 同忻煤矿 8105 工作面初撑力与最大工作阻力关系

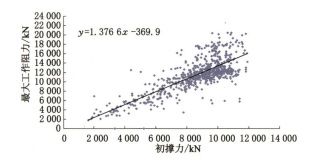

图 4-9 塔山煤矿 8105 工作面初撑力与最大工作阻力关系

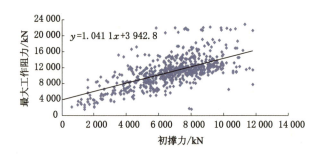

图 4-10 塔山煤矿 8106 工作面初撑力与最大工作阻力关系

4.1.2.3 工作面基本顶来压分析

工作面周期来压的判断指标为支架的平均循环末阻力与其均方差之和,计算公式如下:

$$\sigma_{\mathrm{p}} = \sqrt{\frac{1}{n} \sum_{i=1}^{n} (P_{\mathrm{t}i} - \overline{P}_{\mathrm{t}})^2} \tag{4-1}$$

式中 σ_{p}——循环末阻力平均值的均方差;

  n——实测循环数;

  $P_{\mathrm{t}i}$——各循环的实测循环末阻力;

$\bar{P}_t$——循环末阻力的平均值,其值为 $\bar{P}_t = \dfrac{1}{n}\sum\limits_{i=1}^{n} P_{ti}$。

工作面来压判据:

$$P_t' = \bar{P}_t + \sigma_p \qquad\qquad (4\text{-}2)$$

基本顶周期来压强度,即动载系数 K,常作为衡量基本顶周期来压强度指标,动载系数可表示为:

$$K = P_z / P_f \qquad\qquad (4\text{-}3)$$

式中　P_z——周期来压期间支架平均工作阻力;

　　　P_f——非周期来压期间支架平均工作阻力。

（1）同忻煤矿 8105 工作面基本顶来压统计

利用工作面周期来压的判断指标,确定顶板周期来压判据,计算基本顶周期来压动载系数。工作面部分支架循环末阻力曲线如图 4-11 至图 4-13 所示。工作面上、中、下三部位基本顶周期来压数据如表 4-1 至表 4-4 所示。通过数据整理和分析可知,工作面初次来压步距平均为 129.4 m,基本顶周期来压步距 9.4～35.8 m,平均为 21.3 m,来压期间支架最大工作阻力为 14 521.1 kN,占额定工作阻力的 96.8%,非来压期间支架最大工作阻力为 11 339.9 kN,占额定工作阻力的 75.6%,周期来压期间动载系数为 1.10～1.90,平均为 1.31。

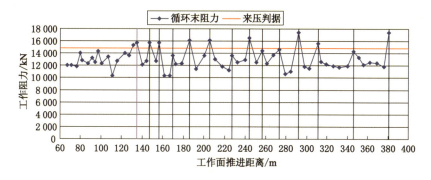

图 4-11　同忻煤矿 8105 工作面 48# 支架循环末阻力曲线

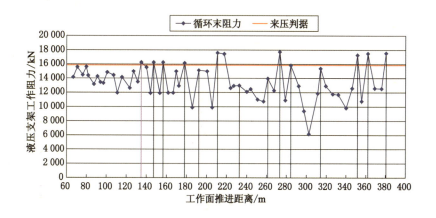

图 4-12　同忻煤矿 8105 工作面 68# 支架循环末阻力曲线

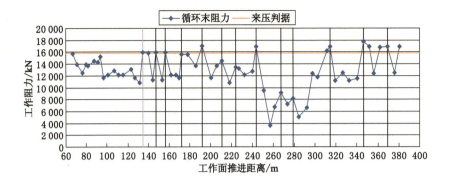

图 4-13　同忻煤矿 8105 工作面 88# 支架循环末阻力曲线

表 4-1　　　　　　　　　　　　同忻煤矿 8105 工作面基本顶初次来压步距

工作面位置	机头			中部			机尾		
支架号	18#	28#	38#	48#	58#	68#	78#	88#	98#
来压步距/m	127.2	131.45	134.95	134.95	134.95	134.95	134.95	134.95	115.7
平均/m	131.2			134.95			122.1		
总平均/m	129.4								

表 4-2　　　　　　　　　　　　同忻煤矿 8105 工作面基本顶周期来压步距

来压次序	机头			中部			机尾		
	18#	28#	38#	48#	58#	68#	78#	88#	98#
1	20.0	25.2	12.2	12.3	12.2	12.2	12.3	12.2	11.5
2	22.5	13.1	9.4	9.4	9.4	9.4	9.4	9.4	20.0
3	30.8	30.8	29.2	13.1	21.5	21.5	15.7	15.7	25.2
4	32.1	23.5	25.2	16.1	22.4	14.1	19.9	19.9	28.1
5	18.2	26.8	21.6	19.9	26.6	18.8	31.8	18.8	23.5
6	22.6	22.6	24.2	21.4	16.7	21.6	19.85	13.0	32.8
7	19.3	24.2	35.5	16.7	17.3	28.5	13.0	19.9	40.8
8	18.6	28.9	27.2	13.0	12.3	12.3	35.4	23.8	13.7
9	34.9	19.6	32.5	16.55	18.9	11.15	21.8	11.5	15.3
10		29.8	24.6	18.9	19.0	29.6	12.5	35.1	13.7
11				19.0	15.3	37.4	19.7	32.1	35.8
12				34.9	24.9	10.5	22.7	22.8	
13				34.4	29.1	18.6	11.6		
小平均/m	24.3	24.46	24.11	18.9	18.9	18.9	18.9	19.5	23.67
平均/m	24.29			18.9			20.69		
总平均/m	21.29								

表 4-3 同忻煤矿 8105 工作面基本顶历次来压期间动载系数

支架号		18#	28#	38#	48#	58#	68#	78#	88#	98#	平均值	总平均值
初次来压		1.10	1.37	1.38	1.17	1.32	1.19	1.25	1.44	1.11	1.26	
周期来压	1	1.10	1.06	1.41	1.25	1.30	1.37	1.35	1.41	1.21	1.27	1.31
	2	1.10	1.13	1.38	1.41	1.27	1.36	1.38	1.35	1.10	1.28	
	3	1.20	1.11	1.06	1.20	1.17	1.42	1.32	1.27	1.19	1.22	
	4	1.26	1.15	1.15	1.34	1.21	1.52	1.48	1.35	1.15	1.29	
	5	1.19	1.10	1.04	1.31	1.23	1.49	1.58	1.21	1.86	1.33	
	6	1.15	1.20	1.18	1.13	1.36	1.13	1.90	1.14	1.59	1.31	
	7	1.13	1.10	1.20	1.30	1.16	1.21	1.06	1.78	1.26	1.24	
	8	1.24	1.14	1.05	1.16	1.66	1.53	1.24	1.56	1.04	1.29	
	9	1.11	1.44	1.23	1.20	1.45	1.61	1.35	1.30	1.12	1.31	
	10		1.09	1.12	1.54	1.33	1.46	1.39	1.46	1.11	1.31	
	11				1.31	1.12	1.56	1.60	1.37		1.39	
	12				1.17	1.42	1.46	1.46	1.36		1.37	
	13				1.44	1.78	1.4	1.46			1.52	

表 4-4 同忻煤矿 8105 工作面基本顶周期来压期间支架阻力统计

区间	测站	支架号	平均循环末阻力/kN	最大阻力/kN	总平均/kN	
非来压期间	上部	18#	11 428.9	12 517	11 428.6	11 339.9
		28#	11 422.2	12 452		
		38#	11 434.6	12 106		
	中部	48#	12 126.0	13 454	11 819.3	
		58#	11 828.9	13 476		
		68#	11 503.1	13 705		
	下部	78#	10 804.3	12 778	10 772	
		88#	10 867.2	12 941		
		98#	10 644.4	12 029		
来压期间	上部	18#	13 221.8	14 914	13 438.4	14 521.1
		28#	13 406.9	17 112		
		38#	13 686.4	15 220		
	中部	48#	15 500.0	17 417	15 807.3	
		58#	15 793.8	18 374		
		68#	16 128.0	17 722		
	下部	78#	15 129.5	17 824	14 317.7	
		88#	14 914.3	17 758		
		98#	12 909.4	14 854		

（2）塔山煤矿 8105 工作面基本顶来压统计

塔山煤矿 8105 工作面部分支架循环末阻力曲线如图 4-14 至图 4-16 所示。工作面上、中、下三部位基本顶周期来压数据如表 4-5 至表 4-8 所示。通过数据整理和分析可知，工作面基本顶周期来压步距 8.6～66.2 m，平均为 23.9 m，来压期间支架最大工作阻力为 13 585 kN，占额定工作阻力的 90.6%，非来压期间支架最大工作阻力平均为 9 647 kN，占额定工作阻力的 64.3%，周期来压期间动载系数为 1.04～2.83，平均为 1.46。

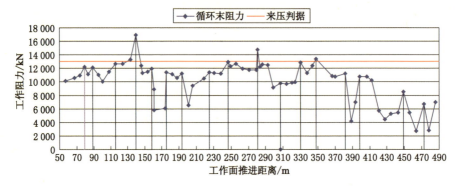

图 4-14　塔山煤矿 8105 工作面 19# 支架循环末阻力曲线

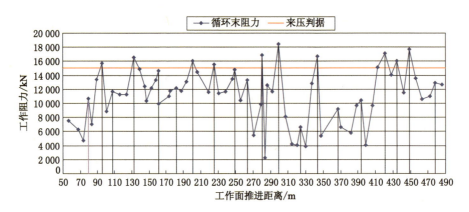

图 4-15　塔山煤矿 8105 工作面 59# 支架循环末阻力曲线

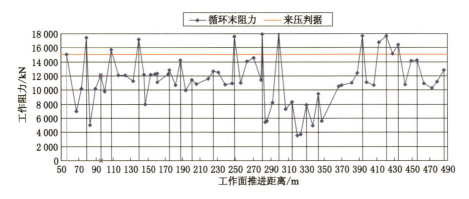

图 4-16　塔山煤矿 8105 工作面 89# 支架循环末阻力曲线

表 4-5 塔山煤矿 8105 工作面基本顶初次来压步距

工作面位置	机头				中部			机尾			
支架号	9#	19#	29#	39#	49#	59#	69#	79#	89#	99#	109#
来压步距/m	56.7	79.2	79.2	67.4	56.7	79.6	56.7	56.7	56.7	56.7	67.4
平均/m	70.6				64.3			59.4			
总平均/m	64.8										

表 4-6 塔山煤矿 8105 工作面基本顶周期来压步距

来压次序	机头				中部			机尾			
	9#	19#	29#	39#	49#	59#	69#	79#	89#	99#	109#
1	22.40	9.85	21.40	11.75	38.80	16.40	22.40	22.40	22.40	26.25	15.60
2	66.15	27.10	44.75	21.40	37.30	12.35	16.40	28.75	28.75	24.90	56.45
3	15.80	23.35	29.80	32.30	25.20	24.95	12.35	31.55	31.55	31.55	13.70
4	14.00	18.60	25.95	12.45	29.70	28.25	31.55	18.60	35.65	13.70	20.55
5	31.05	17.05	45.50	12.75	18.40	20.90	21.65	15.65	12.65	20.55	19.85
6	25.00	18.45	16.85	17.05	19.35	19.05	12.60	27.35	13.30	14.05	31.95
7	15.40	31.95	22.55	12.65	37.90	24.45	14.05	24.45	24.45	50.85	21.05
8	16.85	21.05	21.25	18.40	17.00	23.75	43.40	23.75	23.75	10.65	16.85
9	20.25	9.35	12.90	19.35	11.85	14.15	18.10	14.15	31.15	21.55	28.85
10	8.60	24.50	27.65	13.10	27.85	17.00	31.15	17.00	18.60	12.85	14.95
11	14.95	26.80	22.25	32.20	23.55	18.60	18.60	18.60	15.15	15.35	12.90
12	22.80	22.80	18.50	21.45	50.05	24.70	21.10	24.70	15.85	44.65	23.55
13	17.75	17.75	39.40	37.75	27.25	19.95	23.55	19.95	13.65	26.35	44.85
14	34.15	34.15	35.50	40.00	35.20	23.30	26.35	26.35	50.05	23.70	24.05
15	16.70	16.70	14.85	28.60	16.60	26.75	42.55	23.70	27.25	27.25	36.75
16	22.35	50.70		22.35		27.25	15.35	41.05	13.80	35.20	23.45
17	35.20	23.45		57.30		13.80	21.40	21.40	21.40	16.60	
18	30.00	13.40				14.55		22.10	30.00		
19						28.95					
小平均/m	23.85	22.61	24.94	24.16	27.70	21.00	23.00	23.40	23.80	24.40	25.30
平均/m	23.86				23.67			24.23			
总平均/m	23.90										

表 4-7　　　　　　塔山煤矿 8105 工作面基本顶历次来压期间动载系数

支架号		9#	19#	29#	39#	49#	59#	69#	79#	89#	99#	109#	平均值	总平均值
周期来压	1	1.27	1.14	1.28	1.63	1.51	1.77	1.31	1.57	2.36	1.38	1.07	1.48	1.46
	2	1.15	1.13	1.31	1.17	1.58	1.83	1.92	2.00	1.44	1.45	1.24	1.47	
	3	1.08	1.11	1.11	1.22	1.36	1.38	1.53	1.85	1.39	1.35	1.25	1.33	
	4	1.10	1.36	1.07	1.39	1.50	1.28	1.50	1.50	1.55	1.15	1.17	1.32	
	5	1.15	1.19	1.23	1.40	1.59	1.06	1.45	1.26	1.15	1.18	1.06	1.25	
	6	1.08	1.36	1.08	1.16	1.65	1.26	1.35	1.47	1.38	1.25	1.17	1.29	
	7	1.61	1.31	1.13	1.10	1.74	1.35	1.68	1.54	1.10	1.43	1.22	1.38	
	8	1.76	1.07	1.20	1.20	2.03	1.25	1.68	2.21	1.14	2.27	1.07	1.53	
	9	1.15	1.10	1.42	1.25	1.92	1.67	1.50	1.85	1.50	1.23	1.47	1.46	
	10	1.33	1.05	1.10	1.33	1.43	2.80	2.10	2.40	1.93	1.44	2.17	1.73	
	11	1.38	1.24	1.31	1.28	1.73	2.02	2.36	2.83	2.56	1.77	1.38	1.81	
	12	1.10	1.04	1.15	1.23	1.62	1.64	1.14	1.65	1.54	1.81	1.63	1.41	
	13	1.25	1.24	1.25	1.51	1.50	1.84	1.33	1.96	1.83	1.06	1.12	1.44	
	14	1.40	1.16	1.43	1.34	1.08	1.54	1.88	1.86	1.81	1.47	1.06	1.46	
	15	1.75	1.50	2.75	1.47	1.12	2.03	1.15	1.42	1.58	1.36	1.04	1.56	
	16	1.63	1.98	1.59	1.41		1.32	1.28	1.30	1.24	1.28	1.23	1.43	
	17	1.73	1.81		2.27		1.26	1.42	1.58	1.27	1.21	1.12	1.52	
	18		2.45		1.47		1.49		1.29	1.33			1.61	
	19						1.13						1.13	

表 4-8　　　　　　塔山煤矿 8105 工作面基本顶周期来压期间支架阻力统计

区间	测站	支架号	平均循环末阻力/kN	最大阻力/kN	总平均/kN	
非来压期间	上部	9#	9 124	11 502	9 715	9 647
		19#	9 447	12 427		
		29#	10 111	14 617		
		39#	10 179	12 976		
	中部	49#	9 632	12 055	9 838	
		59#	9 534	12 974		
		69#	10 348	14 407		
	下部	79#	9 277	12 765	9 437	
		89#	9 597	14 181		
		99#	9 305	11 720		
		109#	9 570	11 775		

区间	测站	支架号	平均循环末阻力/kN	最大阻力/kN	总平均/kN	
来压期间	上部	9#	11 754	14 487	12 485	13 585
		19#	11 835	16 943		
		29#	12 696	17 600		
		39#	13 655	17 599		
	中部	49#	14 795	18 312	14 975	
		59#	14 197	18 485		
		69#	15 933	20 489		
	下部	79#	15 635	18 516	13 643	
		89#	14 348	18 068		
		99#	13 058	17 885		
		109#	11 532	13 103		

(3) 塔山煤矿 8106 工作面来压统计

塔山煤矿 8106 工作面部分支架循环末阻力曲线如图 4-17 至图 4-19 所示。工作面上、中、下三部位基本顶周期来压数据如表 4-9 至表 4-11 所示。通过数据整理和分析可知,工作面基本顶周期来压步距 6.4~34.7 m,平均为 18.0 m,来压期间支架最大工作阻力为 14 176.4 kN,占额定工作阻力的 94.5%,非来压期间支架最大工作阻力平均为 10 469.8 kN,占额定工作阻力的 69.8%,周期来压期间动载系数为 1.01~2.84,平均为 1.38。

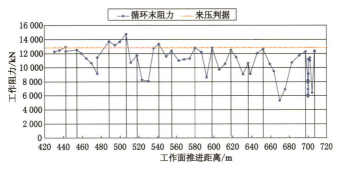

图 4-17 塔山煤矿 8106 工作面 19# 支架循环末阻力曲线

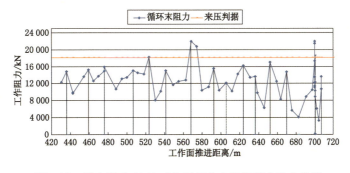

图 4-18 塔山煤矿 8106 工作面 59# 支架循环末阻力曲线

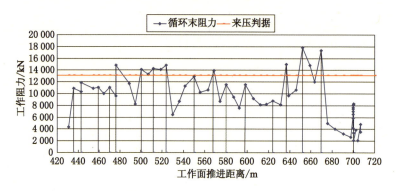

图 4-19 塔山煤矿 8106 工作面 89# 支架循环末阻力曲线

表 4-9　　　　　　　　塔山煤矿 8106 工作面基本顶周期来压步距

来压次序	机头				中部			机尾			
	9#	19#	29#	39#	49#	59#	69#	79#	89#	99#	109#
1	11.80	11.50	16.40	16.40	16.40	23.00	6.60	16.40	6.60	27.30	6.60
2	21.65	34.65	17.30	17.30	17.30	17.30	16.40	10.90	16.40	6.40	16.40
3	12.05	17.90	30.35	30.35	18.30	30.35	17.30	18.85	10.90	30.35	17.30
4	12.45	11.85	11.85	11.85	12.05	17.10	23.80	11.35	6.40	17.10	23.80
5	11.35	23.15	23.15	23.15	17.10	17.90	11.45	11.45	23.80	17.90	11.45
6	23.65	13.75	13.75	13.75	17.90	26.35	12.20	30.10	11.45	13.75	51.25
7	31.65	24.55	31.70	12.60	21.15	24.45	17.90	26.35	12.20	12.60	17.15
8	18.85	18.00	30.80	11.95	29.65	13.05	13.75	11.95	25.95	24.45	18.00
9	12.85	19.95	34.00	12.50	19.55	18.30	12.60	18.00	18.30	13.05	25.85
10	30.80	18.60	11.60	19.55	24.50	12.70	19.10	14.05	11.95	12.40	12.70
11	13.30	15.40	19.00	19.20	22.50	15.40	24.90	24.50	18.00	18.60	9.30
12	20.70	45.60	15.00	20.70	10.50	17.60	11.80	22.50	25.85	15.40	17.70
13	17.60	9.50	9.50	11.60	30.75	30.75	12.70	23.50	12.70	17.60	27.00
14	28.00			19.00	6.75	6.75	15.40	17.75	15.40	13.00	9.40
15	9.50			17.40			17.60		17.60	17.40	7.10
16				7.10			13.00		30.75	7.10	
17							17.40		6.75		
18							7.10				
小平均/m	18.41	20.34	20.34	16.53	18.89	19.36	15.06	18.40	15.94	16.53	18.07
平均/m	18.90				17.77			17.23			
总平均/m	18.0										

表 4-10　　　　　塔山煤矿 8106 工作面基本顶历次来压期间动载系数

支架号		9#	19#	29#	39#	49#	59#	69#	79#	89#	99#	109#	平均值	总平均值
周期来压	1	1.06	1.05	1.18	1.55	1.76	1.20	2.53	1.46	2.52	1.93	1.06	1.82	
	2	1.05	1.01	1.07	1.22	1.62	1.38	1.33	1.06	1.15	1.20	1.05	1.21	
	3	1.31	1.26	1.04	1.32	1.53	1.16	1.39	1.62	1.01	1.14	1.31	1.28	
	4	1.32	1.10	1.31	1.39	1.15	1.21	1.29	1.49	1.11	1.54	1.32	1.29	
	5	1.06	1.09	1.16	1.50	1.06	1.27	1.57	1.11	1.55	1.16	1.06	1.85	
	6	1.03	1.38	1.60	1.47	1.38	1.63	1.20	1.08	1.42	1.51	1.03	1.37	
	7	1.20	1.07	1.11	1.06	1.64	1.78	1.52	1.14	1.07	1.18	1.20	1.28	
	8	1.08	1.15	1.11	1.08	1.10	1.10	2.17	1.82	1.05	1.17	1.08	1.28	
	9	1.27	1.23	1.09	1.10	1.08	1.16	1.42	1.08	1.46	1.09	1.27	1.20	
	10	1.19	1.24	1.03	0.95	1.50	1.33	1.26	1.13	1.34	1.22	1.19	1.22	1.38
	11	1.04	1.03	1.03	1.30	1.49	1.01	1.00	1.26	1.32	1.42	1.04	1.19	
	12	1.09	1.20	1.17	1.19	1.49	2.12	1.31	1.35	1.36	2.07	1.09	1.43	
	13	1.14	1.35	2.88	1.81	1.06	1.41	1.04	1.58	1.03	1.62	1.14	1.49	
	14	1.91	1.54	1.43	1.08	2.84	3.12	1.22	1.27	1.85	2.00	1.91	1.83	
	15	1.31			1.37	1.06	1.64	2.17	1.86	1.75	1.46	1.31	1.54	
	16				2.45			1.53		1.29	2.51		1.95	
	17							1.58		1.43			1.50	
	18							2.27					1.13	
	19							1.47					1.47	

表 4-11　　　　塔山煤矿 8106 工作面基本顶周期来压期间支架阻力统计

区间	测站	支架号	平均循环末阻力/kN	最大阻力/kN	总平均/kN	
非来压期间	上部	9#	10 591.36	10 591.36	10 644.50	10 469.75
		19#	10 887.14	10 887.14		
		29#	10 809.87	10 809.87		
		39#	10 289.63	10 289.63		
	中部	49#	11 019.57	11 019.57	11 109.95	
		59#	11 683.06	11 683.06		
		69#	10 627.23	10 627.23		
	下部	79#	10 735.06	10 735.06	9 654.79	
		89#	9 352.17	9 352.17		
		99#	9 115.79	9 115.79		
		109#	9 416.12	9 416.12		

区间	测站	支架号	平均循环末阻力/kN	最大阻力/kN	总平均/kN	
来压期间	上部	9#	12 463.35	12 463.35	12 961.39	14 176.38
		19#	12 702.47	12 702.47		
		29#	12 945.34	12 945.34		
		39#	13 734.41	13 734.41		
	中部	49#	16 037.67	16 037.67	16 411.29	
		59#	17 214.03	17 214.03		
		69#	15 982.18	15 982.18		
	下部	79#	14 632.35	14 632.35	13 156.46	
		89#	12 962.36	12 962.36		
		99#	13 237.13	13 237.13		
		109#	11 794.00	11 794		

4.1.3 工作面来压特征分析

大同矿区同忻煤矿特厚煤层工作面基本顶为中细砂岩、含砾粗砂岩,直接顶为粗砂岩,直接底为泥岩与粉砂岩互层。特厚煤层工作面自开采以来共计 79～86 次来压,基本顶初次来压步距最大平均 130.8 m,周期来压步距平均大于 18 m。正常推进时,工作面顶板周期来压步距为 24～33 m;推进不正常、速度缓慢时,周期来压步距缩短为 12.6～22.8 m。由于工作面倾斜长度及顶煤厚度大,每次来压时工作面压力较大,可达 14 000 kN 以上,且工作面中部压力显现比较明显。

支架的工作状况差是造成支架压坏的主要原因,如同忻煤矿 8105 工作面支架正常应用条件下安全阀开启状况如表 4-12 所示。

表 4-12 支架安全阀开启情况

时间	开启平均值/MPa	达不到 40 MPa 开启/%	40～43 MPa 开启/%
2012.1	42.1	48	7
2012.2	41.2	51	5
2012.3	39.3	60	5
2012.4	38.3	75	4

从 1 月到 4 月工作面支架安全阀开启值平均下降 3.8 MPa,达不到 40 MPa 开启的比率逐渐增加,支护强度达不到要求的比率有所增大,顶板周期来压时单位时间内活柱的下缩量增加,是造成工作面来压时压架的主要原因。

推进速度和支架活柱下缩量的关系:日进度大于 5.0 m 时,活柱下缩量为:10～60 mm/h,日进度小于 3.0 m 时,活柱下缩量为 100～300 mm/h。

特厚煤层开采过程中,覆岩顶板的破断失稳会导致工作面顶板具有一定的大小来压特征。造成该现象的原因在于:下位基本顶的破断促使直接顶"组合悬梁"结构断裂产生小周期来压,而上位基本顶破断同样易促使下位基本顶的断裂,间接引起直接顶"组合悬梁"的垮落,此时由于上位基本顶破断促使了下位基本顶的同时断裂,影响范围较广、强度较大,因此产生大周期来压。

特厚煤层下位基本顶来压受上位基本顶周期运动的影响,来压步距15~28 m,观测分析表明,在一个上位基本顶的运动周期内一般包含2~3个下位基本顶的运动周期;上位基本顶来压后,受上位基本顶周期运动影响下位基本顶来压一般会持续1~2 d。8105特厚煤层工作面顶板大小周期来压特征(2012年5月测)如表4-13所示。

表 4-13　　　　　　　　　　　　　　覆岩顶板的大小周期来压

日期	6 号	12 号	17 号	21 号	24 号	29 号
顶板层位 40~75 m	大周期	大周期	大周期	大周期	大周期	大周期
步距/m	21.4	39.3	37.4	26.2	23.6	33.4
日期	4、5 号	7、10 号	14、16 号	18、20 号		25、26、28 号
顶板层位 12~40 m	小周期 2 次	小周期 2 次	小周期 2 次	小周期 2 次	0 次	小周期 3 次
步距/m	15.4、6.0	4.6、14.0	8.9、19.0	4.8、16.6		5.4、9.0、12.4

整个监测期间,工作面支架平均压力为9 000~12 000 kN/架。当工作面不来压且推进速度为4.0 m/d以上时,循环内活柱下缩量为10~20 mm;当工作面来压或推进不正常、停产时间长时,机道顶板台阶下沉,支架阻力急增,安全阀开启频繁(每小时3~6次),显现为工作面整体来压,来压时基本上是中部先来压,然后向两边扩展;头尾不平行推进时,超前一侧的中部先来压,后向两边扩展;工作面煤壁局部有片帮,片帮深度0.2~0.3 m,机道顶板局部破碎或有裂缝。

工作面来压具有如下特征:

(1) 工作面中部支架的来压强度要强于工作面两端。

(2) 工作面来压时基本上是中部先来压,然后向两边扩展;如果头尾不平行推进,则靠超前一侧的中部先来压,然后向两边扩展。工作面中部压力较大,有时出现连续的来压现象,与头尾推进不平行有很大关系。

综上分析,得到大同矿区石炭系特厚煤层工作面综放开采的矿压显现具有如下特征:

(1) 石炭系 3-5# 特厚煤层大采高综放工作面基本顶初次来压步距和周期来压步距大,动载系数大,表明基本顶岩层具有很强的稳定性和破断失稳造成的强烈动载特征。基本顶初次来压步距均大于50 m,最大可达130.8 m;周期来压步距多大于18 m,最大达33 m。

(2) 基本顶来压期间具有强矿压显现特征。基本顶来压强度大,持续时间长,安全阀开启频繁,支架活柱下缩速度最大为300 mm/h,工作面每次来压时支架压力较大,煤壁片帮深度可达1 000 mm以上。

(3) 周期来压强度呈现强弱交替出现的规律性变化特征。每间隔1~2次一般强度的周期来压,工作面就会出现一次强烈的周期来压显现,表现为工作面迅速增阻的支架数量增多,煤壁片帮,有时出现连续的来压现象。

(4) 工作面强矿压显现期间,采场围岩动载特征明显,尽管工作面支架支护强度较高,但工作面时常伴有压架事故,影响了工作面的正常生产。

上述矿压显现特征是与石炭系特厚煤层的赋存条件、覆岩中岩层的赋存条件以及开采条件相关的。特厚煤层形成的巨大开采空间、坚硬煤层和覆岩中多层坚硬厚层顶板以及上覆侏罗系煤层群开采形成的多采空区等条件，都会造成煤层开采过程中覆岩顶板破断失稳行为的变化和异常，从而形成与其他矿区特厚煤层综放开采不一样的矿压显现特征。

4.2 特厚煤层综放工作面回采巷道强矿压显现规律

由于同忻煤矿特厚煤层8105工作面开采强度大，在工作面超前压力、邻面采空区顶板压力以及上覆侏罗系集中煤柱的共同作用下，临空巷道压力显现较大，顶板下沉、底鼓、帮鼓严重，混凝土浇铸的底板被顶起、折断，车辆无法通行；巷道表面混凝土喷层开裂、掉落，煤壁片帮深度可达1 000 mm以上，两帮内挤最大可达1 000 mm多，尤以煤柱侧煤帮更为严重；巷道顶板下沉明显，局部区域顶板钢带变形，锚杆被拉断。巷道需进行二次起底及补打锚杆、锚索，加大了维修工程量，影响了巷道的安全使用。特厚煤层工作面超前支护巷内的强矿压显现特征如图4-20所示。

图4-20　回采巷道超前支护段的强矿压显现

(a) 巷道支架折损；(b) 巷道顶板剧烈下沉；(c) 单体支柱插底；

(d) 巷道底鼓；(e) 巷道片帮；(f) 浆皮脱落及钢带变形

工作面5105巷因与8106工作面采空区相邻，巷道压力显现明显，巷道顶板下沉、底鼓、帮鼓、底板裂缝频繁出现。需在顶板下沉处二次施工工字钢锚索吊梁、角锚索以及帮锚索补强支护，对于混凝土底面损坏严重处应进行重新打底。8105工作面开采过程中，5105巷超前支护段共发生8次较强烈冲击性来压，如表4-14所示。

表4-14　　　　　　　　同忻煤矿8105工作面5105巷强矿压显现统计

来压次序	时间	采位/m	冲击来压有无	应力集中范围/m	应力集中系数	顶板下沉量/m	底鼓量/m	单体柱损坏量/根	鼓帮量/m	浆皮脱落情况
1	2012-11-13 夜班	155.2	有	20	2.8	0.5	0.3～0.4	33	0.5	裂开

来压次序	时间	采位/m	冲击来压有无	应力集中范围/m	应力集中系数	顶板下沉量/m	底鼓量/m	单体柱损坏量/根	鼓帮量/m	浆皮脱落情况
2	2012-11-21 中班	214.5	有	35	2.4	0.3～0.5	0.4	26	0.4	裂开
3	2012-12-30 中班	442.8	有	28	2.6	0.6～0.8	0.5	30	0.5	裂开
4	2013-01-14 晚班	556	有	22	2.0	0.3	0.2～0.3	1	0.2	裂开
5	2013-01-27 早班	635	有	11	1.6	0.1～0.3	0.1～0.2	倾倒 50	0.1	裂开
6	2013-02-13 早班	736	有	10	1.8	0.1	0.2～0.3	无	0.2	裂开
7	2013-03-18 中班	951	有	40	1.7	0.3	0.5～1.0	倾倒 10	0.4	裂开
8	2013-03-29 晚班	1012.4	有	40	2.5	0.3～0.5	0.5～0.8	13	0.5	裂开

4.2.1 临空巷道矿压监测

同忻煤矿 5104 巷为 8104 工作面回风巷,毗邻 8105 工作面,两工作面之间留设 45 m 宽度煤柱。8104 工作面基本顶为中细砂岩、含砾粗砂岩,直接顶为粗砂岩,直接底为碳质泥岩。5104 巷为矩形断面,净宽 5 000 mm,净高 3 700 mm,净断面 18.5 m²,巷道支护见图 4-21。

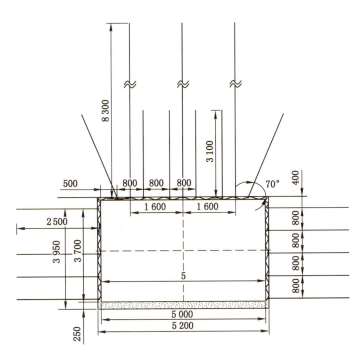

图 4-21　5104 巷支护断面

5104 巷矿压监测内容包括巷道表面位移监测、巷道深部位移监测、巷道锚杆(索)承载力监测、煤柱应力监测。5104 巷矿压监测断面具体布置见图 4-22。巷道内共布置 12 个监测断面,其中,1#～3# 为第 1 组,4#～6# 为第 2 组,7#～9# 为 3 组,10#～12# 为第 4 组。1#～12# 监测断面均布置巷道表面位移监测、顶板离层监测、煤柱应力监测;1#～12# 监断面安装锚杆(索)动态锚固力监测;其中,2#、5#、8#、10#、12#监测断面安装巷道围岩深部位移监测。

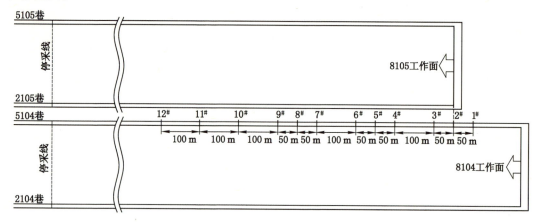

图 4-22　5104 巷矿压监测断面设置

4.2.1.1　巷道表面位移监测

采用十字布点法安设表面位移监测断面(图 4-23),1#~12# 监测断面均布置表面位移监测点。在每个监测断面的顶板、底板、两帮中央各设置一个测点。观测时用测量尺测读 AO、AC、BO、BD 值。常用的仪器有测杆、测尺、激光测距仪等。

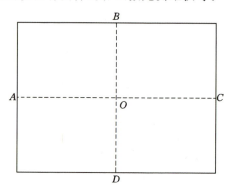

图 4-23　十字布点法巷道表面位移监测

4.2.1.2　围岩深部位移监测

通过监测巷道围岩深部位移,了解围岩发生破坏与离层的具体位置,判断围岩稳定性。顶板离层监测采用两点式顶板位移测定仪(图 4-24、图 4-25),两帮围岩深部位移采用直读式多点位移计(图 4-26)。1#~12# 监测断面布置顶板离层监测,其中,1#、3#、5#、7#、9#、11# 监测断面顶板离层仪基点安装深度为 2.5 m、7.5 m;2#、4#、6#、8#、10#、12# 监测断面顶板离层仪基点安装深度为 5.0 m、10.0 m。在 2#、5#、8#、10#、12# 监测断面巷道两帮围岩不同深度设置位移观测基点(图 4-27),每个钻孔内设置 5 个观测基点,基点的深度分别为 5 m、4 m、3 m、2 m、1 m。

巷道围岩表面位移和深部位移监测数据采用人工记录,根据现场实际需要具体安排观测周期,并保证每周进行一次观测,工作面来压期间增加观测次数,当相邻工作面推进至观

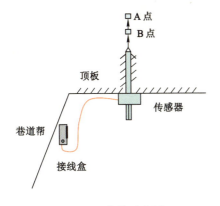

图 4-24　安装示意图

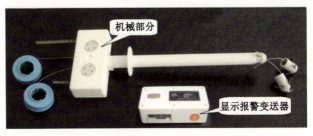

图 4-25　YHW300 本安型围岩位移测定仪

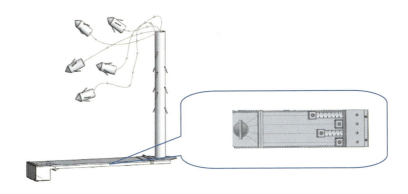

图 4-26　直读式多点位移计

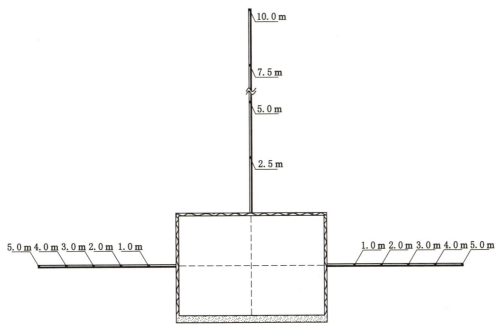

图 4-27　围岩深部位移计安装示意图

测断面前后 200 m 范围内时适当增加观测次数,以便掌握巷道变形规律。

4.2.1.3 锚杆(索)动态锚固力监测

通过监测锚杆(索)动态锚固力,实现对锚杆受力大小及其变化过程跟踪监测,判定围岩稳定性。在监测断面上分别监测巷道顶板及两帮锚杆、锚索应力。1#~12# 监测断面布置锚杆(索)动态锚固力监测点。

锚杆(索)应力及离层监测数据每两小时自动记录一次,采用矿用本安型手持式采集器定期进行数据采集。设备具有自动存储功能,根据设备存储的容量,可根据需要按 15~20 天采集一次数据。

4.2.2 回采巷道监测数据分析

回采巷道监测时间段为 10 月 11 日至 11 月 20 日。10 月 11 日 8105 工作面开始回采,11 月 5 日基本顶初次来压,来压步距 99.7 m,工作面周期来压步距为 15.35~31 m。监测期间 8105 工作面推进了 205 m。

4.2.2.1 表面位移监测结果分析

表面位移监测安装在 2#~12# 断面。在 10 月 26 日和 11 月 20 日分别对巷道表面位移进行了测量,测量结果见表 4-15。观测时间段内巷道两帮位移量为 23~165 mm,顶底位移量为 21~122 mm,巷道变形量较小;2# 断面巷道变形量最大,两帮移近量和顶底移近量分别达到 165 mm 和 122 mm。

表 4-15 巷道表面位移测量结果汇总

断面编号	断面里程 /m	10 月 26 日 顶底板距离 /mm	11 月 20 日 顶底板距离 /mm	顶底移近量 /mm	10 月 26 日 两帮距离 /mm	11 月 20 日 两帮距离 /mm	两帮移近量 /mm
2#	1 680	3 962	3 840	122	5 515	5 350	165
3#	1 646	4 148	4 044	104	5 197	5 156	41
4#	1 546	3 829	3 782	47	5 214	5 181	36
5#	1 496	4 327	4 275	57	5 502	5 440	62
6#	1 446	4 682	4 581	101	5 605	5 564	41
7#	1 346	4 604	4 583	21	5 653	5 581	72
8#	1 296	4 597	4 565	32	5 657	5 567	90
9#	1 246	4 354	4 310	44	5 595	5 571	24
10#	1 146	4 082	4 042	40	5 507	5 484	23
11#	1 046	4 376	4 355	21	5 898	5 865	33
12#	970	3 893	3 871	22	5 348	5 318	30

4.2.2.2 顶板离层监测结果分析

顶板离层监测安装在 2#~12# 断面。在监测时间段内,只有 2# 断面顶板产生离层,其余监测断面均未产生离层。图 4-28 为 2# 断面离层的变化情况。由图 4-28 可知,8105 工作面推过监测断面 46 m 时,顶板上方 5~10 m 开始产生离层,离层值为 1 mm;工作面推过监测断面 74 m 时,顶板上方 5~10 m 离层值为 2 mm;工作面推过监测断面 100 m,工作面初次来压,顶板上方 5～10 m 离层值增至 3 mm;工作面推过监测断面 122 m 时,顶板上方 5～10 m 离层值减小至 1 mm,顶板上方 5 m 范围内发生离层,离层值 2 mm;工作面推过监测断面 210 m 时,顶板上方 5～10 m 离层值又增加到 3 mm。邻近工作面的覆岩运动引起了 5104 巷道离层的产生。

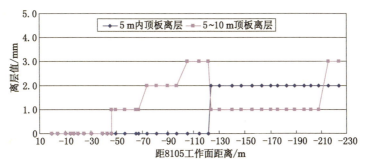

图 4-28　2# 断面离层变化

由 5104 巷道离层数据可知,2# 断面在 8105 工作面初次来压前,工作面推过 2# 断面 50 m,深部顶板产生离层,且离层逐渐增大至 2 mm;初次来压,工作面推过 2# 断面 100 m,深部离层值达到最大 3 mm;来压结束后,5～10 m 顶板离层又降低至 1 mm。8105 工作面开采时对 5104 巷顶板离层的变化影响较小,工作面推过后覆岩运动加剧,对 5104 巷顶板离层继续产生影响。

4.2.2.3　锚杆(索)应力监测结果分析

锚杆(索)应力监测安装在 2#～5# 断面。随着 8105 工作面推进,5104 巷道不同监测断面的锚杆(索)应力变化曲线如图 4-29 至图 4-32 所示。由图 4-29 可知,随着 8105 工作面的推进,2# 断面锚杆(索)应力增加,当 2# 断面与 8105 工作面相距 97 m 时,基本顶初次来压,锚杆(索)应力增加到最大;初次来压后,锚杆(索)应力迅速降低;随着工作面继续推进,锚杆(索)应力又逐渐增大;受 8105 工作面回采影响,煤柱侧锚杆应力较实体煤侧锚杆应力高。

与 2# 断面锚杆(索)应力变化相似,随着 8105 工作面的推进,各个断面锚杆(索)应力增加,当工作面初次来压时,锚杆(索)应力达到最大;初次来压结束后锚杆(索)应力迅速降低,随着工作面继续推进,锚杆(索)应力又逐渐增大;3#～5# 断面锚杆(索)应力受 8105 工作面回采影响明显。

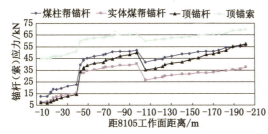

图 4-29　2# 断面锚杆(索)应力变化

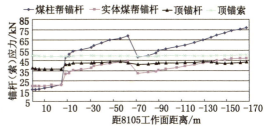

图 4-30　3# 断面锚杆(索)应力变化

由锚杆(索)应力监测数据可知,随着 8105 工作面的推进,在工作面前方约 190 m 处监

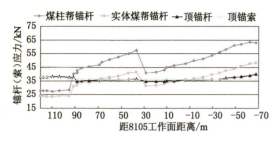
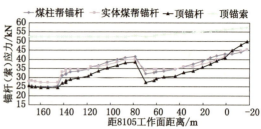

图 4-31　4#断面锚杆（索）应力变化　　　　图 4-32　5#断面锚杆（索）应力变化

测断面锚杆应力逐渐增大，工作面初次来压时，2#～5#断面锚杆应力显著增加，锚杆应力最大达到 62.95 kN。工作面推过后由于覆岩运动加剧，锚杆（索）应力持续增高。

随着工作面的推进，各断面煤柱侧锚杆应力高于实体煤侧，煤柱受到了 8105 工作面开采的影响。工作面顺槽超前支护段有闷墩响动，个别钢梁压弯，单体折损，顶板下沉，并有帮鼓和底鼓现象。

4.3　特厚煤层综放工作面区段煤柱的应力分布特征

4.3.1　工作面侧向煤柱应力监测

通过在煤层或岩层中打水平钻孔，将 GMC20 应力传感器安装到钻孔深部，煤层或岩层应力直接作用到传感器上，传感器输出信号通过二次仪表测量。通过观测不同深度煤柱的应力分布情况判断与评价煤柱稳定性。在 1#～12#监测断面均设置区段煤柱应力监测点。第 1 组 1#监测断面煤柱中应力传感器安装深度分别为 10 m、20 m；2#监测断面煤柱中应力传感器安装深度分别为 15 m、25 m；3#监测断面煤柱中应力传感器安装深度分别为 30 m、35 m。第 2 组 4#～6#监测断面布置煤柱应力监测点，其中，4#监测断面煤柱中应力传感器安装深度分别为 10 m、20 m、30 m；5#监测断面煤柱中应力传感器安装深度分别为 15 m、25 m、35 m；6#监测断面煤柱中应力传感器安装深度分别为 10 m、20 m、30 m。第 3 组的 7#～9#、第 4 组的 10#～12#与第 2 组的 4#～6#监测断面煤柱中应力传感器安装深度相同。具体布置见图 4-33 至图 4-37。

4.3.2　煤柱应力监测结果分析

煤柱应力监测安装在 3#、4#、10#、11#断面。随着 8105 工作面推进，5104 巷道不同监测断面的煤柱应力变化曲线如图 4-38 至图 4-41 所示。

图 4-38 为 3#断面煤柱应力变化曲线，可见随着 8105 工作面的推进，960 m 处的煤柱应力逐渐增大；当 8105 工作面推过监测断面 37 m，工作面初次来压，煤柱应力达到峰值；工作面继续推进，8105 工作面初次来压结束，煤柱应力迅速降低；随着工作面继续推进，煤柱应力继续升高。由于钻孔未被压实，直至距 8105 工作面 200 m 左右才开始有读数。其他断面煤柱应力与 3#断面类似。

由煤柱应力监测数据可知，3#监测断面反映工作面初次来压前煤柱应力状态，工作面后方 80～90 m 范围处于应力降低区，初次来压后煤柱应力逐渐增高。

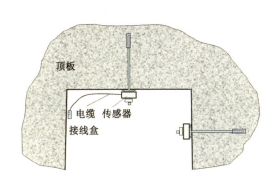

图 4-33　MCS—400 矿用本安型锚杆(索)测力计

图 4-34　安装示意图

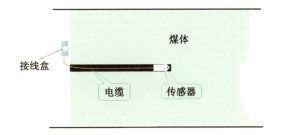

图 4-35　煤柱应力监测安装示意图

图 4-36　GMC20 应力传感器

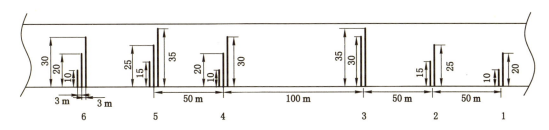

图 4-37　煤柱应力监测布置

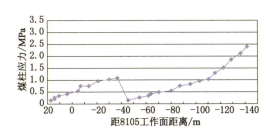

图 4-38　3# 断面煤柱应力(深 10 m)

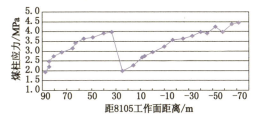

图 4-39　4# 断面煤柱应力(深 10 m)

　　4# 监测断面反映工作面周期来压期间煤柱应力状态,所确定煤柱应力峰值位于工作面前方 30～40 m,煤柱应力增量 4.3 MPa;工作面后方 20～30 m 范围处于应力降低区,区间尺度与周期来压步距相当,周期来压后煤柱应力逐渐增高。

　　工作面前方 10#、11# 监测断面在工作面初次来压时,工作面前方 440～500 m 范围煤

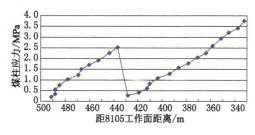

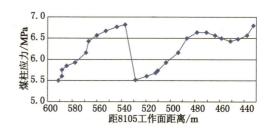

图 4-40　10#断面煤柱应力(深 10 m)　　　　图 4-41　11#断面煤柱应力(深 6.2 m)

柱应力有所增加,煤柱应力最大达到 14.6 MPa。说明在大采高放顶煤开采条件下,坚硬的上覆岩层及多关键层复合运动导致矿山压力的影响范围大大增加。

由此可见,受工作面特殊地质条件及推进速度的影响等,工作面顶板来压相对频繁,初次来压步距大,造成工作面超前支承压力影响范围大,围岩变形与片帮严重,巷道单体支柱折损量明显增多,采场围岩动载特征明显。

5 石炭系特厚煤层综放开采覆岩破断运动规律

石炭系特厚煤层开采后,覆岩中既有侏罗系煤层采空区垮落压实的破断岩层和遗留煤柱,又有双系煤层间的完整岩层。石炭系特厚煤层开采引起的覆岩大范围运动会波及侏罗系采空区岩层,因此侏罗系煤层开采后顶板的破断形态、遗留煤柱的应力集中程度及影响范围等,对石炭系煤层开采矿山压力的影响程度有着重要的影响。因此,分析石炭系煤层覆岩的破断运动规律、应力场分布特征、垮裂带的范围等具有重要意义,可为覆岩结构特征及支架与围岩关系的研究提供依据。

5.1 上覆侏罗系煤层开采顶板的运动失稳规律

侏罗系煤层倾角一般为 $3°\sim7°$,可采煤层厚度 $0.8\sim9$ m。侏罗系煤层埋藏深度较浅、煤层数量多、层间距小,在下部煤层开采时采空区顶板冒落易与上部采空区沟通,影响下部工作面的矿压显现。由于煤层层间距小,近距离煤层开采的相互影响较大,当上部近距离多煤层已开采呈多采空区情况时,下部煤层在上覆多重煤柱压力作用以及上部煤层的多次采动影响下,开采时的顶板应力较为复杂,顶板也较为破碎,这给下部煤层工作面的回采与支护带来了新的难题。例如,侏罗系下组煤中主要可采煤层有 $11^\#$、$12^\#$、$14^\#$、$15^\#$ 煤层,这些煤层间距较小,分岔与合并现象十分频繁,煤层顶板岩性较为坚硬且基本由粉砂岩、细砂岩、中粗粒砂岩互层组成。上部煤层开采留下的多重坚硬厚层破断顶板群的失稳垮落给下部工作面的生产带来较大影响,严重地影响了煤矿的安全生产与经济效益。因此,针对大同矿区坚硬厚层破断顶板块体长度与厚度之比较小,破断块体失稳后经过一定时间的运动调整块体间可能再次形成承载结构的特点,深入、系统地研究近距离多采空区条件下下部煤层开采的围岩离散结构承载失稳特征及其失稳活动规律,可为石炭系特厚煤层覆岩多采空区下的围岩控制提供依据。

5.1.1 侏罗系煤层顶板活动相似模拟实验分析

通过物理模拟实验,分析研究大同矿区侏罗系煤层群开采坚硬顶板群结构的破断与垮落规律,分析侏罗系煤层开采留设煤柱对下煤层开采顶板稳定性以及工作面来压的影响。

5.1.1.1 侏罗系煤岩相似模拟实验方案

根据研究目的和实验条件,采用二维平面应力实验台进行模拟分析。实验台的尺寸为:长×宽×高 $=5\,000$ mm $\times300$ mm $\times3\,000$ mm,模型外形尺寸为 $5\,000$ mm $\times300$ mm $\times2\,150$ mm。根据实验研究范围和实验台尺寸,几何相似比例选取为 $1:150$。根据物理模拟相似理论,采用常规相似材料模拟所制作的相应模型有以下特点:

(1)各岩层垂直裂隙设计:较软弱岩层($f<4$)取 $2\sim3$ cm,较硬岩层($f>7$)取 $10\sim$

12 cm,其余在中间范围取值;

(2)对于厚度超过 5 m 的坚硬岩层,按其实际弱面分布特征进行分层铺设;

(3)制作过程中以岩石的抗压强度为主要相似条件,满足相似准则;

(4)模型开采前,在模型前后分别保留部分模板固定,以保证模型的稳定。

实验中各煤层采用下行开采方式,根据现场开采的实际情况,在 11# 和 12# 煤层中各留设 1~2 个保护煤柱,以分析煤柱对下层煤开采的影响,14# 和 15# 煤层采用同采方式,分析上下煤层开采的影响关系。研究内容在同一台模型进行,以保证开采条件和过程的相似。

模拟实验的主要相似常数见表 5-1。

表 5-1　　　　　　　　　　　　模拟实验主要相似常数

主要相似常数	几何相似比
	1：150
重度相似常数 C_γ	1.5
应力相似常数 C_σ	225
时间相似常数 C_t	12.25

根据相似常数、实际煤岩体力学参数以及实验室测定材料配比数据可以计算出的各模型煤岩层的物理力学参数和配比,如表 5-2 至表 5-5 所示。

表 5-2　　　　　　　　　　　　"双系"多层煤开采煤岩体力学参数

序号	岩性	厚度/m	密度/(kg/m³)	抗压强度/MPa	抗拉强度/MPa	弹性模量/GPa	黏聚力/MPa	内摩擦角/(°)	泊松比
1	细砂岩	15	2 595	50.3	7.2	25.4	15.7	47	0.1
2	中粗砂岩	6.22	2 534	39.5	7	14.3	6.8	31	0.17
3	砂质泥岩	4.32	2 595	42.5	5.2	23.43	5.5	33	0.22
4	11#煤	5.32	1 426	16.5	2.6	2.8	9.5	30	0.32
5	细砂岩	11	2 595	50.3	7.2	25.4	15.7	47	0.1
6	中粗砂岩	7.1	2 534	39.5	7	14.3	6.8	31	0.17
7	砂质泥岩	3.3	2 595	42.5	5.2	23.43	5.5	33	0.22
8	12#煤	5.47	1 426	16.5	2.6	2.8	9.5	30	0.32
9	细砂岩	6.83	2 595	50.3	7.2	25.4	15.7	47	0.1
10	14#煤	3.74	1 426	16.5	2.6	2.8	9.5	30	0.32
11	细砂岩	10.4	2 595	50.3	7.2	25.4	15.7	47	0.1
		3.76	2 595	50.3	7.2	25.4	15.7	47	0.1
12	砂质泥岩	1.7	2 595	42.5	5.2	23.43	5.5	33	0.22
13	15#煤	4.21	1 426	16.5	2.6	2.8	9.5	30	0.32
14	细砂岩	10.34	2 595	50.3	7.2	25.4	15.7	47	0.1
15	中粗砂岩	10	2 534	39.5	7	14.3	6.8	31	0.17

序号	岩性	厚度/m	密度/(kg/m³)	抗压强度/MPa	抗拉强度/MPa	弹性模量/GPa	黏聚力/MPa	内摩擦角/(°)	泊松比
16	中粉砂岩	20	2 534	39.5	7	18.3	9.6	37	0.24
		30	2 534	39.5	7	18.3	9.6	37	0.24
		26	2 534	39.5	7	18.3	9.6	37	0.24
		20	2 534	39.5	7	18.3	9.6	37	0.24
		10.5	2 534	39.5	7	18.3	9.6	37	0.24
17	中粗砂岩	10.85	2 534	39.5	7	14.3	6.8	31	0.17
18	砂质泥岩	20	2 595	42.5	5.2	23.43	5.5	33	0.22
		20	2 595	42.5	5.2	23.43	5.5	33	0.22
		10	2 595	42.5	5.2	23.43	5.5	33	0.22
		5	2 595	42.5	5.2	23.43	5.5	33	0.22
19	山$_4^\#$煤	2.38	1 426	16.5	2.6	2.8	9.5	30	0.32
20	泥岩、粉砂岩互层	9.6	2 747	36.4	5	18.6	5.5	29	0.18
		4.8	2 747	36.4	5	18.6	5.5	29	0.18
21	砂岩	2.21	2 747	40.1	5.6	23.6	8.5	30.9	0.18
22	岩浆岩	1.67	2 747	90.5	10.7	40.6	16.5	50	0.1
23	2$^\#$煤	4.18	1 426	16.5	2.6	2.8	9.5	30	0.32
24	碳质泥岩	2.86	2 728	26.4	4	23.43	5.5	33	0.22
25	火成岩	1.7	2 595	88.7	8.9	40.6	16.5	50	0.1
26	3-5$^\#$煤	5.2	1 426	16.5	2.6	2.8	9.5	30	0.32
		5.2	1 426	16.5	2.6	2.8	9.5	30	0.32
		5.2	1 426	16.5	2.6	2.8	9.5	30	0.32
27	高岭岩	5	2 595	42.5	5.2	23.6	8.5	30.9	0.18

表 5-3　　　　　　　　　　　　　　砂子—碳酸钙—石膏配比

配比号	水量	密度/(g/cm³)	抗压强度/(10^{-1} MPa)	抗拉强度/(10^{-1} MPa)	抗压强度/抗拉强度
337	1/7	1.5	2.83	0.56	5.6
355	1/7	1.5	2.02	0.36	5.6
373	1/7	1.5	1.19	0.17	7.0
437	1/9	1.5	2.22	0.40	5.6
455	1/9	1.5	1.58	0.27	5.9
473	1/9	1.5	0.90	0.14	6.4
537	1/9	1.5	1.97	0.30	6.6
555	1/9	1.5	1.41	0.22	6.6
573	1/9	1.5	0.86	0.12	7.2
637	1/9	1.5	1.64	0.22	7.5

续表 5-3

配比号	水量	密度/(g/cm³)	抗压强度/(10^{-1} MPa)	抗拉强度/(10^{-1} MPa)	抗压强度/抗拉强度
655	1/9	1.5	1.21	0.16	7.4
673	1/9	1.5	0.78	0.11	7.7
737	1/9	1.5	1.35	0.18	7.5
755	1/9	1.5	1.03	0.14	7.4
773	1/9	1.5	0.7	0.09	7.7

表 5-4　　　　　　　　　　　　　砂子—石灰—石膏配比

配比号	水量	密度/(g/cm³)	抗压强度/(10^{-1} MPa)	抗拉强度/(10^{-1} MPa)	抗压强度/抗拉强度
337	1/9	1.5	3.68	0.44	8.4
355	1/9	1.5	2.51	0.23	10.9
373	1/9	1.5	1.40	0.19	7.4
437	1/9	1.5	2.98	0.27	11.0
455	1/9	1.5	2.08	0.25	8.3
473	1/9	1.5	1.84	0.18	13.3
537	1/9	1.5	1.44	0.24	7.4
535	1/9	1.5	1.07	0.14	7.6
573	1/9	1.5	0.94	0.12	7.8
637	1/9	1.5	1.24	0.15	8.2
655	1/9	1.5	1.04	0.13	8.0
673	1/9	1.5	0.66	0.09	7.3

表 5-5　　　　　　　　　　　　　模拟实验相关数据

序号	厚度/m	模型厚度/cm	模型密度/(kg/m³)	配比号	模型分层质量/kg	模型用水量(kg)或体积(L)	材料质量/kg	砂子质量/kg	碳酸钙或石灰质量/kg	石膏质量/kg
1	15	10.0	1 730	373	259.5	32.40	227.1	170.3	39.7	17.0
2	6.22	4.1	1 689	437	105.1	10.51	94.6	75.7	5.7	13.2
3	4.32	2.9	1 730	455	74.7	7.47	67.3	53.8	6.7	6.7
4	5.32	3.5	951	473	50.6	5.06	45.5	36.4	6.4	2.7
5	11	7.3	1 730	373	190.3	23.80	166.5	124.9	29.1	12.5
6	7.1	4.7	1 689	437	119.9	11.99	107.9	86.4	6.5	15.1
7	3.3	2.2	1 730	455	57.1	5.71	51.4	41.1	5.1	5.1
8	5.47	3.6	951	473	52.0	5.20	46.8	37.4	6.6	2.8
9	6.83	4.6	1 730	373	118.2	14.80	103.4	77.5	18.1	7.8
10	3.74	2.5	951	473	35.6	3.56	32.0	25.6	4.5	1.9

序号	厚度/m	模型厚度/cm	模型密度/(kg/m³)	配比号	模型分层质量/kg	模型用水量(kg)或体积(L)	材料质量/kg	砂子质量/kg	碳酸钙或石灰质量/kg	石膏质量/kg
11	10.4	6.9	1 730	373	179.9	22.50	157.4	118.1	27.5	11.8
	3.76	2.5	1 730	373	65.0	8.13	56.9	42.7	10.0	4.3
12	1.7	1.1	1 730	455	29.4	2.94	26.5	21.2	2.6	2.6
13	4.21	2.8	951	473	40.0	4.00	36.0	28.8	5.0	2.2
14	10.34	6.9	1 730	373	178.9	22.40	156.5	117.4	27.4	11.7
15	10	6.7	1 689	437	168.9	16.89	152.0	121.6	9.1	21.3
16	20	13.3	1 689	437	337.9	33.79	304.1	243.3	18.2	42.6
	30	20.0	1 689	437	506.8	50.68	456.1	364.9	27.4	63.9
	26	17.3	1 689	437	439.2	43.92	395.3	316.2	23.7	55.3
	20	13.3	1 689	437	337.9	33.79	304.1	243.3	18.2	42.6
	10.5	7.0	1 689	437	177.4	17.74	159.6	127.7	9.6	22.3
17	10.85	7.2	1 689	437	183.3	18.33	165.0	132.0	9.9	23.1
18	20	13.3	1 730	455	346.0	34.60	311.4	249.1	31.1	31.1
	20	13.3	1 730	455	346.0	34.60	311.4	249.1	31.1	31.1
	10	6.7	1 730	455	173.0	17.30	155.7	124.6	15.6	15.6
	5	3.3	1 730	455	86.5	8.65	77.9	62.3	7.8	7.8
19	2.38	1.6	951	473	22.6	2.26	20.4	16.3	2.9	1.2
20	9.6	6.4	1 831	655	175.8	17.58	158.2	135.6	11.3	11.3
	4.8	3.2	1 831	655	87.9	8.79	79.1	67.8	5.7	5.7
21	2.21	1.5	1 831	537	40.5	4.05	36.4	30.4	1.8	4.2
22	1.67	1.1	1 831	337	30.6	3.06	27.5	20.6	2.1	4.8
23	4.18	2.8	951	473	39.7	3.97	35.8	28.6	5.0	2.1
24	2.86	1.9	1 819	555	52.0	5.20	46.8	39.0	3.9	3.9
25	1.7	1.1	1 730	355	29.4	2.94	26.5	19.9	3.3	3.3
26	5.2	3.5	951	473	49.4	4.94	44.5	35.6	6.2	2.7
	5.2	3.5	951	473	49.4	4.94	44.5	35.6	6.2	2.7
	5.2	3.5	951	473	49.4	4.94	44.5	35.6	6.2	2.7
27	5	3.3	1 730	455	86.5	8.65	77.9	62.3	7.8	7.8

注:表中的序号与表 5-2 中的序号及所代表的岩性相同。

　　模型沿水平方向分层铺设,分层间撒上滑石粉、云母粉模拟层。模型干燥后,为了便于观测,用白灰粉刷模型表面,在模型表面布设铅垂和水平观测线,两线的交点作为观测点。根据煤层埋深,上覆岩层重力采用外力补偿,实验铺设模型如图 5-1 所示。

　　铺设模型时,在煤层和岩层中设置测量应力的基点,采用预埋压力盒的方式进行采集,如图 5-2 所示为在各煤层及覆岩内的测量基点布置方式,基点分别设置在煤层以及顶底板中。

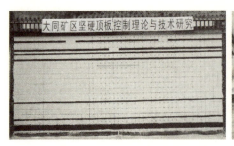

图 5-1 二维平面应力实验台

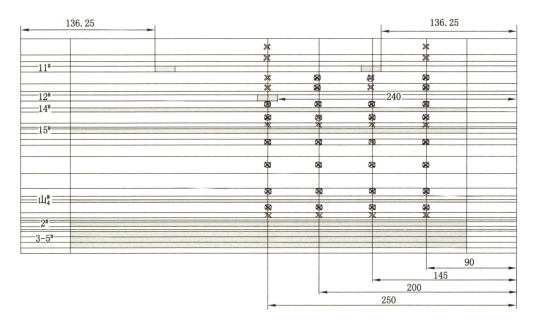

图 5-2 测量基点布置

模型开挖根据采煤工作面实际推进速度模拟煤层的开采速度。实际速度 8 m/d,可求得模拟煤层的开采速度 3.73 cm/h。

5.1.1.2 侏罗系煤层采后顶板活动规律

(1)侏罗系 11# 煤层采后顶板活动规律

11# 煤层上方顶板有 4.32 m 厚的砂质泥岩、6.22 m 厚的中粗砂岩和 15 m 厚的细砂岩,顶板岩性均较为坚硬。11# 煤层从距离模型右侧边界 50 cm 开始回采,即留设保护煤柱 75 m。当工作面推进 22.5 m 时,工作面中粗砂岩及细砂岩顶板基本保持稳定,砂质泥岩直接顶板开始出现与上位顶板离层的现象,如图 5-3 所示。

当 11# 煤层工作面推进约 67.5 m 时,砂质泥岩直接顶板发生初次垮断,断裂面位置距离开切眼位置 52.5 m,此时工作面上方直接顶悬长 15 m 左右,悬露顶板呈典型的"煤壁固支采空区自由"的悬臂梁结构,悬梁直接顶与上位中粗砂岩顶板间也出现离层,受上位顶板横向剪力作用较小;此时,6.22 m 厚的中粗砂岩与上位细砂岩顶板间出现离层,并沿两固定端开始断裂,断裂角度约 45°,顶板左端承载通过下方直接顶的作用向工作面煤体延伸,

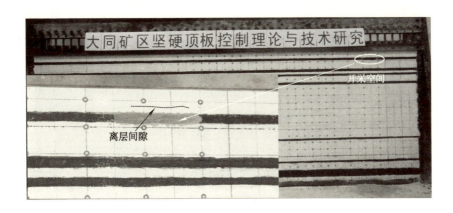

图 5-3　11# 煤层直接顶板离层

顶板中部完好,没有裂纹扩展迹象,但弯曲下沉现象较为明显;工作面上位 15 m 厚的细砂岩顶板由于岩性坚硬且厚度大,作为 11# 煤层工作面的关键层结构仍保持完整稳定状态。工作面直接顶初次垮断如图 5-4 所示。

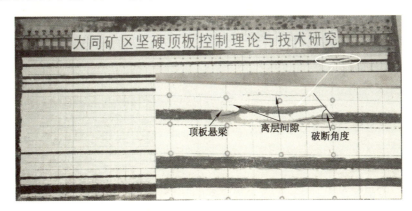

图 5-4　11# 煤层顶板初次垮断

随着工作面继续推进,砂质泥岩直接顶发生周期性的垮落,垮断块体长度平均 18 m,此时 6.22 m 厚的中粗砂岩顶板仍然保持两端悬跨结构,两端断裂位置不变,但旋转角度有所增大,顶板中部进一步弯曲下沉,工作面细砂岩基本顶仍处于稳定状态。11# 煤层直接顶周期性垮断状态如图 5-5 所示。

当 11# 煤层工作面推进至距离开切眼约 75 m 时,工作面基本顶发生初次断裂来压,并带有一定的冲击现象。工作面砂质泥岩直接顶随采随垮,上位中粗砂岩顶板两端突然垮断滑向采空区空间,之后,15 m 厚的基本顶关键层结构也断裂失稳,断裂失稳的基本顶垮断在采空区后呈"三段式"破断结构状态。11# 煤层基本顶初次断裂来压后的整体垮断状态如图 5-6 所示。

随着工作面的继续推进,顶板的垮断失稳呈如下特征,即砂质泥岩直接顶呈悬臂状态周期性垮断,而上位中粗砂岩顶板和细砂岩顶板则周期性断裂后形成砌体梁式的结构而共同承载,中粗砂岩顶板的断裂步距小于细砂岩顶板,实验结果表明,直接顶破断长度平均为

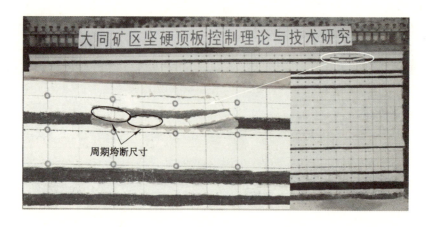

图 5-5　11#煤层直接顶板周期性垮断

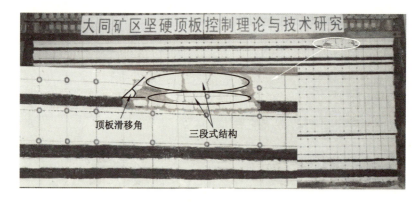

图 5-6　11#煤层基本顶初次断裂来压整体垮断

7.5 m,中粗砂岩顶板破断长度 18 m 左右,上位细砂岩坚硬厚层顶板周期破断长度约 30 m。由此说明,工作面的来压是由中粗砂岩顶板和细砂岩顶板的断裂失稳造成的,由于两层顶板的岩性、厚度及强度不同,上位细砂岩顶板和下位中粗砂岩顶板将分别造成工作面的周期性大小来压现象。工作面顶板周期垮断特征如图 5-7 所示。

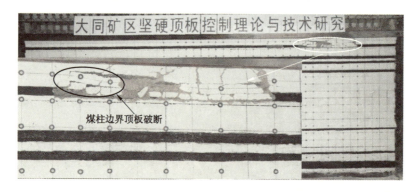

图 5-7　11#煤层顶板周期垮断特征

根据模拟实验方案,区段煤柱留设宽度为 30 m,在区段留设煤柱左侧布置新的开切眼继续回采。实验结果表明,顶板的垮落规律和前面模拟工作面推进过程中顶板的垮落规律是基本一致的。即当工作面推进至距离开切眼 63 m 时砂质泥岩直接顶发生初次垮落,此时,中粗砂岩顶板与上位顶板间出现离层,并由两端出现向侧方延伸的断裂微裂纹,上位细砂岩顶板在悬跨尺寸的中部位置也出现了向上逐渐延伸的法向微裂纹。11#煤层煤柱左侧采场直接顶初次垮落如图 5-8 所示。

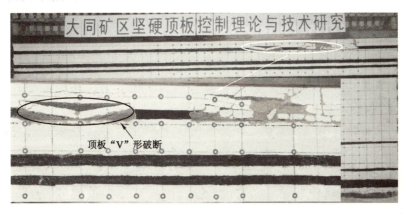

图 5-8   11#煤层煤柱左侧采场直接顶初次垮落

随着工作面的推进,当工作面推进至距离开切眼约 75 m 时,基本顶发生初次断裂,形成初次来压。中粗砂岩顶板左端于工作面煤壁上方断裂旋转下沉,破断块体悬跨尺寸约 46.5 m,悬跨破断块体与下方直接顶间有较大间隙,承载部分上覆基本顶载荷,由于顶板的突然滑落冲击作用,中粗砂岩顶板右端冲击破断尺寸约 15 m,此时中粗砂岩顶板两破断块体间成拱形成砌体梁结构。工作面上方细砂岩基本顶沿煤壁位置上方出现微裂纹的扩展,可见此时基本顶仍处于主要承载的关键层结构。当工作面推进至距离开切眼约 78 m 时,采场上方细砂岩基本顶断裂失稳并带有一定冲击载荷作用,导致下位中粗砂岩悬跨结构折断成约 18 m 的块体。11#煤层煤柱左侧采场基本顶初次来压特征如图 5-9 所示。

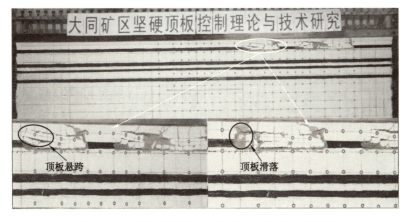

图 5-9   11#煤层煤柱左侧采场基本顶初次来压特征

11#煤层顶板沿工作面煤壁整体切落后,由于岩体间的相互挤压摩擦,导致滑落边界附近的煤岩体较为破碎,进而砂质泥岩直接顶与粗砂岩顶板末端受相邻破断块体的有效支撑作用较小。模拟实验得到工作面自滑落剪切面推进约18 m时,直接顶及粗砂岩顶板开始从顶板基体上断裂并垮向采空区空间,且顶板断裂线基本趋于同一位置,破断块体尺寸平均约18 m,此时工作面采场上方尚有约9 m长的直接顶悬臂岩层。11#煤层自剪切面推进后的初始垮断特征如图5-10所示。

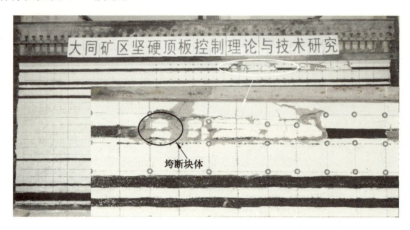

图5-10 11#煤层自剪切面推进后的初始垮断特征

(2)侏罗系12#煤层采后顶板活动规律

12#煤层位于11#煤层下方21 m左右,煤层顶板厚度及岩性分别为3.3 m厚的砂质泥岩直接顶、7.1 m左右厚的中粗砂岩顶板以及11 m厚的细砂岩顶板岩层。11#煤层开挖完毕后开始对12#煤层进行回采。根据现场调研结果,并为分析上煤层开采留设煤柱对下煤层开采工作面的影响,将下位煤层开采工作面间的区段留设煤柱布置于上位煤层工作面留设区段煤柱之间。

12#煤层模拟工作面自模型右侧开切眼位置进行开挖。实验结果表明,当工作面推进约55.5 m时,直接顶发生初次垮落,当工作面推进至距离开切眼位置75 m左右时,基本顶发生初次断裂失稳,形成初次来压。中粗砂岩顶板破断后成拱式结构,破断块体间相互咬合形成砌体梁结构,竖向裂纹扩展位置分别位于工作面采空区两端及悬跨顶板中部位置。细砂岩顶板与下位中粗砂岩顶板间产生明显的离层,断裂步距远大于下位中粗砂岩顶板。与11#煤层相比,初采期间顶板的破断失稳规律变化不大。12#煤层开采后顶板破断特征如图5-11所示。

随着12#煤层工作面的推进,煤层直接顶随采随垮,而上位基本顶岩层周期性垮断,周期破断长度约22.5 m,相比11#煤层开采中粗砂岩顶板的周期断裂步距增大25%。当工作面推进至上位煤层留设的区段煤柱右侧位置时,煤层顶板间水平离层明显。12#煤层接近煤柱位置时的顶板破断特征如图5-12所示。

当下煤层工作面推进至上煤层留设煤柱下方时,直接顶沿留设煤柱左侧位置开始断裂,中粗砂岩顶板破断步距有所减小,破断块体长度在6~12 m,沿留设煤柱左侧壁,基本顶有明显的裂纹扩展,但两层基本顶岩层裂纹扩展基本保持一致。说明下位煤层的采动与岩层

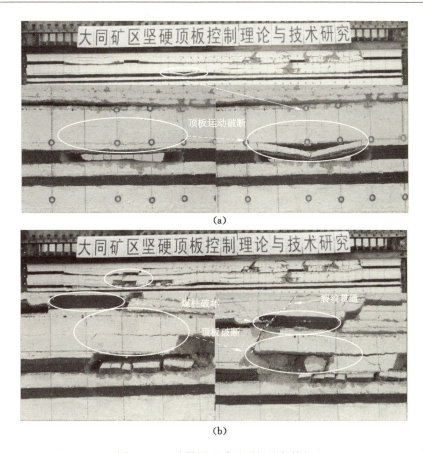

图 5-11　12$^\#$煤层开采后顶板破断特征

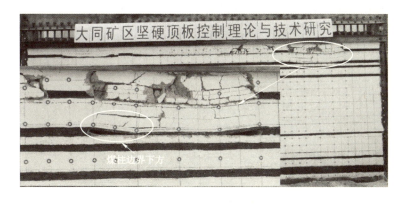

图 5-12　12$^\#$煤层接近煤柱位置时的顶板破断特征

运动波及上位煤层采空区,引起上位煤层采空区冒落岩石块体的回转变形与再调整,使得上煤层留设煤柱造成了下煤层工作面开采中较强的顶板压力显现。12$^\#$煤层推过煤柱时的顶板破断特征如图 5-13 所示。

　　当 12$^\#$煤层工作面推过上煤层留设煤柱时,工作面顶板沿煤壁位置整体切落并带有一定的冲击特性。表现为工作面上方顶板复合结构运动再调整过程造成煤柱连同顶板缓慢下

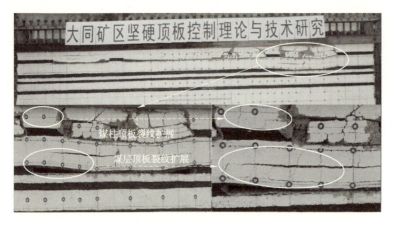

图 5-13　12#煤层推过煤柱时的顶板破断特征

沉并伴有一定声响,煤柱上方顶板水平及竖向裂纹发展较为明显,煤岩层间离层裂隙显现,说明留设煤柱与顶板岩层间存在水平方向相对运动趋势。12#煤层过煤柱后的顶板破断特征如图 5-14 所示。

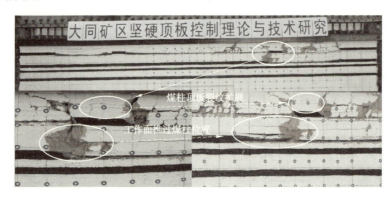

图 5-14　12#煤层过煤柱后的顶板破断特征

当 12#煤层工作面推进至距离煤柱左侧壁面 90 m 时,中粗砂岩顶板下沉量逐渐增大,与下位垮落直接顶间的水平离层间隙逐渐闭合。当工作面推进至距离煤柱左侧壁面 150 m左右时,开采煤层顶板破断与前述阶段顶板断裂特征基本一致,中粗砂岩顶板周期性垮断,破断长度 30～33 m,上位细砂岩顶板发生二次破断,破断块体尺寸约 60 m。12#煤层过煤柱后正常推进时顶板破断特征如图 5-15 所示。

（3）侏罗系 14#与 15#煤层开采顶板活动规律

14#与 15#煤层同时开采,14#煤层上方细砂岩顶板厚度平均 6.83 m,岩性较为坚硬,15#煤层顶板有 1.7 m 左右厚的砂质泥岩直接顶及 14.16 m 厚的细砂岩基本顶。14#煤层工作面超前 15#煤层工作面 60 m 开采。

模拟实验分析得到,14#煤层工作面自切眼位置推进 60 m 左右时,细砂岩顶板依然保持两端固支悬梁结构,顶板没有明显裂纹发展,这主要是由于 14#煤层开采起始边界位于12#煤层采空区边界下方,由于上煤层边界的影响导致近边界位置采空区顶板未能及时垮落而与相邻破断块体间保持一定承载的结构,进而使得 14#煤层工作面初采期间顶板承载

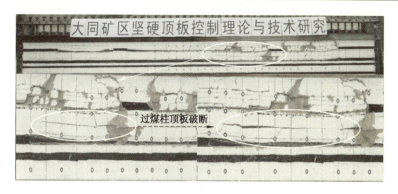

图 5-15 12#煤层过煤柱后正常推进时顶板破断特征

量相对较小、悬跨步距较长。15#煤层滞后上煤层工作面进行同步回采，当 14#煤层工作面推进 105 m，15#煤层推进 55 m 左右时，上煤层采空区空间范围大，顶板弯曲下沉量较大，直至接触 15#煤层底板，而 14#煤层顶板保持两端固支悬梁结构，此时 14#煤层顶板形成悬而不垮的托底结构，采空区顶板岩层并没有裂纹扩展迹象，15#煤层组合顶板也同样保持完整结构，分层间没有明显水平离层间隙。14#与 15#煤层同步开采初采期间的顶板破断特征如图 5-16 所示。

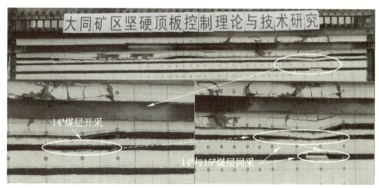

图 5-16 14#与 15#煤层同步始采条件下顶板破断特征

随着 15#煤层工作面的推进，顶板分层间的离层裂隙越趋明显，越是靠近采煤工作面位置的顶板分层位移下沉量越大，与上位顶板分层间的离层量也越大。当 15#煤层推进至距离切眼位置约 82.5 m 时，煤层砂质泥岩直接顶与上位细砂岩顶板脱离，垮向采空区空间，同时工作面采场未垮落顶板呈悬臂梁结构，悬梁长度约 22.5 m。15#煤层细砂岩基本顶有明显弯曲下沉现象，但依然保持完整的两端固支状态，导致细砂岩顶板跨距大的主要原因是上方多煤层采空区冒落矸石的静载荷作用以及采空区冒落矸石的进一步压实作用对下煤层开采顶板的受载起到了缓冲作用。当 14#煤层工作面推进 144 m 时，形成了距离工作面 30 m 范围的顶板弯曲长度，在位于 15#煤层工作面采空区上方的空间范围内，14#煤层采空区顶板与底板闭合。随着两煤层工作面的推进，14#煤层顶板顺序弯曲下沉，当工作面推进至 11#煤层留设煤柱位置附近时，导致下煤层顶板破断显现较强，此时 14#煤层顶板发生垮断，顶板垮断线位置基本与煤柱左侧的顶板整体滑移面位置一致，而 15#煤层顶板周期性垮断，破断步距为 27～30 m，破断块体间能形成砌体梁结构。14#与 15#煤层同步开采过煤柱前顶板破断特征如图 5-17 所示。

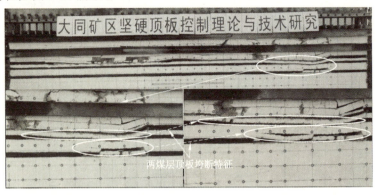

图 5-17　14$^\#$ 与 15$^\#$ 煤层同步开采过煤柱前顶板破断特征

　　14$^\#$ 煤层工作面推过 11$^\#$ 煤层区段煤柱影响范围后,顶板随采随弯曲下沉直至接触采空区底板,顶板裂隙发育程度较小。当 15$^\#$ 煤层工作面推进至 11$^\#$ 煤层区段煤柱下方时,工作面直接顶随采垮落,而细砂岩基本顶在上方采空区顶板切落滑移面位置附近断裂面扩展程度较大,导致 15$^\#$ 煤层基本顶沿着上方滑移面位置切落,冲击采空区直接顶冒落岩块。当 14$^\#$ 煤层工作面推进至 12$^\#$ 煤层留设区段煤柱下方时,受 14$^\#$ 煤层工作面采动影响,在煤柱中间部位出现明显竖向裂纹扩展,说明煤柱处于塑性压缩及断裂裂纹快速扩展贯通阶段。15$^\#$ 煤层顶板分层周期性垮断,并形成砌体梁结构,直接顶板周期垮断步距 18 m 左右,垮落的破断块体间分离失去组合承载作用,上分层细砂岩基本顶垮断步距约 33 m,破断块体相互挤压,形成砌体梁结构。14$^\#$ 煤层工作面推过 12$^\#$ 煤层区段留设煤柱后,紧贴煤柱左侧壁面位置 14$^\#$ 煤层工作面顶板连同上位多采空区复合顶板结构整体切落,受 14$^\#$ 煤层工作面顶板垮落的影响,15$^\#$ 煤层砂质泥岩直接顶沿工作面煤壁位置切落,细砂岩顶板沿直接顶断裂边界有竖向裂纹快速扩展。14$^\#$ 与 15$^\#$ 煤层同步开采二次过煤柱时顶板破断特征如图 5-18 所示。

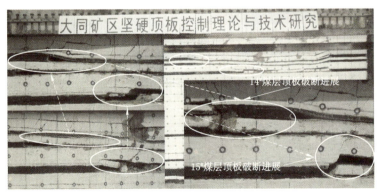

图 5-18　14$^\#$ 与 15$^\#$ 煤层同步开采二次过煤柱时顶板破断特征

5.1.2　侏罗系煤层开采数值计算分析

　　UDEC 是目前岩土和采矿工程领域应用最为广泛的离散元模拟软件,是当前模拟非连续体最佳手段,提供了二维和三维两种方法,可根据问题的空间特点自由选择,且提供了适合岩土的 7 种材料本构模型和 5 种节理本构模型,能够较好地适应不同岩性和不同开挖状态条件下的岩层运动的需要,是目前模拟岩层破断后移动过程较为理想的数值模拟软件,因此结合研究内容,采用 UDEC^{2D}进行数值模拟研究。

通过数值计算,分析研究大同矿区侏罗系煤层群开采坚硬顶板破断与垮落的规律;分析侏罗系煤层群开采围岩应力场变化规律及其相互影响。数值模拟结合矿区生产实际资料及物理模拟实验方案确定数值计算模型。

(1) 侏罗系 11# 煤层开采围岩应力分布特征

数值计算模型长度 500 m,两边各留设 50 m 的开采边界,侏罗系 11# 煤层自切眼位置推进后的初次垮断与应力分布特征如图 5-19 所示。

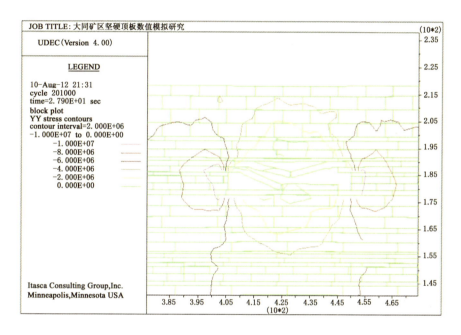

图 5-19　11# 煤层顶板初次垮断与应力分布特征

从图 5-19 可知,11# 煤层工作面自切眼位置推进约 45 m,顶板岩层开始初次垮断。直接顶垮落在采空区空间,而基本顶下位顶板岩层垮落后破断块体间形成结构。采空区两侧煤体出现应力集中,并且基本呈"耳状"对称分布形态,越靠近煤壁位置应力值越大。采空区空间范围内,顶底板岩层应力得到一定释放,随着距离采空区空间范围的增加,顶底板岩层应力有所增加,且变化趋势基本一致。

侏罗系 11# 煤层顶板周期垮断与应力分布特征如图 5-20 所示。

从图 5-20 可见,随着工作面的推进,坚硬顶板岩层依次顺序垮落直至接触采空区底板,采空区空间范围顶底板岩层内的应力得到显著释放,仅工作面煤壁位置附近应力较为集中。由于顶板岩层岩性较为坚硬,且破断块体间仍具有一定的结构承载能力,故采空区顶板岩层破断后形成砌体结构,此顶板结构对覆岩载荷具有一定的承载作用,有利于采场支架的承载及稳定,但顶板结构的失稳突变会给工作面支架的承载及稳定性带来冲击影响。

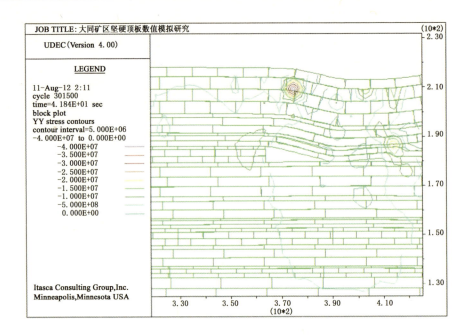

图 5-20　11#煤层顶板周期垮断与应力分布特征

11#煤层相邻工作面推进过程中,区段留设煤柱承载特征如图 5-21 所示。

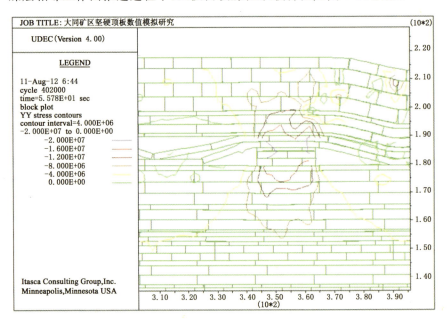

图 5-21　11#煤层留设区段煤柱承载特征

从图 5-21 可知,随着相邻工作面的推进,区段煤柱顶底板岩层内出现了应力集中,应力集中影响范围在顶底板约 30 m,在水平方向基本与煤柱留设宽度相当,约 20 m。煤柱两侧采空区顶板弯曲下沉,在煤柱两侧各形成长度 10~15 m 的三角空间。煤柱两侧采空区空间范围内,顶底板岩层应力得到一定释放。

11#煤层区段煤柱稳定承载特征如图 5-22 所示。

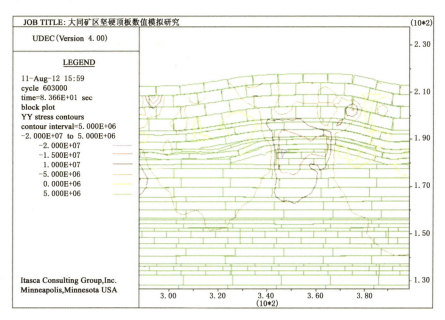

图 5-22　区段煤柱稳定承载特征

11#煤层开采完毕后,工作面顶板岩层经过一段时间的运动调整,采空区留设区段煤柱附近应力得到一定恢复,此时顶底板应力分布形式基本保持不变,但留设煤柱附近相同位置处的应力值与初采阶段相比却有明显增大。经过一段时间的调整,留设煤柱内的应力由原先的离散分布形式逐渐转变为连续分布状态,并由煤柱四周向煤柱中心核部集中。煤柱两侧采空区对煤柱上位顶板的扰动要大于对底板的扰动程度,故煤柱上方顶板内应力影响高度要明显小于底板岩层中的应力扰动深度。

（2）侏罗系 12#煤层开采围岩应力分布特征

12#煤层距离 11#煤层底板 20 m 左右,工作面沿 11#煤层采空区底板岩层推进,工作面初采阶段顶板应力分布及破断特征如图 5-23 所示。

由图 5-23 可以看出,11#与 12#两煤层近距离开采条件下,12#煤层工作面顶板初次垮断后,顶板应力较小但分布区域范围较大,在靠近采空区两端实体煤侧出现应力集中。相对于采空区两端实体煤内的应力集中,坚硬顶板内的应力集中程度较低。采空区空间范围底板岩层中的应力有效影响范围呈凹曲线形式,影响深度距离煤层底板约 45 m。

12#煤层工作面接近上煤层留设煤柱时的应力分布及破断特征如图 5-24 所示。

由图 5-24 可知,当 12#煤层工作面推进至距离上煤层留设煤柱 20 m 时,工作面前方实体煤应力集中区域开始与煤柱底板应力影响区域重叠,此时工作面煤体应力较大,分布范围较大。

12#煤层工作面通过上位煤层留设煤柱时的应力分布及破断特征如图 5-25 所示。

由图 5-25 可知,12#煤层工作面推过 11#煤层留设煤柱后,工作面煤壁位置出现了较为强烈的应力集中现象,此时采空区上方顶板破断块体间仍保持承载结构,顶板岩层出

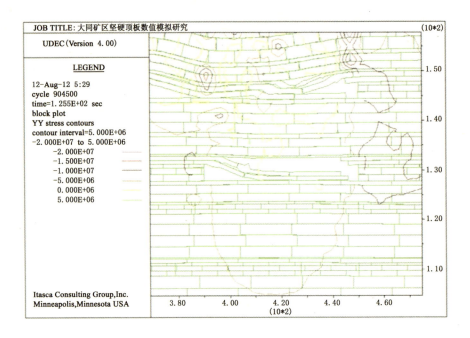

图 5-23　12#煤层初采阶段顶板应力分布及垮断特征

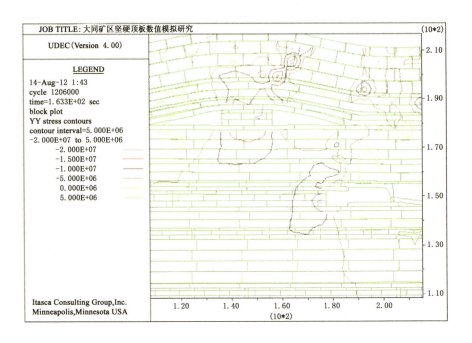

图 5-24　12#煤层工作面靠近煤柱时的顶板应力分布特征

现整体或分层运动形态,顶板分层间出现不同程度的离层,层间煤柱整体下沉,留设煤柱靠近下煤层工作面实体煤侧再次出现应力集中,说明 12#煤层工作面通过上方留设煤柱时,上位坚硬破断顶板岩层的运动承载具有一定的再调整组合特性,岩层整体运动使得下煤层工作面来压较为强烈,顶板分层不同步运动使得下煤层工作面来压强度较缓。故

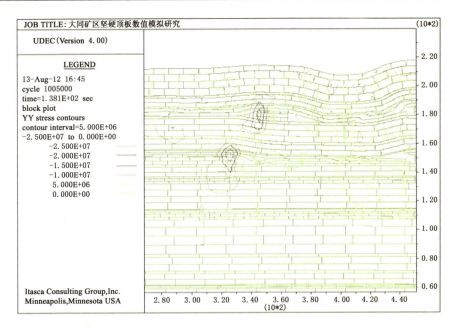

图 5-25　12#煤层工作面通过煤柱时的顶板应力分布特征

采空区下煤层开采,工作面来压强度具有不稳定变化特征。相对于工作面正常开采过程,下煤层工作面过上煤层留设煤柱时,顶底板应力分布区域出现叠加,采场矿压显现整体较为强烈。从图中可以看出,煤柱下方底板岩层应力影响深度达到了 70 m,是无煤柱时应力影响深度的 1.6 倍。

　　12#煤层工作面推进远离上方留设煤柱后,煤柱顶底板岩层内的应力分布逐渐趋于稳定,此时煤柱附近顶底板应力分布特征如图 5-26 所示。

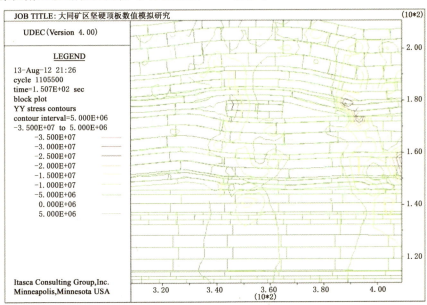

图 5-26　采空区上方煤柱附近顶底板应力分布特征

从图 5-26 可以看出,煤柱下方底板岩层中应力分布较为集中,且应力分布影响深度较大,但应力集中系数相对较低。煤柱顶底板岩层趋于稳定过程中,顶底板岩层组合运动并不完全协同,顶板分层间离层间隙时闭时开,说明顶底板岩层破断块体间的承载状态较为复杂,顶板结构在完整与失效状态间频繁转变,进而导致顶底板岩层间复杂的运动状态。可见,解决多煤层多采空区条件下的坚硬顶板运动承载问题,需采用统计的观点对坚硬顶板群结构进行系统分析。

(3)侏罗系 11# 与 12# 煤层采动影响

为分析 11# 与 12# 煤层开采过程中工作面煤层采动对下部煤岩层应力影响程度及空间影响范围,沿煤层走向方向布置 8 条测线,并于每条测线不同标高位置分别布置测点,数值模拟过程中,随着工作面煤层的开挖,测得相应测点应力大小。11# 与 12# 煤层开挖过程中,煤层采动对不同测线上不同测点位置处的应力影响如图 5-27 所示。

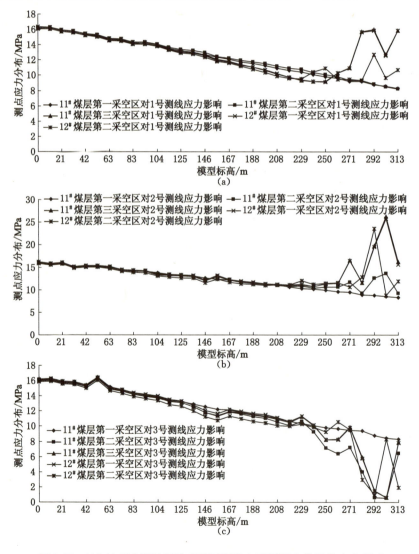

图 5-27 11# 与 12# 煤层开采对不同测线上不同测点位置的应力影响

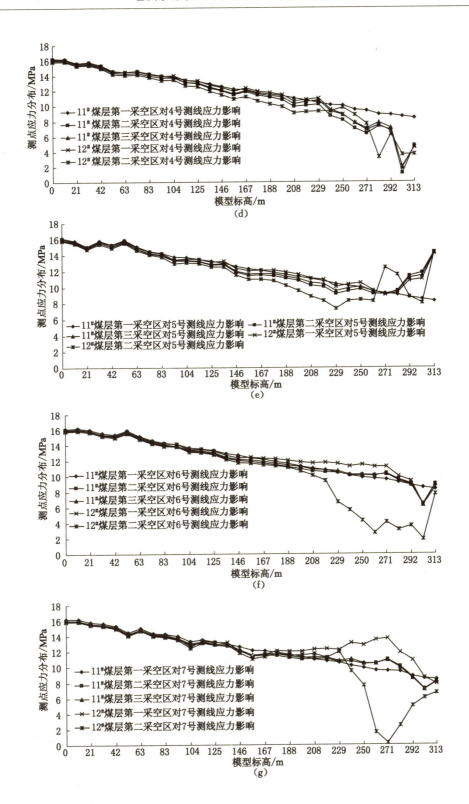

续图 5-27 11# 与 12# 煤层开采对不同测线上不同测点位置的应力影响

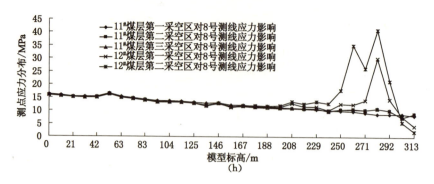

续图 5-27　11#与 12#煤层开采对不同测线上不同测点位置的应力影响

从图 5-27 可以看出，11#与 12#煤层开采的采动影响范围有限。由于模型铺设中 11#煤层标高为 300.2 m，12#煤层标高 273.3 m，随着两煤层的逐步开挖，模型实验给出两煤层工作面采动影响范围基本保持在标高 250～313 m 范围之间，可见，两煤层的开挖对下部煤岩层的影响保持在竖直方向 25 m 范围以内，对深部煤岩层应力分布基本没有影响。

11#与 12#煤层开挖完毕后，同一水平位置上测点应力分布状态如图 5-28 所示。

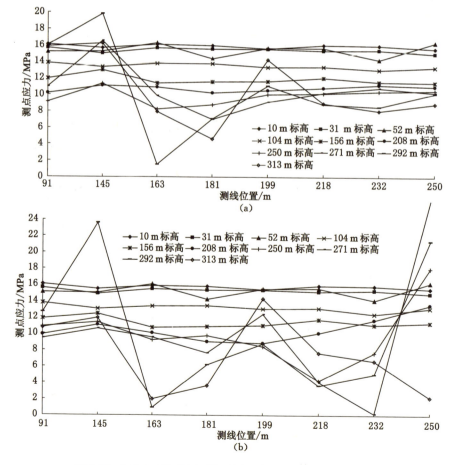

图 5-28　11#与 12#煤层开挖后同一水平位置上测点应力分布

从图 5-28 可以看出,在 11# 与 12# 煤层开挖主要影响范围内,煤岩层应力分布呈不规则变化形态,但在留设区段煤柱位置附近的 145 m、199 m 及 250 m 测线位置,煤岩层却呈高应力状态,这主要受煤柱承接传载的影响,使得开采范围内的煤岩层应力不能得到充分释放。

(4)侏罗系 14# 与 15# 煤层开采围岩应力分布特征

12# 煤层开采完毕后,下位 14# 与 15# 近距离煤层同步开采,为避免工作面采动相互影响,14# 煤层开采超前 15# 煤层工作面一定距离,两煤层过煤柱条件下,顶板应力分布及破断特征如图 5-29 所示。

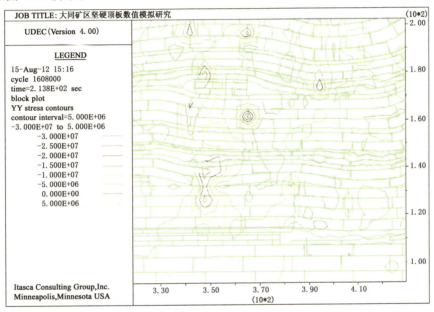

图 5-29　15# 煤层接近煤柱时的顶板应力分布及破断特征

14# 与 15# 煤层同步开采,14# 煤层工作面超前开采,当工作面推进至靠近煤柱时,煤层顶底板应力分布特征基本与 12# 煤层开采至煤柱附近位置时的顶底板应力分布特征相似。当两煤层间距保持 50 m 左右,14# 煤层推过煤柱,而 15# 煤层工作面接近煤柱时,15# 煤层工作面位于 14# 煤层采空区下方,15# 煤层工作面应力较小,应力集中程度较低。14# 煤层采空区上方顶板岩层整体弯曲下沉直至接触采空区底板岩层,并出现一定程度的应力集中现象,且煤柱位置上下顶底板岩层中的应力集中区域出现叠加,在超前 15# 煤层约 30 m 位置出现应力集中。15# 煤层采空区以上顶板岩层组合间整体下沉,不同顶板分层间处于结构完整与失稳状态的调整过程中,导致顶板分层间不完全协调运动,整体呈现一定的概率性失稳特征,并由此导致工作面推进过程中采场来压具有统计性特征。

15# 煤层推进至 11# 煤层区段煤柱下方时,工作面煤体及顶底板岩层中的应力分布特征如图 5-30 所示。

由图 5-30 可知,当 15# 煤层工作面位于 11# 煤层留设的煤柱下方时,工作面煤体应力集中程度较高,应力集中影响深度较大,贯穿煤柱顶底板及 15# 煤层底板岩层,整个应力集中影响区域高度约 120 m。由于 15# 煤层厚度较小,在整个煤层开采过程中,采空区坚硬顶

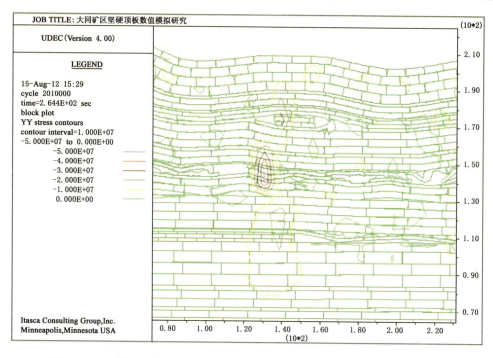

图 5-30　15#煤层工作面位于 11#煤层煤柱下方时煤体及顶底板岩层应力分布

板岩层随采随弯曲下沉。经过多煤层的采动影响及多次顶板下沉的扰动,11#煤层留设煤柱已成塑性状态,产生较大塑性变形,煤柱两侧采空区空间三角区域范围明显较小,采空区顶底板岩层逐渐趋于闭合趋势。

14#与15#煤层推过11#煤层留设的区段煤柱后,顶底板岩层应力分布特征如图 5-31所示。

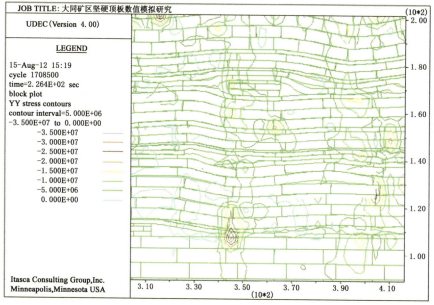

图 5-31　14#与15#煤层推过11#煤层煤柱后的顶底板岩层应力分布特征

15#煤层工作面推过 11#煤层留设煤柱后,工作面顶板受煤柱影响程度较低,顶板分层间相互影响较小,采场位置附近顶底板岩层应力亦相对较小,仅留设煤柱下方底板岩层内应力较为集中。15#煤层推过煤柱后,采空区顶板岩层连同煤柱整体下沉,且顶板整体活动过程中,岩层内应力分布极为不规则,但在全局范围内却具有一定的区域性特征,而对于各分区应力分布不规则性的探讨可采用统计分析的方法。

数值模拟实验指出,14#与 15#煤层开采过程中,不同测线上不同测点位置处的应力分布与 11#和 12#两煤层开采影响特征相似。14#煤层开采过程中,煤层采动对不同测线上不同测点位置处的应力分布影响如图 5-32 所示。

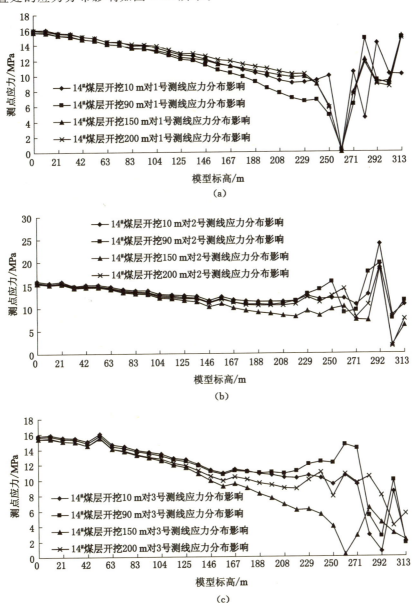

图 5-32　14#煤层开采对不同测线上不同测点位置的应力影响

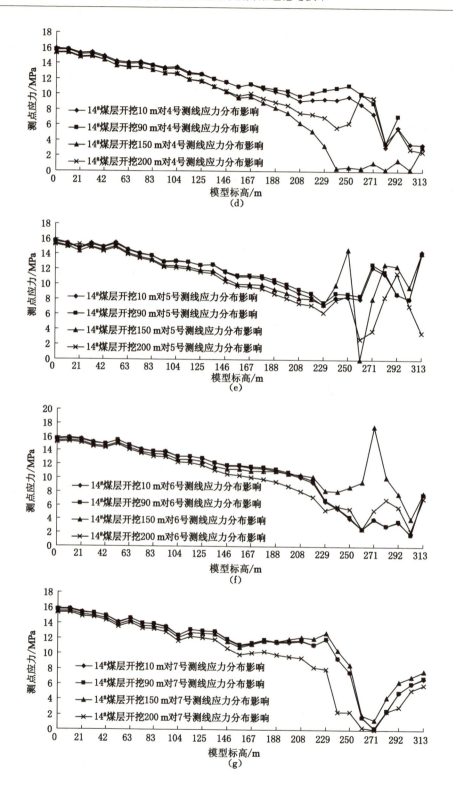

续图 5-32 14#煤层开采对不同测线上不同测点位置的应力影响

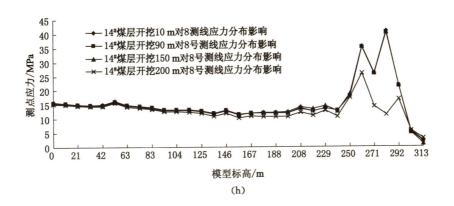

(h)

续图 5-32 14#煤层开采对不同测线上不同测点位置的应力影响

模型铺设中 14#煤层标高为 262.7 m,随着煤层的开挖,模型实验给出工作面的采动影响范围保持在标高 229~313 m 范围内,从图 5-32 可以看出,14#煤层的开采对下部煤岩层的影响保持在竖直方向 33.7 m 范围以内,而对深部煤岩层应力分布基本没有影响。

14#煤层开挖完毕后,同一水平位置上测点应力分布状态如图 5-33 所示。

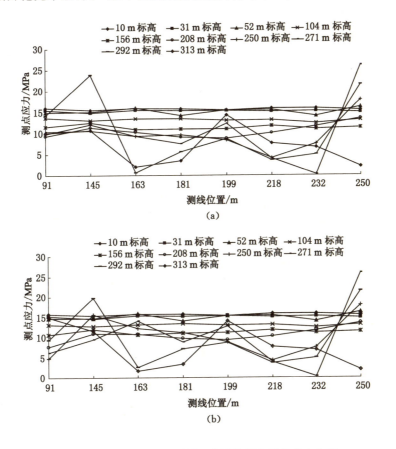

图 5-33 14#煤层开挖后同一水平位置上测点应力分布

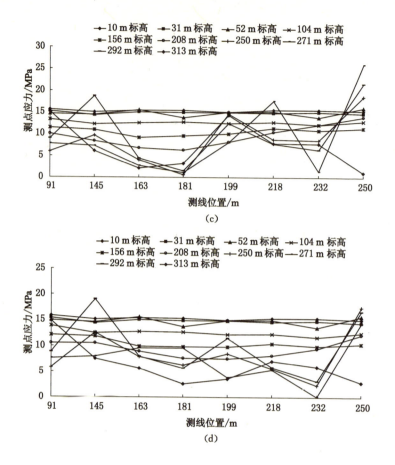

续图 5-33　14#煤层开挖后同一水平位置上测点应力分布
(a) 14#煤层开挖 10 m；(b) 14#煤层开挖 90 m；
(c) 14#煤层开挖 150 m；(d) 14#煤层开挖 200 m

从图 5-33 可以看出，在 14#煤层开挖主要影响范围内，煤岩层应力分布仍呈不规则变化形态，在留设区段煤柱位置附近煤岩层应力分布较为集中。

15#煤层开挖过程中，煤层采动对不同测线上不同测点位置处的应力分布影响如图 5-34 所示。

模型铺设中 15#煤层标高为 242.7 m，随着煤层的开挖，模型实验给出工作面的采动影响范围保持在标高 208～313 m 范围内，但从图 5-34 可以看出，在 15#煤层的初始开采阶段，煤层采动对 6 号测线前部区段范围内下部煤岩层的影响相对较大，竖直方向影响范围达到标高 208 m 左右，而对后方测线的影响相对减小，影响范围在标高位置 229～250 m。可见，随着 15#煤层的开采，沿工作面走向方向煤层采动影响程度有所差异。

15#煤层开挖完毕后，同一水平位置上测点应力分布状态如图 5-35 所示。

15#煤层开挖与 14#煤层开挖影响基本一致，从图 5-35 可以看出，在 15#煤层开挖主要影响范围内，煤岩层应力分布基本呈不规则变化形态，在留设区段煤柱位置附近煤岩层应力分布仍较为集中。

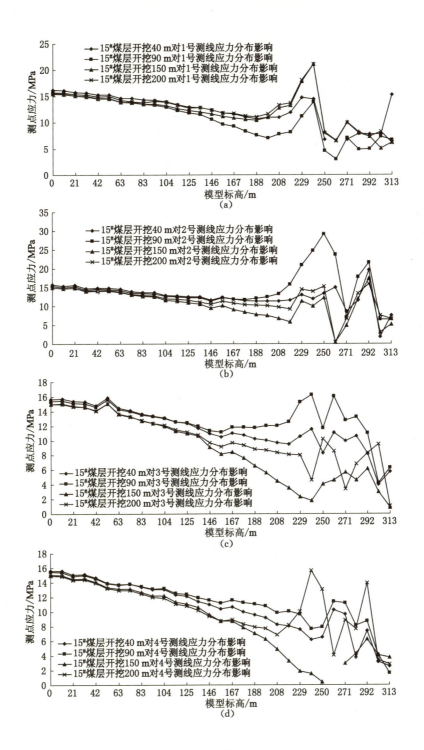

图 5-34　15# 煤层开采对不同测线上不同测点位置的应力影响

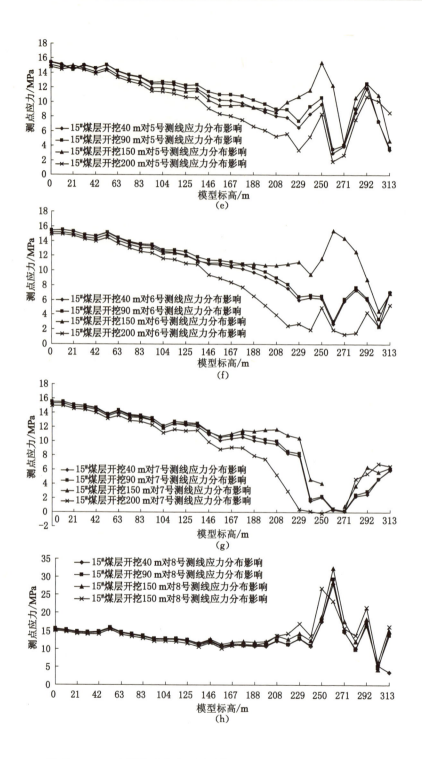

续图 5-34　15#煤层开采对不同测线上不同测点位置的应力影响

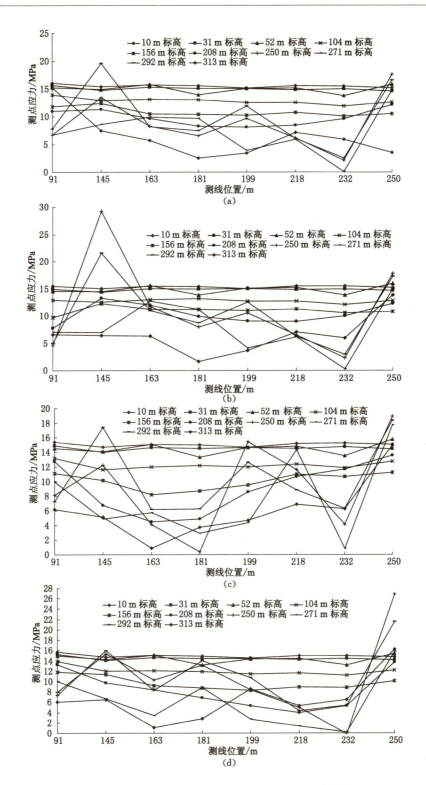

图 5-35 15#煤层开挖后同一水平位置上测点应力分布

(a) 15#煤层开挖 10 m;(b) 15#煤层开挖 90 m;(c) 15#煤层开挖 150 m;(d) 15#煤层开挖 200 m

5.2 石炭系煤层开采顶板的运动失稳规律

5.2.1 石炭系煤层顶板活动相似模拟实验分析

石炭系 3-5$^\#$煤层放顶煤开采,煤层顶板结构的破断运动特征与上覆煤层组合顶板结构的承载与运动特征,如图 5-36 所示。

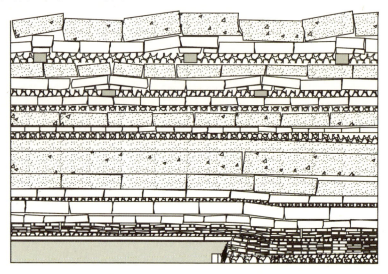

图 5-36 石炭系 3-5$^\#$煤层放顶煤开采顶板运动特征示意图

(1)山$_4^\#$煤层采后覆岩活动规律

距离 15$^\#$煤层底板 200 m 赋存二叠系山$_4^\#$煤层,煤层平均厚度 2.38 m,煤层顶板一般为砂质岩性,厚度较大,一般在 10～30 m,岩性较为坚硬,属于典型的坚硬厚层顶板群结构。山$_4^\#$煤层直接顶为平均 5 m 厚的砂质泥岩顶板,岩石结构完整、组成致密、岩性相对较硬,随着煤层的回采推进,当工作面推进距离切眼位置约 90 m 时,煤层顶板仍保持两端固支的悬梁状态,但在采空区上方顶板内产生离层,顶板弯曲下沉量相对较小,采空区顶板悬跨空间范围较大。山$_4^\#$煤层开采顶板运动特征如图 5-37 所示。

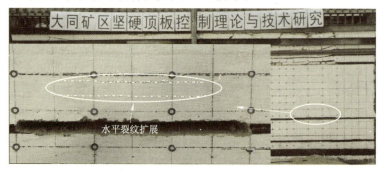

图 5-37 山$_4^\#$煤层开采顶板运动特征

随着山$_4^\#$煤层的推进,工作面顶板结构呈对称弯曲下沉状态。当工作面推进至距切眼位置 120 m 左右时,砂质泥岩分层组合顶板整体下沉并断裂。砂质泥岩分层组合顶板上方的中粗砂岩顶板下沉,但下沉量较小,并与上位中粉砂岩下分层顶板产生较小的离层。随着时间的延长,两组合顶板结构分别沿两端煤壁位置发生初次断裂,顶板初次断裂线与水平方向夹角约 80°,自上而下缓慢扩展。当工作面继续推进 30 m 左右时,砂质泥岩分层组合顶板触底长度逐渐增加,两组合顶板的初次断裂裂隙逐渐闭合,同时于工作面煤壁附近产生新的断裂缝隙。此时,上方中粗砂岩顶板下沉量增加,水平离层间隙逐渐增大,且与顶板两端有倾斜方向裂纹扩展。上覆中粉砂岩厚层顶板有微小水平离层,且于中部位置也有微小裂纹向上发展。随着工作面的推进,煤层上覆各岩性组成顶板的下沉量分别有所增加,原超长厚层顶板悬跨结构开始于中部位置有竖向裂纹扩展,并于悬跨顶板两端逐渐发展新的边界裂纹,各组顶板岩层间离层的存在,导致各岩性顶板组合结构间的独立承载。当工作面推进至距离切眼位置 165 m 位置时,工作面砂质泥岩与中粗砂岩顶板有周期性断裂产生,破断块体间挤压形成砌体梁结构,由于顶板岩性及厚度的差异,各组分顶板分层组合结构间的承载稳定性又具有一定的随机性。由此引出大同矿区多煤层坚硬顶板组合结构的随机失稳垮断与顶板来压特征问题。山₄ᵗ 煤层开采顶板破断与裂纹扩展特征如图 5-38 所示。

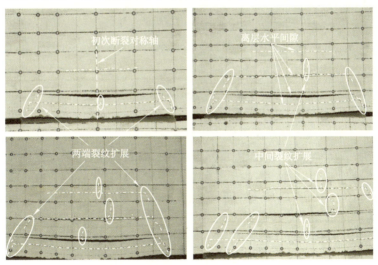

图 5-38　山₄ᵗ 煤层开采顶板破断与裂纹扩展特征

(2) 2ᵗ 煤层采后覆岩活动规律

石炭系 2ᵗ 煤层上方分别为 1.67 m 厚的岩浆岩、2.21 m 厚的砂岩以及 14.4 m 左右厚的泥粉砂岩互层顶板岩层,煤层平均开采厚度 3.35 m。模拟实验分析得到,随着工作面自切眼位置的推进,煤层岩浆岩直接顶板随采弯曲下沉,直至接触采空区底板,当工作面推进 75 m 左右时,煤层顶板发生最大挠曲变形开始接底,岩浆岩顶板与上覆砂岩顶板间有较大水平离层间隙,且煤层顶板间没有明显竖向裂纹发育与扩展。工作面继续推进过程中,直接顶顺序接底,上覆岩层顶板分层间水平离层间隙逐渐发育并相应扩展,从而说明各分层顶板间承载具有一定的独立性,但整个顶板组合结构却依然保持整体完整,顶板组合顺序弯曲下沉,分层顶板间没有竖向裂纹扩展,导致工作面顶板来压较为缓和,这与煤层开采中实测的矿压显现特征基本一致。石炭系 2ᵗ 煤层开采中顶板运动变形特征如图 5-39 所示。

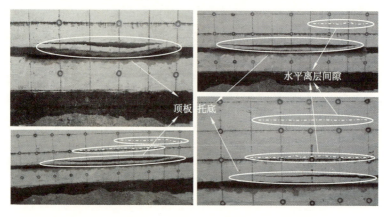

图 5-39　石炭系 2$^\#$ 煤层开采中顶板运动变形特征

（3）3-5$^\#$ 煤层采后覆岩活动规律

石炭系 3-5$^\#$ 煤层厚度大，平均 16.59 m。由于煤层上方有多煤层采空区空间效应的缓冲影响及坚硬厚层顶板群组合结构的联合承载作用，导致 3-5$^\#$ 煤层初始开采阶段的来压并不十分明显。模拟实验得到，工作面自切眼位置推进 94.5 m 左右时，放顶煤工作面大采空区范围内只有火成岩直接顶板整体垮落，并带有一定冲击性，此时直接顶上覆碳质泥岩顶板分层间出现明显离层，并于顶板两端有竖向微裂纹扩展。工作面继续推进约 15 m，碳质泥岩下分层顶板岩层突然垮落，而顶板上分层结构基本保持稳定，可见，顶板分层自身垮断后的重力作用对工作面的强矿压影响，相对煤层上方多煤层组合顶板群结构整体垮落失稳时的压力相对较小。当工作面推进至距离切眼位置 150 m 左右时，工作面碳质泥岩上分层顶板连同 2$^\#$ 煤层砂质泥岩直接顶结构突然失稳垮落，顶板垮断线距离工作面煤壁约 18 m，此时采场空间范围悬顶长度约 18 m，由于上分层顶板垮落后直接作用于采空区垮落矸石块体上距工作面采场有一定距离，从而使得顶板突然垮断的强矿压影响相对减弱。随着工作面的推进，3-5$^\#$ 煤层顶板开始呈现周期性垮落特征，顶板周期垮断步距约 15 m，而此时原 2$^\#$ 煤层直接顶上覆岩层顶板间仍然保持一定的结构完整性，导致厚煤层开采后采空区仍有较大空间范围，从而为 3-5$^\#$ 厚煤层工作面的正常回采带来一定的强矿压隐患。3-5$^\#$ 煤层首采过程中顶板垮断特征如图 5-40 所示。

当工作面推进至距离切眼 210 m 左右时，原 2$^\#$ 煤层砂岩顶板开始垮断，由于工作面采场上方顶板结构的边界影响，导致顶板垮断呈不对称形态，此时工作面顶板悬臂梁结构尺寸依然保持 15 m 左右。工作面继续推进过程中，已垮断大尺寸块体开始回转变形，块体间相互挤压承载，进而导致煤层顶板组合沿煤壁位置切落，但破断块体间依然保持一定的承载特征。随着工作面的推进，顶板组合结构周期性垮断，当工作面继续推进 30 m 左右时，3-5$^\#$ 煤层顶板群结构开始大范围失稳，但此时上覆坚硬厚层顶板群结构的破断失稳并没有波及侏罗系已开采的多煤层采空区。垮断顶板群垮落作用于采空区垮落矸石上，破断块体尺寸相对较大，平均 37.5～105 m，且大的块体中仍有微裂纹的发育与扩展，但破断块体间相互挤压具有一定的承载作用。煤层上覆顶板分层间离层间隙随着工作面的推进时开时闭，进而导致单层坚硬厚层顶板破断块体组合结构的稳定具有一定的随机性。3-5$^\#$ 煤层开采过程中顶板部分垮断特征如图 5-41 所示。

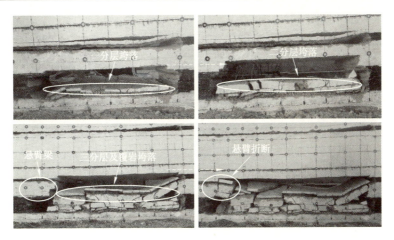

图 5-40 3-5# 煤层初采过程中顶板垮断特征

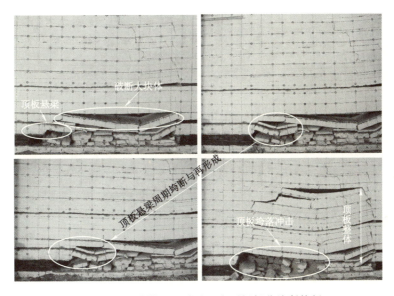

图 5-41 3-5# 煤层开采过程中顶板部分垮断特征

当工作面推进至距离切眼位置 292.5 m 左右时,随着采空区空间长度的逐渐增大,上覆多煤层破断顶板群结构亦步距式失稳垮落,周期性开采煤层工作面,进而导致 3-5# 煤层上方近距离分层顶板周期性破断,破断块体长度平均 18 m 左右,且采空区破断块体间呈松散排列状态,块体间联合承载的能力相对较小。随着采空区长度范围的增加,覆岩中顶板的破断范围继续扩大,直至波及侏罗系煤层群开采的覆岩采空区,形成石炭系煤层开采覆岩破断运动与侏罗系煤层群开采采空区已破断岩层的沟通,形成双系煤层开采坚硬厚层顶板破断群结构共同运动承载变形的结构模式。由于各分层顶板间的弯曲下沉量有差异,顶板群结构间运动不一定同步,故厚层分层顶板间的运动承载及失稳有一定的随机性。3-5# 煤层开采过程中顶板群结构垮断失稳特征如图 5-42 所示。

大同矿区坚硬顶板控制的相似模拟实验共模拟开采 7 层煤层,其中,11# 与 12# 煤层分别开采,煤层开采中留设区段煤柱,且 12# 煤层开采过煤柱时受上方煤柱影响相对较强;

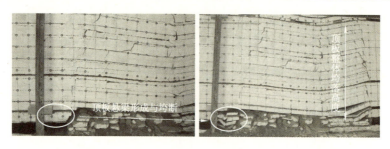

图 5-42 3-5#煤层开采过程中顶板群结构垮断失稳特征

14#与 15#煤层同步开采,工作面推过上煤层留设煤柱过程中受到煤柱集中应力影响的作用相对减弱;二叠系山4#煤层与石炭系 2#煤层开采,由于开采高度较小,且有覆岩坚硬厚层顶板群结构联合承载及多煤层采空区的缓冲效应,使得两煤层工作面推进中顶板来压较为缓和。由于顶板距离上方留设煤柱位置相对较远,煤层回采过程中基本没有受到煤柱集中应力影响。石炭系 3-5#煤层由于开采空间大,随着工作面的回采,上覆顶板群结构周期性失稳垮断对工作面回采有一定强矿压影响。采空区破断块体间松散排列,基本失去联合承载作用,但破断块体形状与尺寸却具有一定的相似性。大同矿区多煤层开采边界的顶板垮断角基本一致。大同矿区多煤层开采顶板破断整体特征如图 5-43 所示。

图 5-43 大同矿区多煤层开采顶板破断整体特征

5.2.2 石炭系煤层围岩应力分布数值分析

双系多煤层开采覆岩活动规律研究,选择塔山矿一盘区煤层地质条件作为数值计算模型建模的依据,分析侏罗系、石炭系双系煤层开采坚硬顶板失稳的时空影响规律及其应力场的变化规律、围岩应力场变化规律及其相互影响,为大同矿区坚硬顶板控制提供依据。

3-5#煤层向上覆留设区段煤柱方向推进时,由于区段煤柱的承接传载作用,导致工作面前方煤体应力集中程度相对较高,集中应力影响范围相对较广,工作面特厚煤层超前应力影响范围几乎贯通整个石炭系顶板岩层;而工作面采空区侧,由于煤层厚度较厚的原因,工作面开采后采空区空间范围相对较大,给上覆顶板岩层带来一定的回转活动空间,顶板岩层间挤压密实程度自下而上逐渐有所降低,故此时采空区顶板岩层间的应力相对有所降低;然而采空区侧的留设区段煤柱仍传载上下顶板岩层载荷,故此局部区间条带内的应力较相邻采空区空间范围内的应力降低程度相对较为缓慢。3-5#煤层未推过区段煤柱时的顶板应力分布特征如图 5-44 所示。

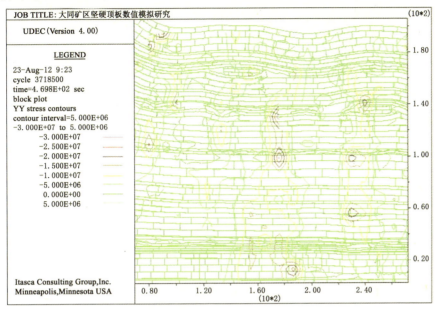

图 5-44　3-5[#]煤层未推过区段煤柱时的顶板应力分布

　　工作面推过上方留设区段煤柱后,由于上覆多煤层的开采,多采空区空间的影响及冒落矸石的缓冲,使得工作面煤体应力集中程度相对减小;同样,由于煤层厚度较大,亦导致采空区顶板岩层间应力大小相对较小;由于上覆煤层留设区段煤柱的影响,沿工作面走向推进方向,顶板岩层应力分布大体呈条带形式。3-5[#]煤层推过区段煤柱后的顶板应力分布特征如图 5-45 所示。

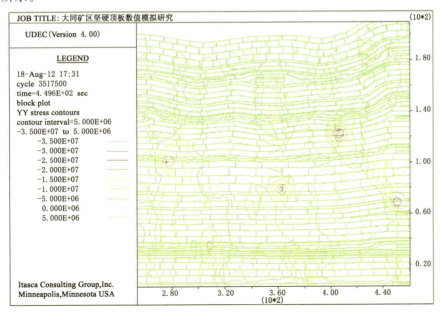

图 5-45　3-5[#]煤层推过区段煤柱后的顶板应力分布

3-5#煤层平均赋存厚度约 15.6 m,随着 3-5#煤层的开采,工作面采空区空间范围较大,给上覆煤岩层顶板留有较大活动空间,此时顶板煤岩应力分布特征如图 5-46 所示。

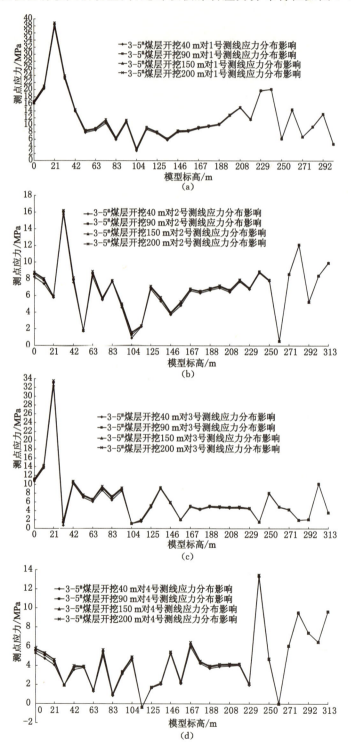

图 5-46　3-5#煤层开采对不同测线不同测点位置的应力影响

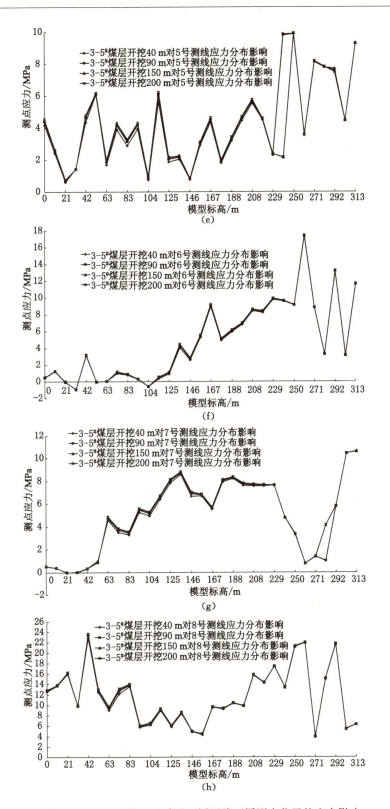

续图 5-46　3-5#煤层开采对不同测线不同测点位置的应力影响

从图 5-46 的顶板应力分布特征可见,与上覆中厚煤层的开挖过程有所不同,3-5# 特厚煤层的不同推进距离,并未给上覆岩层自身应力的赋存带来较大影响,相同标高位置处的煤岩应力在特厚煤层不同推进距离下的应力值基本一致,说明特厚煤层的开采留下的巨大空间使得上覆岩层运动趋于同步状态,各顶板分层间的协调运动使得顶板内应力分布趋于不变状态,这明显区别于中厚煤层开采后,顶板岩层由于采空区局部垮落矸石等的影响,使得顶板岩层活动不协调。

3-5# 煤层开采对同一水平不同测线上测点应力分布影响如图 5-47 所示。

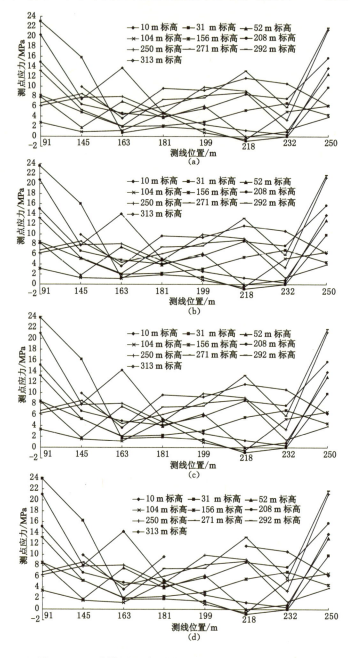

图 5-47 3-5# 煤层开采对同一水平测点位置的应力影响

(a) 3-5# 煤层开采 10 m;(b) 3-5# 煤层开采 90 m;(c) 3-5# 煤层开采 150 m;(d) 3-5# 煤层开采 200 m

3-5$^\#$煤层模型标高位置为 5 m,随着 3-5$^\#$煤层的开采,由图 5-47 可知,煤岩层整体受到一定影响,同一水平测点应力变化趋势基本趋于一致,但应力变化幅度相对较小,且在特厚煤层开采条件下,工作面的不同推进距离并未使得相同测点位置处的应力发生较大变化,从而说明大采空区空间范围易使得顶板组合岩层出现同步协调运动状态。

5.3　基于数字全景成像的覆岩运动观测

通过数字全景成像方法直观地观察塔山矿首采面开采过程中顶板冒裂情况,分析和掌握特厚煤层顶板岩层运移规律,为首采面顶板控制研究提供基础数据,为进一步研究岩层运移规律提供依据。

观测设备采用中国科学院武汉岩土力学研究所的新型数字全景钻孔摄像成图系统。该系统由绞车、全景探头(或前视探头)、控制箱、仪器箱、摄录像机、台式计算机(含视频采集卡、1394 卡)等硬件部分和处理软件两部分组成。其结构如图 5-48 所示,包含硬、软件两个子系统。硬件子系统包含计算机、全景摄像探头、深度脉冲发生器、图像捕获卡、录像机、监视器、绞车及专用电缆等,用以获取记录原始磁带数据;软件部分主要用于室内分析,数字图像数据处理,高分辨率的 360°孔壁展开图及立体柱状图绘制以及结构面产状、深度、宽度、岩体的完整破碎信息等相关工程参数的获取。

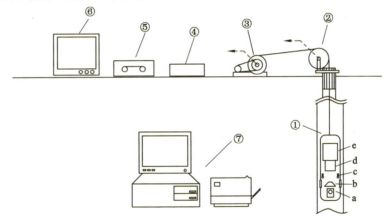

图 5-48　数字式全景钻孔摄像系统

①——全景摄像头(a——磁性罗盘;b——锥面反射镜;c——光源;d——镜头;e——CCD 传感器);②——深度测量轮;③——绞车;④——深度脉冲发生器;⑤——磁带录像机;⑥——视频监视器;⑦——计算机和打印机

智能型勘探系统数字式全景钻孔摄像系统具有实时监视功能,可同时观测到 360°的孔壁情况,不仅能对整个钻孔的资料进行现场判释,还能在孔内对破碎带、结构面等问题进行量测、计算和分析。

根据塔山煤矿 8102 工作面的地面位置、顶板可能发生的移动变形情况以及现场条件综合考虑,在地面布置了 2 个观测钻孔。

1 号钻孔坐标(X,Y)为$(4\ 423\ 638,544\ 738)$,直径 133 mm,与工作面采空区侧煤壁相距 269 m,到 102 m 后下直径 127 mm 套管隔离,然后变孔径为 94 mm,当深度达到 451.55 m 处时见 3-5$^\#$煤,最终深度达到 495 m。

2号孔坐标(X,Y)为$(4\ 423\ 407.000\ 1,544\ 684.831\ 4)$。开孔直接 127 mm，逐渐扩为 133 mm 打至 86 m 后，下直径 107 mm 的套管隔离，然后变孔径为 89 mm，当深度达到 471 m 处时见 3-5# 煤，最终深度达到 510 m；其中，在 39～73 m 段有 5# 煤层采空区垮落带存在，无积水，钻孔布置如图 5-49 所示。

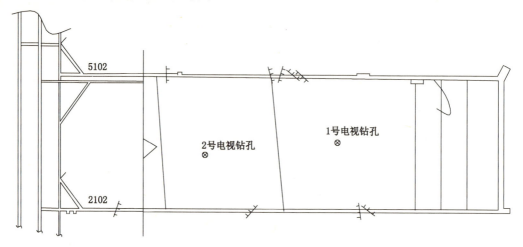

图 5-49　塔山矿地面钻孔布置与工作面对应示意图

打完钻孔后，在钻孔受采动影响前对全孔进行初次全景观测，通过钻孔情况掌握岩层原始状况。

煤层和顶板运移观测从工作面推进到距钻孔 30 m 时开始，工作面每推进 5～10 m 观测一次，观测范围为煤层底板向上 50 m 高度，重点描述钻孔中水位变化及其疏干情况，记录顶板岩层和煤层裂隙产生的时间、位置及其扩展、贯通状况，并且通过风表测量钻孔孔口的进风量。

从工作面推进至钻孔位置开始到推过钻孔 30 m 这一区段范围内，每天在顶煤或岩层垮落处往上 50 m 范围内观测一次顶煤、顶板岩层的离层和垮落状况，通过前视、全景探头观测记录顶煤、顶板的垮落状况及高度，甚至通过前视探头或者带有测钟的测绳观测记录冒空区高度，并且通过风表测量钻孔孔口的进风量。

从工作面推过钻孔 30 m 后开始到距离钻孔 100 m 这一区段范围内，在顶煤或岩层垮落处向上 100 m 范围内对其离层和垮落的观测频率为工作面推进 10～20 m 进行一次，通过前视、全景探头观测记录顶煤、顶板的离层、垮落状况及高度，甚至通过前视探头或者带有测钟的测绳观测记录岩层活动带高度，并且通过风表测量钻孔孔口的进风量。

从工作面推过钻孔 100 m 开始到工作面结束，为了掌握顶板岩层的活动状况，工作面每推进 50～100 m 进行一次钻孔的后续观测。全景成像技术钻孔观测工作结束后，封堵钻孔。

典型的 3D 变化对比图与典型截图，如图 5-50 至图 5-52 所示。

经过对塔山矿地面钻孔长达 4 个多月的观测，取得录像资料约 70 盘，通过室内初步分析，所有整理和汇总的相关数据见图 5-53。

从 1 号钻孔塌落高度曲线情况来看，显然塌孔高度和工作面与钻孔相对位置呈正相关

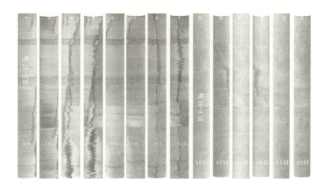

图 5-50　1 号钻孔典型 3D 变化图

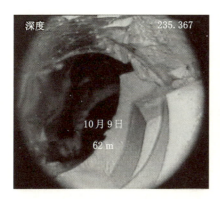
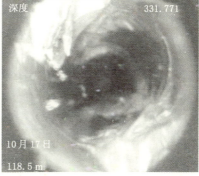

图 5-51　1 号钻孔典型截图

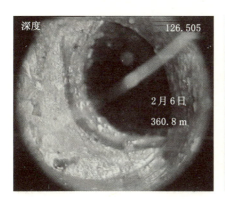
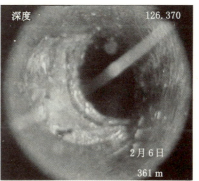

图 5-52　2 号钻孔典型截图

关系,即随着工作面的推进,塌孔高度呈台阶跳跃型升高。可见,岩层在这里确实出现了"破坏拱",而整个曲线的平台段是离层发生、发展的阶段,顶板岩层发生垮落、裂缝、弯曲都是先产生离层,然后再进一步发展为垮落、裂缝、弯曲带。第一平台在 2~8 m 处,此处为 1408 钻孔探测的直接顶与基本顶的分界处,是中砂岩和粉砂岩的分界处。第二平台在 12.5~15 m 处,此处为 1408 钻孔探测的基本顶第二岩梁内,是粗砂岩和粉砂岩的分界处。第三平台在 19~23.5 m 处,此处为 1408 钻孔探测的基本顶第二岩梁内,是细砂岩和粉砂岩的分界处。第四平台在 76~82 m 处,此处为 1408 钻孔探测的上二叠系上石盒子组中部不稳定岩层和下部稳定岩层的分界处,是粗砂岩和粉砂岩的分界处。第五平台在 120~138 m 处,此处为

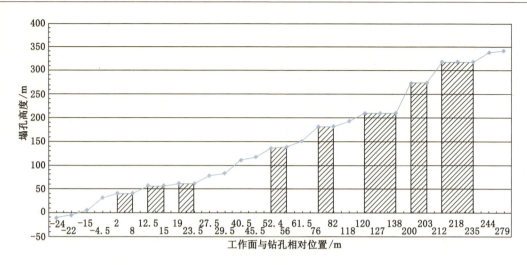

图 5-53　1 号钻孔塌落高度曲线

1408 钻孔探测的上二叠系上石盒子组中部不稳定岩层和上部稳定岩层的分界处,是粗砂岩和粉砂岩的分界处。第六平台在 199.5~203 m 处,此处为 1408 钻孔探测的下侏罗统永定庄组内 K_8 含水层和上部分界处。第七平台在 212.2~235 m 处,此处为 1408 钻孔探测的下侏罗统永定庄组上部的上下分界处。可见,钻孔塌落高度不是覆岩的垮落高度,反映的是裂缝带发展的高度,裂缝带发展至某一关键层时,出现平台,即裂缝带的发展暂时停止。随着某一关键层的变形破坏,裂缝带继续向上发展,覆岩中裂缝带呈现平台、跳跃型发展规律。最终演化发展相应的垮落(垮落带)、断裂(裂缝带)以及整体移动(弯曲带或缓沉带),根据以上观测分析推测的顶板岩层内部变形结构见图 5-54。

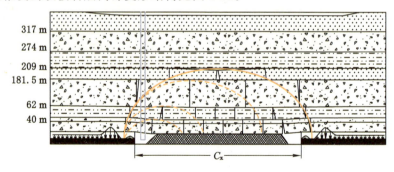

图 5-54　钻孔电视观测推断岩层变形结构图

当工作面距离钻孔 35.7 m 时,地下水位开始有明显下降说明工作面前方 35.7 m 处有裂隙产生;当工作面距离钻孔 9.7 m 时地下水位下降至 470 m,基本上接近 3-5$^{\#}$ 煤层,说明此时裂缝带已经完全贯通,钻孔内地下水已经完全流入工作面。其中,2 号钻孔水位变化观测结果如图 5-55 和图 5-56 所示。

基于数字全景技术观测分析可知,工作面的推进对工作面前方煤层的影响范围约为 35 m(水位变化为 28.3~35.7 m);工作面后方 17 m 以内顶板塌落剧烈(1 号钻孔 12.5 m,2 号钻孔 17 m);工作面后方 50 m 以内顶板塌落较为剧烈(1 号钻孔 45.5 m,2 号钻孔 47.7 m);工作面推过 212 m 后顶板塌落变得较为平缓(1 号钻孔 212 m,2 号钻孔

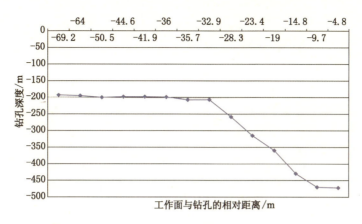

图 5-55　2 号钻孔水位变化曲线

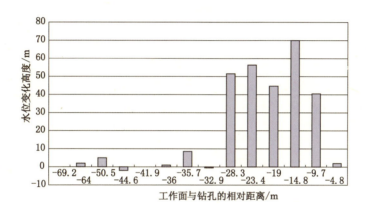

图 5-56　2 号钻孔水位变化直方图

175.1 m);顶板塌落缓慢变化一直在持续发生,其中,1 号钻孔已影响到上覆石炭系采空区。

大于 6 mm 的原生裂隙对顶板垮落有密切影响,在顶板垮落过程中,观测到从原生裂隙处塌落或错位的情况;工作面顶板超前煤壁 21 m 左右产生裂隙,超前煤壁 15 m 产生位移错动,超前煤壁 0~5 m 产生断裂位移;顶板活动层位较高,达到 60~70 m。

数字全景成像技术观测到的钻孔塌落高度不是覆岩的垮落高度,反映的是裂缝带发展的高度,裂缝带发展至某一关键层时出现平台,即裂缝带的发展暂时停止。随着某一关键层的变形破坏,裂缝带继续向上发展,覆岩中裂缝带呈现平台、跳跃型发展规律,并最终演化发展为相应的垮落带、裂缝带以及弯曲下沉带。数字全景成像技术能观测到裂隙的动态发展变化,并且观测到的裂缝带高度比传统经验公式计算的裂缝带高度偏大,更接近于特厚煤层开采裂隙发展的客观情况。

5.4　基于微震监测的覆岩活动特征

现场调查发现特厚煤层开采过程中,每间隔一段时间,当岩层剧烈运动时,在巷道内超前煤壁百米范围内有煤尘扬起和异常响声;在工作面内表现为支架煤尘扬起和响声,站在工作面内支架下,人的双脚可直接感觉到金属支架传播的震动波,有时还有来回震荡的声响。

即采场微震表现为围岩的震动和声音的震荡两种形式。由于声源来自于煤壁前方和煤壁上方高层位岩层的断裂,微震声音发闷,因此煤矿职工称之为"闷墩"。

为了便于理解和清晰阐明"闷墩"产生的机理,以 2007 年 11 月 17 日的微地震事件为例分析微震波形信息、定位显示和力学机理,如图 5-57 和图 5-58 所示。

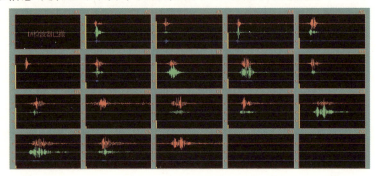

图 5-57　微地震监测波形

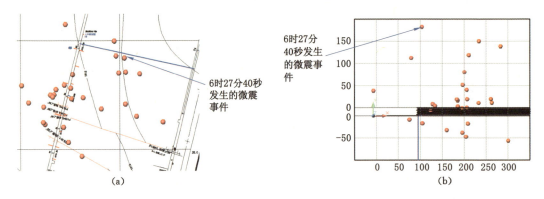

图 5-58　11 月 17 日大能量微震事件
(a) 平面分布图;(b) 走向剖面分布图

根据微震监测结果和力学理论分析,高位顶板岩层在不同位置(超前或滞后工作面)断裂、超前范围煤岩体三向应力下高压破坏及地质异常区岩层错动,且弹性波通过不同介质和途径传播,造成了动压到达的"时间差"效应,是发生岩震(即"闷墩")的根本原因,直接证据是顶板、煤层、底板内传播速度的差异。

对同忻煤矿 8105 工作面覆岩顶板破断运动特征进行微震监测,得到工作面前方微震事件的分布特征,如图 5-59 所示。

由图 5-59 可以看出,特厚煤层工作面开采条件下,在超前煤壁 200 m 以外的区域,煤岩体受工作面采动影响小,此时微震监测事件产生次数相对较少;而在工作面实体煤 200 m 范围内,煤岩体应力逐渐向应力升高区过渡,此时随着工作面的采动,覆岩微震产生次数有所增加;同时可以看出,在超前工作面煤壁 50～60 m 的范围内,特厚煤层采动影响较为严重,此时覆岩顶板产生微震区域较为集中,特厚煤层开采影响高度在 170 m 左右。

同理,得到沿工作面倾向的微震事件分布特征,如图 5-60 所示。

由图 5-60 可以看出,随着特厚煤层的开采,采空区大空间将对覆岩运动产生一定影响,

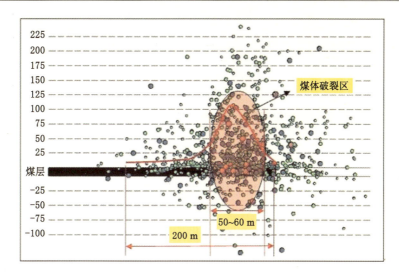

图 5-59　微震事件揭示顶板走向破裂特征

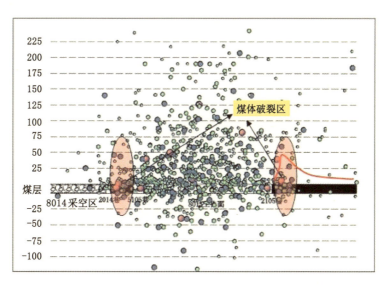

图 5-60　微震事件揭示顶板倾向破裂特征

导致特厚煤层顶板垮落高度相对较大,且位于采空区范围内的覆岩顶板产生微震次数相对集中,说明采空区上覆岩层活动较为活跃。

6 石炭系特厚煤层综放开采强矿压显现机理

由矿压观测表明,大同矿区石炭系特厚煤层综放开采具有强矿压显现规律,这与常规的综放工作面的矿压显现规律是不相符的。产生这种显著不同的原因,需要分析大同矿区双系煤层的地质赋存条件和开采技术条件,从而进一步深入分析石炭系特厚煤层综放开采产生强矿压的机理。因此,结合同忻煤矿8105工作面条件分析影响工作面强矿压显现的主要因素,探讨工作面产生强矿压显现的机理。

6.1 特厚煤层综放开采强矿压显现影响因素

石炭系特厚煤层综放工作面强矿压显现的影响因素可分为地质影响因素和开采技术因素。地质影响因素包括地质构造影响,如口泉断裂构造的影响和石炭系煤层覆岩岩性及厚度等赋存条件的影响;开采技术条件的影响主要包括侏罗系煤层采空区遗留煤柱和采动影响。

6.1.1 地质影响因素

6.1.1.1 口泉断裂构造的影响

大同矿区构造应力场沿袭了华北断块应力场的特征,主要受NE至NEE向挤压构造应力场的控制。口泉断裂与最大主应力近30°的夹角关系使口泉断裂的活动性增强,兼具一定的剪切作用。矿区煤岩受到构造活动的影响,覆岩应力相对集中,煤岩体内积聚较高的弹性能,在下部煤层开采的扰动下,覆岩集中能量的突然释放会给下部工作面带来较大矿压影响。

口泉断裂作为石炭系煤层开采的外围构造环境对同忻井田顶板稳定性及工作面矿压显现具有明显的影响及控制作用。矿区范围内口泉断裂以水平挤压及垂直升降活动为主,形成了大同矿区同忻煤矿典型地质动力环境。

6.1.1.2 石炭系煤层覆岩岩性条件的影响

大同矿区石炭系特厚煤层上方赋存有150~350 m厚的多层砂质岩层,其中,同忻矿煤层间距150~200 m,而塔山矿煤层间距在250~350 m。煤层上覆顶板分层厚度10~30 m,顶板相对完整,硬度较高(f为8~12),受工作面大采空区的影响,顶板垮裂高度增大,随着下部特厚煤层的开采,上覆多层垮裂顶板的破断失稳将给工作面带来较大影响。

结合煤岩实验室物理力学测试结果及其岩性、厚度、空间分布等,分析表明坚硬厚层顶板断裂失稳易于引起工作面强矿压。

6.1.2 开采技术因素的影响

6.1.2.1 侏罗系煤层采空区煤柱影响

同忻煤矿石炭系煤层8101、8100、8107、8106综放工作面已开采完毕,石炭系特厚煤层

8105 工作面正在开采中。大同矿区双系煤层工作面层位关系如图 6-1 所示。

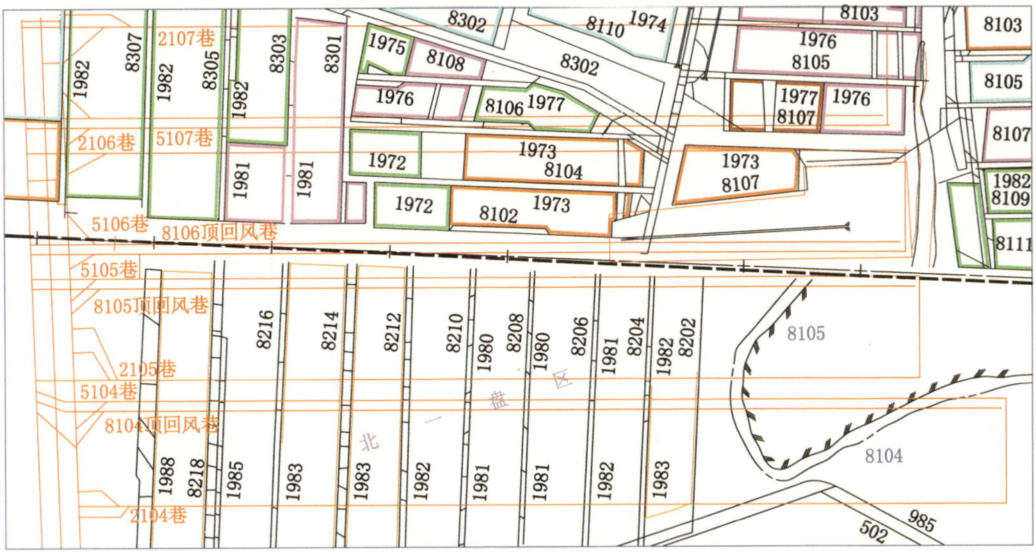

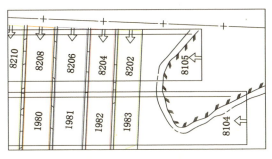

图 6-1 大同矿区双系煤层工作面层位关系

同忻煤矿石炭系煤层工作面与上覆侏罗系煤层工作面推进方向相互垂直,且石炭系煤层工作面切眼一般位于侏罗系煤层边界煤柱下方,侏罗系煤层工作面与石炭系煤层工作面层位关系如图 6-2 所示。当石炭系煤层工作面推进至侏罗系煤层采空区煤柱时,顶板压力增大,矿压显现强烈。

图 6-2 双系煤层工作面层位关系

如前文所述,同忻煤矿 8105 工作面过上覆侏罗系煤层留设煤柱时,工作面超前压力影响范围增大,巷道底鼓和煤壁片帮严重;工作面采空区顶板垮落块度相对较大,顶板来压剧烈,顶板大面积垮落时伴有巨响。相对于同忻煤矿的强烈矿压显现特征,塔山煤矿可能由于双系煤层间距相对较大的原因,下部石炭系煤层开采过程中工作面矿压显现强烈程度明显有所降低,但在煤层间距局部减小区域且工作面过侏罗系煤层留设煤柱时,特厚煤层工作面同样出现较强矿压显现。

6.1.2.2 石炭系煤层开采采动影响

石炭系特厚煤层开采后,工作面大采空区使得覆岩顶板垮裂高度增加,工作面煤层上方受扰动的顶板范围增大,因此,采动引起的应力场的分布范围和集中影响区范围增大。随着工作面的推进,覆岩扰动区的顶板被重新活化,顶板扰动区内的岩层重力及其活动引起的压力成为支架的载荷来源,加之工作面覆岩大范围破断顶板的运动及结构的再失稳与垮落,导致工作面压力增大,支架增阻明显,安全阀开启频繁(开启率34%~67%),支架立柱经常损坏;回采巷道顶底板及两帮变形量明显增大;回采巷道锚杆(索)大范围断裂等动压显现特征。此外,采动引起的大范围顶板扰动将波及侏罗系采空区煤柱,引起煤柱集中应力的变化和压力的释放。

与同忻矿石炭系煤层开采时工作面强矿压显现相比,塔山煤矿特厚煤层工作面矿压显现主要受本煤层上覆坚硬顶板的破断影响,特厚煤层工作面同样过上覆侏罗系煤层留设煤柱条件下,塔山矿双系煤层间距较大条件下的工作面矿压显现强度明显有所降低,可见大同矿区双系煤层间距的大小对特厚煤层工作面强矿压显现也具有一定影响。

综上分析可知,石炭系煤层开采具有复杂的地质环境和开采技术条件。因此,工作面产生强矿压显现也是多种因素综合作用的结果,而每一种影响因素对工作面矿压的影响程度及作用机制则需要具体分析。

6.2　区域构造对煤岩应力场的影响规律

6.2.1　口泉断裂对煤岩应力场的影响

6.2.1.1　口泉断裂的基本特征及运动形式

口泉断裂是大同盆地的主要构造活动之一,进入新生代后口泉断裂受 NW—SE 方向的拉应力作用,在断裂构造东侧形成了大同盆地,并沉积了数千米的新生代沉积物,如图 6-3 所示。

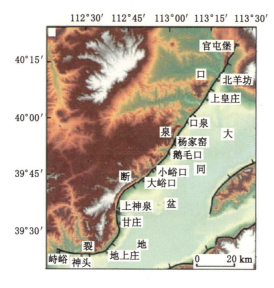

图 6-3　口泉断裂展布图

大同矿区口泉断裂主要以水平及垂直升降运动为主。研究表明,至目前为止矿区口泉断裂仍保持着南东盘下降以及北西盘持续上升的运动。矿区口泉断裂构造运动形式如图6-4所示。

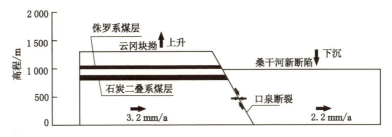

图 6-4　口泉断裂运动形式

（1）口泉断裂先后经历了燕山期的水平挤压以及喜马拉雅期的张拉作用，受到两时期构造运动的影响口泉断裂块体间产生了一定的垂直升降，块体间的相互作用形成了断裂构造影响区内岩层的复杂应力状态。

（2）前述分析指出，大同矿区口泉断裂目前仍处于活动期，构造盘以不同水平速度迁移，其中，下盘区块体水平速度约3.2 mm/a，而上盘区块体水平速度为2.2 mm/a。由于两盘区运动速度的差异，导致口泉断裂构造两块体间的相互挤压，从而在岩体内产生高应力集中，形成了较高弹性能的积聚。

6.2.1.2　口泉断裂对双系煤层开采的影响

为分析口泉断裂构造两断块在水平挤压以及垂直升降运动影响条件下对矿区特厚煤层开采的影响，采用FLAC3D数值分析软件对口泉断裂的动力影响进行数值模拟分析。鉴于口泉断裂两侧断块水平相对运动速度的差异导致了口泉断裂两块体间相互挤压，由此建立口泉断裂两断块相互挤压条件下的物理模型与边界条件，如图6-5所示。

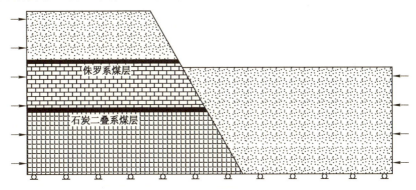

图 6-5　物理模型及边界条件

计算得到口泉断裂两侧岩体相互挤压条件下的最大主应力分布如图6-6所示。由图可知，在口泉断裂面及附近围岩区域形成了应力集中，且断裂西侧云冈块拗岩体的应力集中程度高于断裂东侧桑干河新断陷岩体的应力集中程度。

大同矿区侏罗系煤层标高在1 000~1 100 m，煤层赋存没有受到口泉断裂东侧地层约束，因此在煤层开采过程中覆岩顶板虽发生失稳破坏，但顶板破断影响程度相对较低；随着煤层赋存深度的增加，煤岩体处于三向受力状态，导致断裂构造带近区围岩的高应力集中，

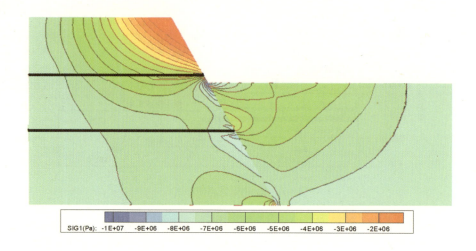

图 6-6　口泉断裂周围岩体最大主应力分布

此时围岩积聚大量弹性能而不能及时释放，因此在下部煤层开采过程中，当覆岩顶板活动范围沟通上部岩层高弹性能区域时，由于覆岩能量的集中释放容易导致下部煤层开采的强矿压显现。

同理，针对大同矿区口泉断裂的垂直升降运动进行了数值模拟分析，建立了物理计算模型如图 6-7 所示。

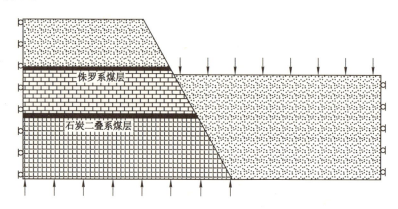

图 6-7　物理模型及边界条件

由于目前没有口泉断裂上下盘升降速度实测数据，这里取上盘位移速度为 0.236 mm/a，下盘顶部位移自由。计算得到口泉断裂升降过程中岩体的最大主应力分布如图 6-8 所示。

由图 6-8 可知，由于口泉断裂两盘区块体的升降运动导致了断裂面近区的高应力集中。此时，同忻煤矿石炭系煤层中最大主应力为 5～6 MPa，而侏罗系煤层中最大主应力仅 2～3 MPa，可见口泉断裂构造的升降运动对下部石炭系煤层的开采影响较为严重。

综上分析可见，大同矿区口泉断裂构造无论是水平挤压还是垂直升降均对双系煤层的开采具有一定影响，且考虑到口泉断裂实际运动复杂性，在对双系煤层开采过程中工作面来压特征进行分析时，必须考虑口泉断裂构造运动影响这一地质动力条件。

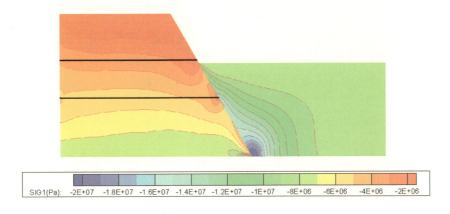

图 6-8 口泉断裂周围岩体最大主应力分布

6.2.2 断裂构造影响区煤岩应力状态分区

6.2.2.1 煤岩区域地质构造模型

同忻井田具有重要影响的断裂带包括Ⅲ-5 断裂、Ⅳ-12 断裂、Ⅴ-2 断裂、Ⅴ-3 断裂、Ⅴ-6 断裂、Ⅴ-9 断裂、Ⅴ-10 断裂、Ⅴ-11 断裂、Ⅴ-12 断裂、Ⅴ-13 断裂和 Ⅴ-14 断裂,如图 6-9 所示。Ⅲ-5 断裂与口泉断裂平行,对整个井田的应力状态具有重要作用。Ⅳ-12 断裂位于井田的东南部,近东西走向,对井田东部应力状态具有控制作用。这两条断裂对矿井 2100 巷已发生的 4 次动力显现起重要影响和控制作用。总体上看,井田东部动力环境较为复杂,西部较简单,目前矿井开采的一盘区处于较为复杂的动力状态,具有发生动力显现的危险。

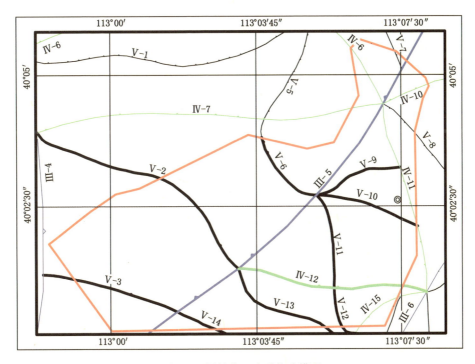

图 6-9 同忻井田地质构造模型

6.2.2.2 煤岩区域应力状态分析及划分

地应力大小直接影响着地下围岩与支护结构的稳定性,是产生矿井压力显现的根本作用力,因此根据准确的地应力资料进行围岩稳定性分析是实现采矿决策和设计科学化的必要前提条件。采用岩体应力状态分析系统(图 6-10),同时结合岩体力学参数(表 6-1)对大同矿区同忻煤矿地应力赋存特点进行分析。

 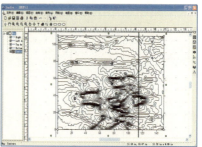

图 6-10 岩体应力状态分析系统

表 6-1 岩体力学参数

岩性	弹性模量/MPa	泊松比
砂岩	44 706	0.24
泥岩	18 350	0.31
砾岩	32 420	0.26

计算得到同忻煤矿石炭系 3-5# 煤层覆岩最大主应力场分布特征,如图 6-11 所示。

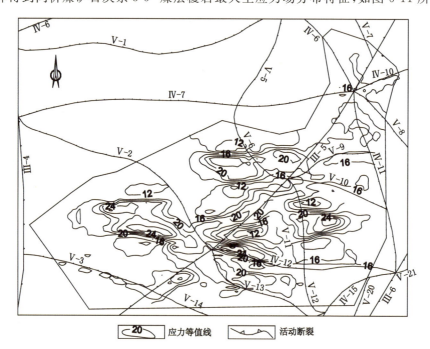

| 20 | 应力等值线 | 活动断裂 |

图 6-11 同忻井田最大主应力等值线图

由图 6-11 可以看出,大同矿区同忻煤矿煤岩位于口泉断裂高应力影响区范围内,三向应力状态下特厚煤层覆岩顶板中积聚着较高的弹性能。因此,在该条件下对特厚煤层进行安全开采,应考虑对煤层工作面的布置及开采方式进行一定优化,避免或减缓高强度地质构造应力的影响。

根据计算得到的岩体应力分布特点,对同忻煤矿 3-5# 煤层覆岩应力区进行划分,如图 6-12 所示。

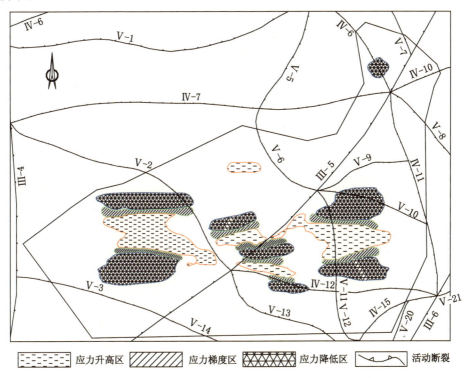

图 6-12 同忻井田 3-5# 煤层顶板应力区划分图

由此得到同忻煤矿石炭系特厚煤层覆岩顶板应力区特点,如表 6-2 所示。

表 6-2 同忻煤矿特厚煤层顶板应力区

主应力区	分区	位　置	最大主应力/MPa	影响范围/km²
高应力区	一分区	Ⅲ-5、V-2、V-3 断裂所围限	22～30	3.01
	二分区	V-6 断裂附近	23～26	0.30
	三分区	V-2、Ⅲ-5 断裂附近	22～29	0.59
	四分区	Ⅳ-12、Ⅲ-5 断裂附近	25～27	0.51
	五分区	V-11 断裂穿过	24～27	2.47
低应力区	一分区	V-2、V-3 断裂附近	9～15	3.89
	二分区	V-2、Ⅳ-12 断裂附近,Ⅲ-5 断裂穿过	10～14	1.67
	三分区	V-9、Ⅳ-12、Ⅲ-5 断裂附近,V-11、V-10 断裂穿过	12～15	3.19
	四分区	Ⅳ-10、Ⅳ-6、Ⅲ-5、Ⅳ-7、V-8 断裂附近,Ⅳ-6 断裂穿过	10～15	0.34

主应力区	分区	位　　置	最大主应力/MPa	影响范围/km²
应力梯度区	一分区	V-2 断裂附近	16～21	1.00
	二分区	Ⅲ-5 断裂穿过	17～20	0.45
	三分区	V-11 断裂穿过	18～21	0.65

6.3　侏罗系煤层采空区煤柱的应力集中影响规律

6.3.1　煤柱影响的理论建模

侏罗系煤层采空区留设煤柱作为已破断顶板结构的边界支承点,承受顶板破断后转移的压力,因而是压力集中区,并在煤柱下方岩层一定范围内形成应力集中区,该应力集中区的大小和影响范围取决于煤柱上方应力集中的大小。

随着下部石炭系煤层的开采,下部开采煤层的采动应力如果和侏罗系采空区煤柱在顶板引起的应力集中区叠加,或者采空区岩层的大范围运动波及已经稳定的侏罗系覆岩顶板结构,导致双系煤层覆岩结构的贯通,会加剧下部石炭系煤层开采的矿压显现程度。同忻煤矿双系煤层开采侏罗系煤层覆岩结构特征如图 6-13 所示。

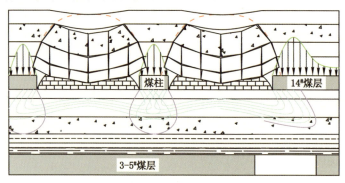

图 6-13　同忻矿双系煤层覆岩结构

根据同忻煤矿侏罗系 14# 煤层工作面边界煤柱与石炭系开采工作面的相对位置关系,建立煤柱应力下的煤岩传载模型,如图 6-14 所示,x 轴取向下,y 轴取向左。

图 6-14 中,$q(y)$ 为煤柱承载应力大小;dy 为煤柱微区段宽度;θ 为煤柱下部岩层中应力点 A 与煤柱微区段边界间的垂直夹角;Y 为煤柱微区段至煤柱右边界的距离;r 为应力点 A 至煤柱微区段的径向距离;$d\theta$ 则为应力点 A 与微区段两边

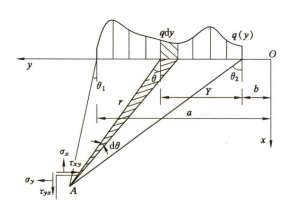

图 6-14　煤柱应力条件下的传载模型

界垂直夹角的增量。

为方便计算同时又不失问题分析的准确性,这里就煤柱承受均布载荷 q_0 条件下的顶板岩层受力进行分析,计算得到煤柱下部岩层应力大小为:

$$\begin{cases} \sigma_x = -\dfrac{q_0}{2\pi}\big[2(\theta_2 - \theta_1) + (\sin 2\theta_2 - \sin 2\theta_1)\big] \\[2mm] \sigma_y = -\dfrac{q_0}{2\pi}\big[2(\theta_2 - \theta_1) - (\sin 2\theta_2 - \sin 2\theta_1)\big] \\[2mm] \tau_{xy} = \dfrac{q_0}{2\pi}(\cos 2\theta_2 - \cos 2\theta_1) \end{cases} \tag{6-1}$$

式中 $\sigma_x, \sigma_y, \tau_{xy}$——岩层应力点 A 处的垂直应力、水平应力以及剪应力分量;

q_0——煤柱承受的均布载荷;

θ_1, θ_2——应力点 A 与煤柱两边界位置的竖直夹角。

由式(6-1)可以看出,煤柱均布载荷作用下的岩层应力大小主要取决于煤柱应力的承载特征以及岩层应力点位置。煤柱下方岩层内不同位置处的应力大小有所不同,且随着煤柱受力的增加而线性增加。

根据图 6-14 中的几何关系可知,岩层应力点 A 位置至煤柱边界的竖直夹角与 A 点坐标的关系满足如下关系:

$$\theta_1 = \arctan\frac{y_A - a}{x_A}, \theta_2 = \arctan\frac{y_A - b}{x_A} \tag{6-2}$$

式中 x_A, y_A——岩层应力点 A 的纵坐标与横坐标;

a, b——坐标原点至煤柱右边界与左边界位置的距离。

同忻矿区侏罗系 14# 煤层开采后,采空区煤柱承载应力较为集中,但经长时间的稳定平衡,采空区留设煤柱上的载荷已趋于均匀分布状态。因此,建立 14# 煤层下部岩层的承载模型如图 6-15 所示。

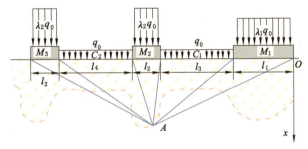

图 6-15　14# 煤层下部岩层受力模型

图 6-15 中,坐标原点取在边界煤柱的右边界;M_1 区为 14# 煤层 8202 工作面边界煤柱,经长时间稳定平衡煤柱受力为 $\lambda_1 q_0$,其中,λ_1 为应力集中系数,煤柱宽度为 l_1;C_1 区为 8202 工作面采空区,采空区煤矸受力为 q_0,采空区宽度为 l_3;M_2 与 M_3 区为采空区留设的区段煤柱,由于结构的对称性两煤柱受力取为 $\lambda_2 q_0$,应力集中系数为 λ_2,区段煤柱宽度为 l_2;C_2 区为侏罗系 8204 工作面采空区,采空区煤矸受力同样取为 q_0,采空区宽度为 l_4。

根据图 6-14 所建立的岩层受力模型与侏罗系煤层不同区域条件下的承载与几何特征,列出 14# 已采煤层不同区域的受力大小 q 以及区域两端至坐标原点的距离 a, b,如表 6-3 所示。

表 6-3　　　　　　　　　　　14#煤层不同区域的承载与几何参数

	M_1	C_1	M_2	C_2	M_3
q	$\lambda_1 q_0$	q_0	$\lambda_2 q_0$	q_0	$\lambda_2 q_0$
a	l_1	l_1+l_3	$l_1+l_2+l_3$	$l_1+l_2+l_3+l_4$	$l_1+2l_2+l_3+l_4$
b	0	l_1	l_1+l_3	$l_1+l_2+l_3$	$l_1+l_2+l_3+l_4$

6.3.2　采空区下部岩层应力分布

根据大同矿区侏罗系开采煤层的赋存条件与受力特征,同忻煤矿侏罗系 14#煤层开采工作面长度平均 150 m;留设区段煤柱为 20 m;边界煤柱 80 m;采空区恢复稳定后的原岩应力为 6.5 MPa;边界煤柱应力集中系数 1.6;区段煤柱应力集中系数 2.3。参照表 5-2 中相关参量并联立式(6-1),解得侏罗系 14#煤层采空区与煤柱下岩层的受力特征如图 6-16 至图 6-18 所示。

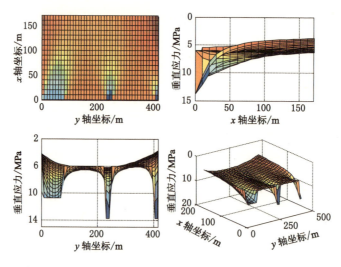

图 6-16　岩层垂直应力分布特征

图 6-16 所示为 14#煤层下部岩层内的垂直应力分布特征及对应的三视图。可见,岩层内的垂直应力主要集中在相应的留设煤柱下部,且边界留设煤柱应力集中影响区深度约 70 m,宽度影响范围基本与边界煤柱留设宽度相当(60~80 m),应力集中区最大垂直应力约 10.5 MPa,最小应力 8.0 MPa 左右;采空区区段煤柱应力集中区长度约 50 m,宽度影响范围 20~30 m,应力集中区最大应力约 13.9 MPa,约为边界煤柱最大应力的 1.3 倍,最小应力 8.2 MPa 左右。煤柱下部的集中应力影响区基本呈狭长条带状分布,而采空区下部岩层中的应力变化不大,仍趋于岩层稳定后的原岩应力值。

由图 6-17 可以看出,由于采空区的影响,导致煤柱下方集中水平应力开始向采空区侧转移,使得煤柱下部的水平集中应力分布范围相对较小,岩层中水平应力分布相对均匀。此时,边界留设煤柱向下的水平应力集中区深度在 20 m 左右,宽度影响范围约 80 m,最大水平应力约 10.5 MPa,最小应力 7.3 MPa 左右;采空区区段煤柱水平应力集中区影响深度同样在 20 m 左右,水平宽度影响范围 20~40 m,应力集中区最大应力约 13.5 MPa,约为边界

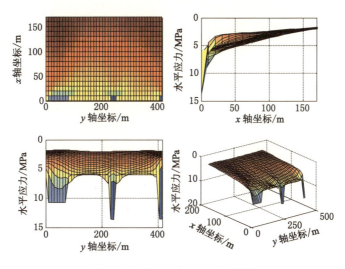

图 6-17　岩层水平应力分布特征

煤柱最大水平应力的 1.3 倍，最小应力在 7.3 MPa 左右。整个岩层内的平均水平应力约
6.1 MPa，影响深度保持在 50～70 m，水平影响范围与采空区宽度相当。

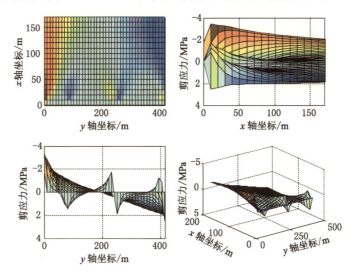

图 6-18　岩层剪应力分布特征

由图 6-18 可以看出，煤柱下方的剪应力分布特征明显区别于煤柱下方的垂直应力与水
平应力分布。剪应力分布范围较广，影响深度达到 180 m 左右，但应力值相对较小，最大剪
应力位于边界煤柱的右边界，应力值在 3.8 MPa 左右；区段煤柱下部最大剪应力约为
2.0 MPa，位于区段煤柱两边界位置。可见，石炭系煤层开采主要受上覆岩层留设煤柱剪应
力的影响，且最大剪应力影响位于石炭系煤层切眼位置处，但应力值相对较低。同时还可看
出，采空区煤柱下的剪应力近于反对称分布形式，根据力的相互作用原理，可以推测石炭系
煤层推进至采空区煤柱下方，当煤层采动波及侏罗系煤层时，采空区留设煤柱易趋于剪切破
坏形式。

综上分析可知,侏罗系 14# 煤层开采后,采空区留设煤柱的水平与垂直应力较高,从而导致弹塑性能的大量积聚,但波及范围较小。煤柱集中应力影响深度在 50～70 m,相对于双系煤层间距 150～200 m 而言,侏罗系煤层采空区煤柱应力还没有影响到下部煤层的开采。但是,当下部特厚煤层开采时覆岩顶板的运动沟通上覆侏罗系煤层煤柱集中应力影响区时,侏罗系煤层顶板原稳定结构再次运动失稳进而对下部煤层的开采产生一定影响。

6.4　石炭系特厚煤层开采覆岩破断运动影响范围

当下部石炭系特厚煤层开采后,受工作面大采空区空间的影响特厚煤层顶板活动高度有所增加,当特厚煤层顶板运动范围沟通覆岩煤柱应力集中影响区后,侏罗系煤层原破断顶板稳定结构有可能被重新激活从而再次对下部煤层的开采造成一定影响,因此有必要对特厚煤层开采后的顶板破断运动影响范围进行分析。

6.4.1　覆岩破断运动影响范围的理论分析

为研究同忻矿石炭系 3-5# 煤层开采后顶板垮断对工作面来压的影响,结合 8105 工作面的具体条件采用关键层理论分析顶板的破断运动,明确工作面开采后的顶板垮断特征。

根据关键层理论中对层状组合梁的分析,得到开采煤层上覆第 m 分层对第 n 分层的载荷作用为:

$$q_n(x)|_m = E_n h_n^3 \sum_{i=n}^{m} \gamma_i h_i \Big/ \sum_{i=n}^{m} E_i h_i^3 \tag{6-3}$$

式中　$q_n(x)|_m$——煤层上覆顶板第 m 分层对第 n 分层的载荷作用;

h_i, γ_i, E_i——第 i 分层的厚度、重度、弹性模量,其中 $i = n, n+1, \cdots, m$。

根据煤层顶板的分层承载特点,可以判定第 m 分层顶板成为关键层结构的条件须满足:

$$q_n(x)|_{m+1} < q_n(x)|_m \tag{6-4}$$

通过式(6-4)可计算出每一顶板分层的承载量,于是得到顶板分层固支与简支条件下的破断步距分别为:

$$\begin{cases} l_{ci} = h_i \sqrt{2\sigma_{ti}/q_i} & 固支 \\ l_{si} = 2h_i \sqrt{\sigma_{ti}/(3q_i)} & 简支 \end{cases} \tag{6-5}$$

式中　l_{ci}, l_{si}——第 i 分层顶板固支与简支条件下的破断步距;

q_i——第 i 分层顶板的承载量;

σ_{ti}——第 i 分层顶板的抗拉强度。

考虑煤矿开采过程中顶板边界条件一般较为复杂,这里采用两种边界条件下顶板破断步距的平均值作为单一分层顶板的破断步距,即:

$$l_{ai} = (l_{ci} + l_{si})/2 \tag{6-6}$$

根据同忻煤矿石炭系 3-5# 煤层 8105 工作面煤岩物理力学参数,联立式(6-3)至式(6-6),计算得到工作面顶板分层的承载量以及破断步距,如表 6-4 所示。

表 6-4　　　　　　　　　　　　**双系煤层间煤岩物理力学参数**

岩层名称	密度 /(t/m³)	厚度 /m	抗拉强度 /MPa	弹性模量 /GPa	顶板承载 /MPa	破断步距 /m
粗粒砂岩	2.4	25.4	5.42	20.12	1.53	61.49
细粒砂岩	2.5	6.2	8.64	35.87	0.16	59.46
粗粒砂岩	2.4	14.3	5.34	21.31	0.44	64.13
细粒砂岩	2.5	10.7	8.11	36.12	0.27	75.60
砂质泥岩	2.3	2.9	4.14	18.56	0.07	29.28
砾岩	2.7	5.1	3.92	28.42	0.18	30.40
砂质泥岩	2.3	6.9	5.81	18.46	0.21	46.18
粉砂岩	2.6	10.5	4.52	23.17	0.46	42.28
细粒砂岩	2.5	10.3	7.87	36.01	0.46	54.72
砾岩	2.7	4.6	4.23	28.64	0.12	34.51
细粒砂岩	2.5	10.7	7.93	35.21	0.37	63.80
粉砂岩	2.6	3.2	4.45	23.48	0.08	30.10
中粒砂岩	2.5	13.7	7.01	29.62	0.51	65.43
砾岩	2.7	12.0	4.34	28.74	0.32	56.41
粗粒砂岩	2.4	3.5	5.24	19.98	0.08	35.51
砾岩	2.7	12.9	4.34	28.43	0.43	52.89
细粒砂岩	2.5	14.8	8.20	35.62	0.57	71.91
粗粒砂岩	2.4	4.3	4.82	20.32	0.10	37.78
粉砂岩	2.7	2.4	4.25	23.35	0.07	24.93
山$_4^\#$煤	1.4	2.1	1.27	4.20	0.03	17.85
粉砂岩	2.7	5.3	4.97	23.64	0.22	32.50
细粒砂岩	2.5	2.1	7.81	35.54	0.05	32.74
中粒砂岩	2.5	7.7	6.14	29.57	0.41	38.32
K_3砂岩	2.5	5.3	7.68	36.21	0.13	51.73
砂质泥岩	2.3	3.2	5.47	18.35	0.07	35.34
3-5$^\#$煤层	1.4	14.0	1.06	8.39		

由自然平衡拱理论可知,顶板垮落高度与工作面推进长度间满足如下关系:

$$h_k = h_b + \sqrt{\frac{l_t^2 + 4d^2}{4\zeta}} - h_m \tag{6-7}$$

其中,$h_b = \dfrac{l_t \tan \theta + h_m(\zeta + \tan^2 \theta)}{2\zeta}$,$\theta = \dfrac{\pi}{4} - \dfrac{\varphi}{2}$。

式中　h_k——顶板垮落高度;

　　　h_b——中间变量;

　　　l_t——工作面走向推进长度;

　　　ζ——侧压系数;

h_m——煤层厚度；

θ——煤层垮落角；

φ——岩体内摩擦角。

对于大同矿区同忻煤矿,取岩体内摩擦角为 60°,煤岩侧压系数为 0.3,根据式(6-7)得到石炭系特厚煤层顶板垮落高度与工作面推进长度间关系,如图 6-19 所示。

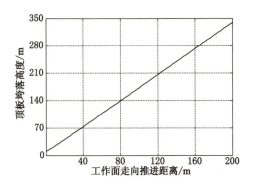

图 6-19　顶板垮落高度与工作面推进长度关系

由表 6-4 及图 6-19 中相关计算结果可知,当石炭系煤层 8105 工作面自切眼位置推进一定距离(76 ～ 120 m)后,理论分析得到的放顶煤工作面大采空区空间影响高度可达到 140.0～210.0 m。

6.4.2　覆岩破断运动影响范围的实测分析

通过利用煤层顶板垮裂带中充填物的不同进而引起岩层电导率差异的原理,采用 EH—4 大地电磁法对 8105 工作面顶板垮断情况进行监测。EH—4 电导率成像系统如图 6-20 所示。

图 6-20　EH—4 电磁成像系统

采用 EH—4 电磁成像系统对石炭系煤层 8105 工作面顶板垮裂带范围进行实测分析。测线布置在临近侏罗系煤层 8202 工作面边界煤柱左边界对应的地表位置,测线长度 180 m,测点 18 个,如图 6-21 所示。

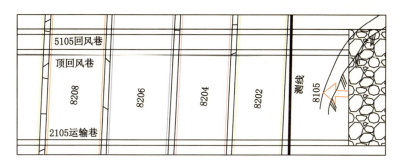

图 6-21 电磁成像系统测线布置

具体实测方案为：

（1）8105 工作面推近测线前（距测线 15～20 m），首先对煤岩实体进行前期观测，分析煤岩采动影响前的赋存状态特征。

（2）工作面推过测线后（距测线 5～15 m），对 8105 放顶煤工作面采空区垮落情况进行中期观测，分析工作面推过后不久时的顶板垮断形态及范围。

（3）采空区垮落顶板经长时间（约 1.2 年）的稳定与平衡，对原测线进行后期观测，分析采空区顶板经长时间稳定后的赋存状态。

通过对测线位置附近煤岩赋存状态的观测，得到工作面推进不同时期的煤岩赋存特征，如图 6-22 所示。

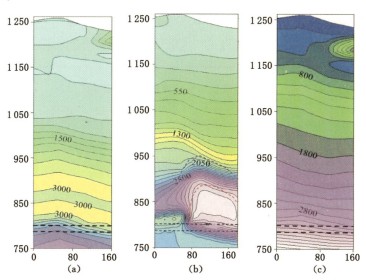

图 6-22 不同观测阶段时的煤岩赋存特征
（a）前期；（b）中期；（c）后期

图 6-22 中，黑色双虚线为石炭系 3-5# 煤层位置，实曲线为煤岩电阻率等值线。由图 6-22(a)可以看出，工作面推近测线位置前，煤岩电阻率等值线相对平滑，说明煤岩赋存状态稳定，基本保持层状分布形式，煤层顶板基本不受工作面开采影响；图 6-22(b)给出了工作面刚推过测线 5～15 m 时的采空区顶板垮冒情况，从图中的红色与蓝色电阻率等值线分布可以看出，采空区垮落带高度约 80 m，裂缝带高度达煤层上方 150～170 m，说明工作面采

动对近距离采空区煤岩活动有较大影响,此时顶板赋存不稳定,层间运动互不协调,从而导致煤岩电阻率等值线错落分布;同样,从图 6-22(c)可知,采空区垮落顶板经长时间的稳定平衡后,破断顶板岩层已基本趋于稳定,此时采空区煤岩电阻率等值线呈现了均匀平滑的分布形式,说明 3-5# 煤层开采后,破断顶板经过长时间的运动调整又趋向层状分布状态,但破断后的顶板电阻率明显区别于完整岩层的电阻率分布。

同样,通过微震监测来分析特厚煤层开采过程中覆岩顶板的破坏特征,得到工作面采空区顶板微震事件分布,如图 6-23 所示。从图 6-23 可以看出,同忻煤矿 8105 工作面特厚煤层开采对覆岩顶板破断的影响高度也在 $150 \sim 170$ m。

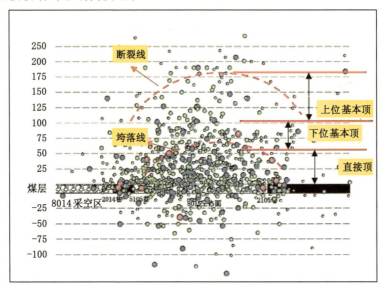

图 6-23　微震事件揭示顶板垂直破裂特征

6.5　临空巷道超前支护段的双向应力影响规律

工作面及超前支护巷道内压力较大,尤其在过侏罗系已开采煤层采空区边界煤柱时,工作面临空超前支护巷来压情况异常复杂并伴有一系列的强矿压显现特征。因此,要弄清大同矿区石炭系煤层临空巷道的强矿压显现机理,除了研究侏罗系已采煤层采空区留设煤柱的影响外,还应考虑本层顶板的双向支承压力对巷道的影响。特厚煤层工作面开采后,煤层近区破断顶板块体难以及时充填采空区较大空间,采空区顶板悬露高度相对较大而不能得到垮落矸石及时支撑,从而导致悬露顶板下方煤体的高应力集中,此时如果将工作面回采巷道布置于高集中应力影响的煤体区域内,则易形成回采巷道内的较强矿压显现。

由前述分析可知,同忻煤矿石炭系煤层 8105 工作面开采期间,临空 5105 强矿压显现频繁,巷道变形严重,甚至影响了巷道正常的使用,使得工作面正常回采受阻。因此,分析工作面临空巷道的强矿压机理,为巷道的有效控制提供理论上的依据,成为矿区目前亟待解决的问题。为此,这里定义相同位置处的煤岩体支承压力载荷与原均布载荷的比值为煤岩体支承压力系数,即:

$$k(x) = \frac{q(x)}{q_0} \tag{6-8}$$

式中 $k(x)$——煤岩体支承压力系数;

$q(x)$——煤岩体支承压力;

q_0——相应位置处的原煤岩均布载荷;

x——煤岩体应力位置坐标。

鉴于威布尔函数优越的拟合特性,这里采用三参数威布尔函数对煤岩体支承压力系数进行曲线拟合,得到煤岩体支承压力系数表达式为:

$$k(x) = \frac{m}{\eta} \left(\frac{x-\delta}{\eta L} \right)^{m-1} \exp\left[-\left(\frac{x-\delta}{\eta L} \right)^m \right] \tag{6-9}$$

式中 m——煤岩体支承压力系数的形状参数;

η——支承压力系数的尺度参数;

δ——支承压力系数的位置参数;

L——煤体长度尺寸。

根据威布尔函数分布特点,可知形状参数 m 反映了煤岩体支承压力分布范围,尺度参数 η 反映了煤岩体支承压力峰值大小,位置参数 δ 则代表了支承压力起始位置。

根据威布尔函数特点,当威布尔函数形状参数取值为 2 时,对煤岩体支承压力分布形状具有良好的描述;在此条件下,通过适当选定函数中的尺度参数与位置参数,即可对顶板断裂前后的煤岩体支承压力分布形态进行准确的逼近。

根据同忻煤矿石炭系煤层埋藏深度及 5105 巷道强矿压显现的特征,这里取形状参数 m 同时为 2,巷道侧煤体支承压力尺度参数 η_1 为 0.3,工作面煤体支承压力尺度参数 η_2 为 0.5,位置参数 δ 同为 0,取工作面来压时的煤层垂直应力为 11.2 MPa,对巷道超前支护段内的煤体支承压力分布进行拟合。联立式(6-8)与式(6-9)得到工作面临空巷道超前支护段内的煤体支承压力分布,如图 6-24 所示。

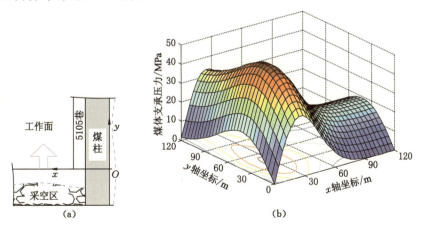

图 6-24 工作面临空巷道超前支护段煤体支承压力

(a) 顶板断裂线;(b) 煤体支承压力三视图

由图 6-24(b)可以看出,受工作面双向支承压力的叠加影响,超前支护巷内的煤岩应力相对集中,当同忻煤矿 8105 与 8106 两相邻工作面间的区段煤柱留设宽度小于 60 m 时,

8105 工作面 5105 巷道正处于煤岩层顶板双向高应力叠加区域下方，承受较高的煤岩体支承压力，最大约为煤体原岩应力的 3.5 倍。因此，欲保证 8105 工作面的正常回采，应将工作面 5105 巷布置在高应力剧烈影响区以外，即两相邻工作面的区段煤柱留设宽度应大于 60 m，而从节约煤炭资源的角度出发，工作面区段煤柱留设宽度又不适宜太大。因此，从现场应用角度出发，最终通过采用适当的顶板辅助控制技术将区段煤柱留设宽度设定为 40 m，保证了工作面回采期间超前支护段以外巷道的稳定，但超前支护段内由于受到工作面采动的影响围岩变形相对严重。由此可见，煤柱留设宽度一定条件下，煤岩两侧较高的双向应力叠加影响容易导致巷内的较强矿压显现。

6.6　石炭系特厚煤层综放开采的强矿压显现机理

综上所述各影响因素的作用机制可知，石炭系特厚煤层处于断裂构造影响区，构造影响下的应力升高形成了开采的高应力环境，为强矿压形成了潜在的能量积聚。此外，侏罗系煤层采空区煤柱与石炭系煤层开采覆岩活动两者的联合作用，是诱发强矿压的直接动因。

根据前面的研究结果，同忻矿石炭系煤层 8105 工作面的采动影响使得采空区顶板的垮裂带高度达到 150～170 m，而侏罗系煤层采空区煤柱应力集中区深度 50～70 m，两影响区域可以贯通的最大距离可达 200～240 m，而同忻矿双系煤层的层间距仅 150～200 m，塔山矿双系煤层间距 250～350 m。由此可见，同忻煤矿石炭系煤层 8105 工作面推过侏罗系 14# 煤层 8202 工作面煤柱时的强矿压显现是由于本煤层的开采导致工作面覆岩顶板垮断高度波及煤柱下方的应力影响区，影响区内积聚的较高弹塑性能突然释放，并引起覆岩结构失稳；而塔山煤矿特厚煤层工作面的强矿压一般仅发生在双系煤层间距减小的区域，工作面强矿压出现的频率相对较低，工作面来压强度也相对较小。大同矿区石炭系特厚煤层工作面强矿压显现的两影响区联合作用，如图 6-25 所示。

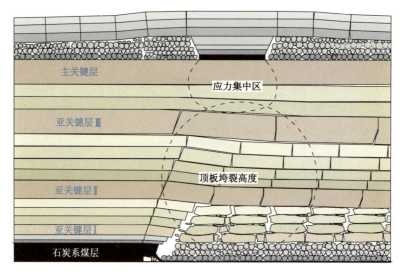

图 6-25　工作面强矿压的"煤柱—覆岩活动"联合作用

大同矿区特有的煤岩赋存条件导致特厚煤层开采后的采场应力集中程度大，使得工作面超前支护段内由于煤岩两侧双向应力叠加造成了巷内强烈的矿压显现。

因此,石炭系煤层工作面强矿压显现是高应力环境下煤柱与覆岩活动联合作用的结果。其作用机理可用图 6-26 示意。

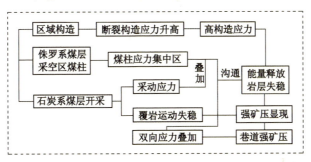

图 6-26　石炭系煤层强矿压显现机理

针对大同矿区特厚煤层开采条件下的采场强矿压显现机理分析,得到以下主要结论:

(1)影响大同矿区石炭系特厚煤层工作面强矿压显现的主要影响因素,分别包括地质动力环境、矿区双系煤层的采动、侏罗系煤层采空区留设煤柱、石炭系特厚煤层覆岩顶板自身活动程度以及临空开采的动压显现。

(2)矿井地质动力环境对煤层覆岩运动具有较大影响,煤岩能量积聚、应力集中使得矿区井田内覆岩结构对煤层开采扰动的反应相对灵敏,特厚煤层开采形成大采空区空间后,覆岩移动与破坏的空间尺度大,持续时间长,矿压显现强烈,覆岩的大尺度的运动与破坏易造成大同矿区双系煤层开采的相互影响。

(3)基于地质动力环境因素的影响建立了同忻井田地质构造模型,划分了同忻井田构造高应力区、低应力区以及应力梯度区;指出地质构造高应力区域影响范围内采场容易发生强矿压显现,为矿井不同区域矿压显现强度预测奠定了基础。

(4)采空区留设煤柱具有长时间稳定平衡后的均布载荷分布特征,理论分析得到煤柱对采空区下部岩层形成的应力表达式,得到同忻矿侏罗系 14# 煤层采空区留设煤柱的最大应力影响深度为 50～70 m;关键层理论分析与现场实测表明,石炭系煤层 8105 工作面采动影响范围内的顶板垮裂带高度为 150～170 m,对于层间距相对较小的石炭系煤层工作面强矿压显现是由"煤柱—覆岩活动"联合作用的结果,而对于双系煤层间距(250～350 m)较大的塔山矿工作面强矿压出现频次及强度都要小于同忻矿特厚煤层工作面来压。

(5)石炭系煤层工作面强矿压显现是地质构造高应力环境下煤柱与覆岩活动联合作用的结果,而工作面超前支护巷段内的双向应力叠加造成了巷内的较强矿压显现。

7 石炭系特厚煤层综放开采覆岩破断失稳结构特征

特厚煤层综放开采覆岩的破断失稳规律及结构特征对于支架的合理选型和顶板的有效控制具有重要意义。通过物理模拟实验与数值分析相结合的方法,研究大同矿区石炭系特厚煤层开采后的顶板破断垮落规律以及结构特征,从而为特厚煤层工作面顶板结构模型的建立和支架支护阻力的确定提供依据。

7.1 厚层坚硬顶板的垮断特征及破断机理

众所周知,对于顶板岩层跨度与厚度比大于 2.5 的长梁结构,其初次断裂步距和周期垮断步距的理论表达式已经见于一些经典著作中,然而对于跨度与厚度之比小于 2.5,或相当的深梁结构,传统的理论解却存在一定的误差。鉴于岩石抗拉、抗剪强度相比其抗压强度一般较小,顶板岩层结构破断特征主要表现为拉断或剪断两种情形。因此,针对大同煤矿煤柱采空区下采煤的生产实际条件,对不同支撑条件下的坚硬厚层顶板破断特征进行分析探讨,为工作面顶板初次来压、周期来压预报、预测及工作面安全高效生产提供理论依据与安全保障。

7.1.1 厚层坚硬顶板的初次垮断分析

煤层顶板初次断裂后,随着工作面的推进,顶板岩层发生周期性垮断,采空区范围内上煤层煤柱逐渐失稳,上煤层顶板遂失去煤柱支撑作用。下煤层推进一定距离后,上煤层坚硬较厚顶板开始初次垮断。

考虑到顶板岩层坚硬较厚条件下,顶板受力特征区别于一般长梁结构,且顶板初次断裂位置承受相邻岩块的挤压作用,所以,建立一般深梁结构破断过程中顶板受力特征模型,如图 7-1 所示。

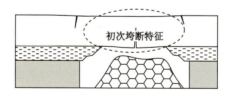

图 7-1 坚硬厚顶板初次破断特征

顶板岩层初次破断前,两端支撑状态一般介于固支及简支条件之间,故这里采用适用于固支、简支、悬臂结构的深梁应力表达式:

$$\begin{cases} \sigma_x = \dfrac{x^2}{2}(6Ay + 2B) + x(6Ey + 2F) - 2Ay^3 - 2By^2 + 6Hy + 2K \\ \sigma_y = Ay^3 + By^2 + Cy + D \\ \tau_{xy} = -x(3Ay^2 + 2By + C) - 3Ey^2 - 2Fy - G \end{cases} \tag{7-1}$$

式中　$\sigma_x, \sigma_y, \tau_{xy}$——水平、竖直及剪切应力分量；

$A, B, \cdots, G$——与边界条件有关的待定系数。

顶板岩层应力分布已知条件下，顶板主应力及最大剪应力为：

$$\left.\begin{array}{l} \sigma_1 \\ \sigma_3 \end{array}\right\} = \frac{\sigma_x + \sigma_y}{2} \pm \sqrt{\left(\frac{\sigma_x - \sigma_y}{2}\right)^2 + (\tau_{xy})^2} \tag{7-2}$$

$$\tau_{max} = \frac{\sigma_1 - \sigma_3}{2} \tag{7-3}$$

式中　σ_1, σ_3——最大及最小主应力；

τ_{max}——最大剪应力。

7.1.1.1　固支条件下顶板初次垮断特征

（1）顶板应力分布

固支条件下，顶板结构承载特征及直角坐标系的建立如图 7-2 所示。

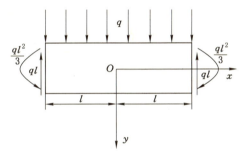

图 7-2　固支条件下顶板深梁结构模型

根据固支条件下的边界条件求解梁内应力分量表达式为：

$$\begin{cases} \sigma_x = -\dfrac{6q}{h^3}x^2 y + \dfrac{4q}{h^3}y^3 + \left(\dfrac{2ql^2}{h^3} - \dfrac{3q}{5h}\right)y \\ \sigma_y = -\dfrac{2q}{h^3}y^3 + \dfrac{3q}{2h}y - \dfrac{q}{2} \\ \tau_{xy} = \dfrac{6q}{h^3}xy^2 - \dfrac{3q}{2h}x \end{cases} \tag{7-4}$$

式中　q——顶板承受的上覆岩层载荷。

（2）顶板拉断情形

考虑到一般长梁结构的断裂危险点处于梁长度尺寸的中间靠下边界位置，故在同样位置处，对深梁结构断裂危险点的判定进行初次探讨，然后对所得结论进行修正分析，最终得到深梁结构初次破断特征。

由对称性可知梁的中间下边界位置剪应力为零，梁截面 $\left(0, \dfrac{h}{2}\right)$ 处的水平拉应力分量即为该位置的最大主应力 σ_1，由此得到深梁结构相应位置处的拉应力为：

$$\sigma_1 \big|_{(0, \frac{h}{2})} = \frac{q}{5} + \frac{ql^2}{h^2} \tag{7-5}$$

式中 l——煤层顶板跨度的 $1/2$；

　　　h——顶板岩层厚度。

根据材料的最大拉应力强度理论可知顶板不发生断裂的安全跨度满足下式：

$$\frac{q}{5} + \frac{ql^2}{h^2} \leqslant [\sigma_t] \tag{7-6}$$

式中 $[\sigma_t]$——顶板岩层的抗拉强度极限。

由此得到煤层顶板的跨度尺寸 L_1 需满足：

$$L_1 \leqslant 2h \sqrt{\left(\frac{[\sigma_t]}{q} - \frac{1}{5} \right)}$$

式中 L_1——初次判定得到的顶板最大跨度尺寸。

考虑岩层的非均质及脆性断裂等特性，这里取岩层趋于断裂时的安全系数 n，于是得到固支条件下顶板的极限垮距为：

$$L_{1s} \leqslant 2h \sqrt{\left(\frac{[\sigma_t]}{nq} - \frac{1}{5} \right)} \tag{7-7}$$

式中 L_{1s}——初次判定得到的顶板最大安全跨度尺寸。

鉴于 $12^\#$ 煤层覆岩为 $11^\#$ 煤层采空区，受上煤层采动影响，这里取安全系数为 1.1，此时初次判定顶板极限垮距为：

$$L_{1s} \leqslant 2 \times 14.51 \times \sqrt{\left(\frac{3.27}{1.1 \times 0.6} - \frac{1}{5} \right)} = 63.3 \ (\text{m})$$

当顶板岩层初次垮断步距取为 63.3 m 时，顶板岩层深梁结构内最大主应力分布如图 7-3 所示。

由图 7-3 可见，在顶板跨度 63.3 m 条件下，顶梁中间下边界位置拉应力最大，其值达到 3.5 MPa 左右，考虑到顶板岩层抗拉强度极限只有 3.27 MPa，故梁的跨度选取稍偏大，修正后顶梁跨度尺寸选取为 60.0 m，由此得到该条件下顶板最大主应力分布如图 7-4 所示。

在顶板跨度尺寸为 60.0 m 情况下，顶板中间下边界应力值即将达到岩层抗拉强度极限。由此可知，在顶板固支条件下，据最大拉应力强度准则最终得到顶板深梁结构的极限垮距 L_s 满足 $L_s \leqslant 60.0$ m。

同时，由图 7-4 的顶板最大主应力分布特征可以看出，在最大拉应力强度准则判据条件下，坚硬厚顶板的破断危险点处于深梁结构的中间下边界位置，如图 7-5 所示。

（3）顶板剪断情形

考虑到长梁最大剪应力可能位置一般位于梁中间下边界或固定端截面中心处，由此得到深梁相应位置的剪应力为：

$$|\tau_{\max}| = \frac{q}{5} + \frac{ql^2}{h^2} \ \text{或} \ \frac{3ql}{2h} \tag{7-8}$$

式中 $|\tau_{xy}|$——深梁相应位置处的最大剪应力，考虑到剪应力符号的正负，这里取其绝对值。

根据材料的最大剪应力强度准则可知梁不发生断裂的跨度尺寸满足条件：

$$|\tau_{\max}| \leqslant [\tau] \tag{7-9}$$

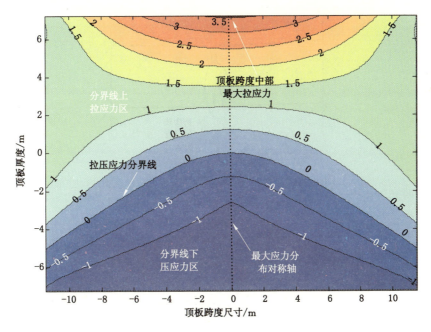

图 7-3 固支条件下 63.3 m 跨距顶板最大主应力分布

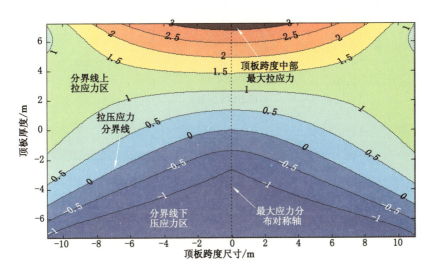

图 7-4 固支条件下 60.0 m 跨距顶板最大主应力分布

由于岩石抗剪强度一般为其抗压强度的 $\dfrac{1}{12} \sim \dfrac{1}{8}$，解得固支条件下极限垮距可能取值为：

$$L_{1s} \leqslant 2h \sqrt{\frac{[\tau]}{nq} - \frac{1}{5}} = 105.8 \ (\mathrm{m})$$

$$L_{2s} \leqslant \frac{4[\tau]h}{3nq} = 260.7 \ (\mathrm{m})$$

式中 L_{1s}, L_{2s}——深梁不同易破断位置初次判定得到的顶板最大安全跨度尺寸。

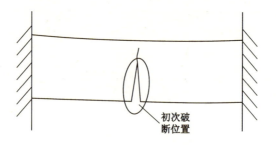

图 7-5　固支条件下顶板拉断位置

采用类似的方法,对最大剪应力强度理论条件下初次判定得到的极限垮距进行修正并数值计算分析,得到顶板最大剪应力分布形式如图 7-6 所示。

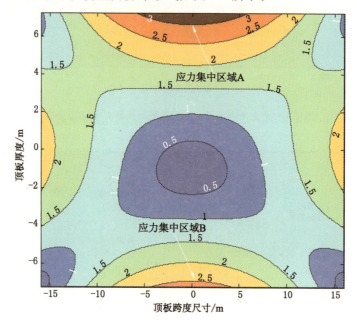

图 7-6　固支条件下顶板最大剪应力分布

由图 7-6 可以看出,固支条件下顶板跨度达到 105.8 m 时,最大剪应力主要集中于顶板中下部区域 A,在顶板中间下边界位置处剪应力值达到最大,约 3.3 MPa,其值较为接近顶板岩层的抗剪强度极限,故顶板固支条件下的剪切破断极限垮距 L_s 满足关系 $L_s \leqslant$ 105.8 m。区别于固支条件下的拉断情形,顶板剪切破断时岩层中上部区域 B 有剪应力集中,在顶板中间上边界位置处达到 2.6 MPa 左右,故顶板固支剪断条件下岩层中间上边界点为岩层破断的危险位置。

由顶板结构及承载的对称性可知,岩层中间下(上)边界点只有水平拉(压)应力的作用,即为该位置的最大主应力,因此可以判断该位置处断裂面与水平方向大致呈 45°,顶板破断面及破断危险位置如图 7-7 所示。

7.1.1.2　简支条件下顶板初次垮断特征

坚硬顶板初次垮断时的简支结构承载特征如图 7-8 所示。

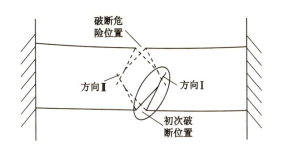

图 7-7 固支条件下顶板剪断位置及方向

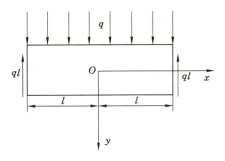

图 7-8 简支条件下顶板深梁结构模型

类似于固支条件下深梁破断特征的讨论,简支条件下深梁应力分量表达式为:

$$\begin{cases} \sigma_x = -\dfrac{6q}{h^3}x^2 y + \dfrac{4q}{h^3}y^3 + \left(\dfrac{6ql^2}{h^3} - \dfrac{3q}{5h}\right)y \\[2mm] \sigma_y = -\dfrac{2q}{h^3}y^3 + \dfrac{3q}{2h}y - \dfrac{q}{2} \\[2mm] \tau_{xy} = \dfrac{6q}{h^3}xy^2 - \dfrac{3q}{2h}x \end{cases} \quad (7\text{-}10)$$

简支拉断条件下顶板极限垮距初次判定为:

$$L_{1s} \leqslant 2h\sqrt{\left(\dfrac{[\sigma_t]}{3nq} - \dfrac{1}{15}\right)} = 36.5 \text{ (m)}$$

顶板极限垮距修正后取值 36.5 m 时,计算分析得到顶板岩层最大主应力分布如图 7-9 所示。

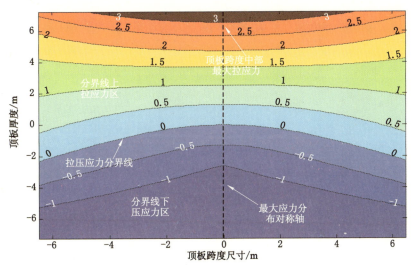

图 7-9 简支条件下顶板最大主应力分布

由图 7-9 可以看出,顶板简支拉断条件下,顶板破断的危险位置仍处于深梁结构的中间下边界位置,其断裂位置如图 7-10 所示。

同样分析得到简支剪断情形下,顶板的可能极限垮距初次判定为:

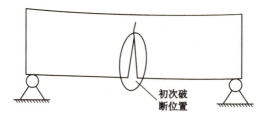

图 7-10　简支条件下顶板拉断位置

$$L_{1s} \leqslant 2h \sqrt{\frac{[\tau]}{3nq} - \frac{1}{15}} = 61.1 \ (\text{m})$$

$$L_{2s} \leqslant \frac{4[\tau]h}{3nq} = 260.7 \ (\text{m})$$

顶板极限垮距修正后取值 60.0 m 时，计算分析得到顶板岩层最大剪应力分布如图 7-11 所示。

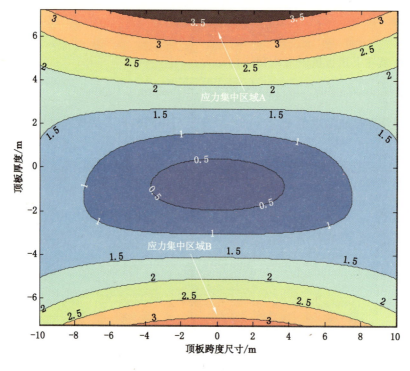

图 7-11　简支条件下顶板最大剪应力分布

与固支剪断情形相似，简支剪断条件下顶板最大剪应力主要分布在深梁中间靠近上下边界的区域 A 和 B，最易破断位置处于顶板中间下边界点处。简支顶板破断形态如图 7-12 所示。

7.1.2　顶板周期垮断特征

7.1.2.1　顶板承载及应力分布

顶板岩层初次垮断后，随着下部煤层工作面的推进，上煤层顶板周期性垮落。由于顶板

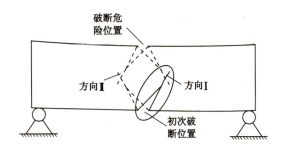

图 7-12 简支条件下顶板剪断位置及方向

岩层岩性较硬、厚度较大,顶板悬露尺寸一般较大;顶板一端连续,另一端承受相邻块体的挤压及支撑作用,形成区别于一般悬梁的"半砌体结构"型悬梁。坚硬较厚顶板破断特征如图 7-13 所示。

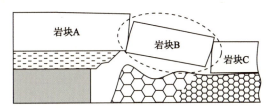

图 7-13 坚硬厚顶板周期垮断特征

为分析坚硬较厚顶板最大悬露长度尺寸,依据圣维南原理,将结构型悬梁极限垮断位置处应力效果代以集中力作用方式,如图 7-14 所示。

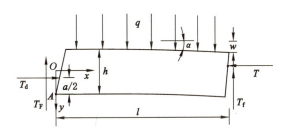

图 7-14 悬露顶板等效承载特征

块体左端为悬露顶板极限垮断位置处,承受与应力分布效果等效的水平及竖直方向合力 T_d,T_F;右端承受相邻块体或垮落矸石的挤压、支撑及摩擦作用,水平及竖直方向合力 T,T_f。

考虑到岩石挤压塑性变形,水平力作用点位于岩石挤压塑性变形尺寸 a 的中间位置,其值为:

$$a = \frac{1}{2}(h - l\sin \alpha)$$

式中 l——块体断裂极限长度尺寸;

        α——块体回转变形角度。

水平及竖直方向的平衡条件为：

$$\sum F_x = 0, T_d = T$$

$$\sum F_y = 0, T_F + T_f = ql$$

A 点位置处的力矩平衡条件为：

$$\sum M_A = 0, T_d \frac{a}{2} + \frac{1}{2}ql^2 = T_f l + T\left(h - w - \frac{a}{2}\right)$$

式中　w——块体右端咬合点位置处位移下沉量，其值为 $w = l\sin\alpha$。

由此解得块体右端水平挤压力：

$$T = \frac{q_d l^2}{h - l\sin\alpha} \tag{7-11}$$

式中　q_d——等效载荷，其值为 $(ql^2 - 2T_f l)/l^2$。

令块体间的挤压应力 σ_p 为：

$$\sigma_p = \frac{T}{a} = \frac{2q_d l^2}{(h - l\sin\alpha)^2} \tag{7-12}$$

令岩块间挤压强度 σ_p 与岩石极限抗压强度 $[\sigma_c]$ 的比值为 $\overline{K}$，极限抗压强度 $[\sigma_c]$ 与极限抗拉强度 $[\sigma_t]$ 比值为 i，从而得到：

$$q_d = \frac{\overline{K}[\sigma_c](h - l\sin\alpha)^2}{2l^2} = \frac{[\sigma_c]h^2}{6iKl^2} \tag{7-13}$$

式中　K——与梁支撑条件相关的系数。

由此解得块体两端合力表达式分别为：

$$T = \frac{[\sigma_c]h\sqrt{K}}{2\sqrt{3Ki}}, T_f = \frac{ql}{2} - \frac{[\sigma_c]h^2}{12liK}$$

$$T_F = \frac{ql}{2} + \frac{[\sigma_c]h^2}{12liK}, w = h\left(1 - \sqrt{\frac{1}{3iKK}}\right)$$

依据圣维南原理，由块体两端合力边界条件结合式（7-1）得到极限悬露顶板内的应力为：

$$\begin{cases} \sigma_x = -\frac{6q}{h^3}yx^2 + \frac{12T_F}{h^3}yx + \frac{4q}{h^3}y^3 + \left(\frac{6aT}{h^3} - \frac{6T}{h^2} - \frac{3q}{5h}\right)y - \frac{T}{h} \\ \sigma_y = -\frac{2q}{h^3}y^3 + \frac{3q}{2h}y - \frac{q}{2} \\ \tau_{xy} = x\left(\frac{6q}{h^3}y^2 - \frac{3q}{2h}\right) - \frac{6T_F}{h^3}y^2 + \frac{3T_F}{2h} \end{cases} \tag{7-14}$$

7.1.2.2　顶板拉断情形

据长梁一般结论，深梁悬臂结构不沿易断裂位置 $(0, -h/2)$ 拉断的条件为：

$$\left(\frac{q}{5[\sigma_t]} + 1\right)Ki - \frac{i\sqrt{KKi}}{\sqrt{3}} + \frac{i}{4} \geqslant 0 \tag{7-15}$$

由此得到顶板悬梁结构支撑系数需满足关系 $K \geqslant 0.76$，故初次判定结构型悬梁极限垮距尺寸 l_{1s} 需满足关系：

$$l_{1s} \leqslant h\sqrt{\frac{[\sigma_t]}{4.56nq}} = 15.1 \text{（m）}$$

结构型悬梁极限垮距修正后取值 15.0 m 时,计算分析得到顶板岩层最大主应力分布如图 7-15 所示。

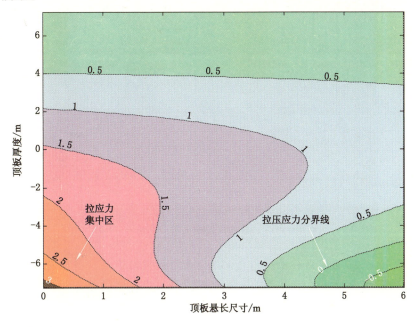

图 7-15 悬露顶板最大主应力分布

由图 7-15 可以看出,顶板悬臂拉断条件下,梁内最大主应力集中于顶板左端靠近上边界区域,而顶板破断危险点位于深梁结构垮断极限位置的上边界。坚硬厚顶板最易断裂位置如图 7-16 所示。

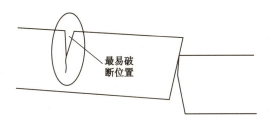

图 7-16 悬露顶板拉断位置

7.1.2.3 顶板剪断情形

类似分析得到悬梁不沿易破断位置(0,0)剪断的条件满足:

$$\frac{3ql}{4h} + \frac{[\sigma_c]h}{8liK} \leqslant [\tau_{\max}] \tag{7-16}$$

由此初次判定结构型悬梁极限垮距尺寸 l_{1s} 需满足:

$$l_{1s} \leqslant \frac{h[\sigma_c]}{(18\sim12)nq} + h\sqrt{\left(\frac{[\sigma_c]}{(18\sim12)nq}\right)^2 - \frac{[\sigma_c]}{6nqiK}} = 78.2\sim117.4 \text{ (m)}$$

结构型悬梁剪断条件下极限垮距尺寸修正后取值 78.0 m 时,计算分析得到顶板岩层最大剪应力分布如图 7-17 所示。

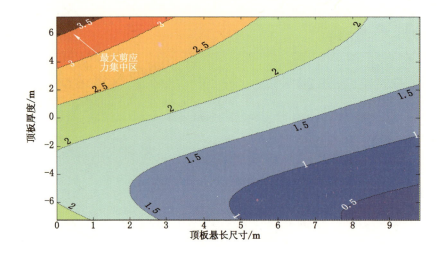

图 7-17　悬露顶板最大剪应力分布

由图 7-17 可知,顶板悬臂拉断条件下,梁内最大剪应力集中于顶板左端靠近下边界区域,顶板破断危险点位于深梁结构垮断极限位置的下边界。坚硬厚顶板最易断裂位置及断裂面方向如图 7-18 所示。

图 7-18　悬露顶板剪断位置及方向

7.2　特厚煤层综放开采顶板破断规律的相似模拟

7.2.1　物理相似模拟实验方案

相似材料模拟实验根据相似定理,对于两个相似的力学系统,主要包括对应的长度、时间、力及质量的物理量满足几何相似、动力相似、时间相似、主导相似等方面。根据相似实验原理,结合现场试验条件以及模拟实验模型架尺寸,确定相似常数如表 7-1 所示。

表 7-1　　　　　　　　　　特厚煤层顶板相似模拟实验参数

主要相似常数	参数	主要相似常数	参数
几何相似常数 C_L	1:160	应力相似常数 C_σ	1:240
重度相似常数 C_γ	1:1.5	时间相似常数 C_t	1:1

根据大同矿区地质条件,选取 269.84 m 厚度的含煤地层进行实验,再根据实验条件,建立 2 500 mm×200 mm×1 483 mm(长×宽×高)的实验模型,模型为沿石炭系 3-5# 煤层

走向方向布置。

模拟岩层共 22 层,厚度较大的岩层,按其弱面分布特征进行分层铺设。"双系"煤层开采煤岩体力学参数如表 7-2 所示。

表 7-2 岩层相关参数

序号	岩性	厚度 /m	密度 /(kg/m³)	抗压强度 /MPa	抗拉强度 /MPa	弹性模量 /GPa	黏聚力 /MPa	内摩擦角 /(°)	泊松比
22	粉砂岩	2.6	2 747	40.1	5.6	23.6	8.5	30.9	0.18
21	泥岩	5.3	2 654	34.8	4.8	21.5	4.9	34	0.25
20	细砂岩	11	2 534	55.2	7.8	25.4	15.7	47	0.1
19	中粗砂岩	7.1	2 526	39.5	7	14.3	6.8	31	0.17
18	砂质泥岩	3.3	2 595	42.5	5.2	23.43	5.5	33	0.22
17	12# 煤	5.47	1 426	16.5	2.6	2.8	9.5	30	0.32
16	细砂岩	6.83	2 534	55.2	7.8	25.4	15.7	47	0.1
15	14# 煤	4.5	1 426	16.5	2.6	2.8	9.5	30	0.32
14	细砂岩	9.45	2 534	55.2	7.8	25.4	15.7	47	0.1
13	砂质泥岩	2.7	2 595	42.5	5.2	23.43	5.5	33	0.22
12	15# 煤	4.9	1426	16.5	2.6	2.8	9.5	30	0.32
11	细砂岩	10.34	2 534	55.2	7.8	25.4	15.7	47	0.1
10	中粗砂岩	10	2 526	39.5	7	14.3	6.8	31	0.17
9-4		20	2 575	40.6	7	18.3	9.6	37	0.24
9-3	中粉砂岩	30	2 575	40.6	7	18.3	9.6	37	0.24
9-2		10	2 575	40.6	7	18.3	9.6	37	0.24
9-1		10.5	2 575	40.6	7	18.3	9.6	37	0.24
8	中粗砂岩	10.85	2 526	39.5	7	14.3	6.8	31	0.17
7-2	砂质泥岩	20	2 595	42.5	5.2	23.43	5.5	33	0.22
7-1		5	2 595	42.5	5.2	23.43	5.5	33	0.22
6	泥岩	9.6	2 654	34.8	4.8	21.5	4.9	34	0.25
5	粉砂岩	7.02	2 747	40.1	5.6	23.6	8.5	30.9	0.18
4	岩浆岩	5.67	2 747	90.5	10.7	40.6	16.5	50	0.1
3	碳质泥岩	4.59	2 728	26.4	4	23.43	5.5	33	0.22
2	3-5# 煤	5.2	1 426	16.5	2.6	2.8	9.5	30	0.32
		5.2	1 426	16.5	2.6	2.8	9.5	30	0.32
		5.2	1 426	16.5	2.6	2.8	9.5	30	0.32
1	高岭岩	5	2 595	42.5	5.2	23.6	8.5	30.9	0.18

根据相似常数、实际煤岩体力学参数以及实验室测定材料配比数据可以计算出模型各煤岩层的物理力学参数和配比,如表 7-3 所示。

表 7-3 模拟实验相关数据

序号	模型厚度/cm	配比号	模型分层质量/kg	模型用水量/L	材料质量/kg	砂子质量/kg	碳酸钙质量/kg	石膏质量/kg
22	1.6	573	15.19	1.52	13.67	11.40	1.60	0.68
21	3.3	573	30.97	3.10	27.87	23.20	3.25	1.39
20	6.9	555	64.28	6.43	57.85	48.21	4.82	4.82
19	4.4	655	41.49	4.15	37.34	32.01	2.67	2.67
18	2.1	755	19.28	1.93	17.36	15.19	1.08	1.08
17	3.4	473	31.97	3.20	28.77	23.02	4.03	1.73
16	4.3	555	39.91	3.99	35.92	29.93	2.99	2.99
15	2.8	473	26.30	2.63	23.67	18.93	3.31	1.42
14	5.9	555	55.22	5.52	49.70	41.42	4.14	4.14
13	1.7	755	15.78	1.58	14.20	12.43	0.89	0.89
12	3.1	473	28.63	2.86	25.77	20.62	3.61	1.55
11	6.5	555	60.42	6.04	54.38	45.32	4.53	4.53
10	6.3	655	58.44	5.84	52.59	45.08	3.76	3.76
9-4	12.5	655	116.88	11.69	105.19	90.16	7.51	7.51
9-3	18.8	655	175.31	17.53	157.78	135.24	11.27	11.27
9-2	6.3	655	58.44	5.84	52.59	45.08	3.76	3.76
9-1	6.6	355	61.36	7.67	53.69	40.27	6.71	6.71
8	6.8	655	63.40	6.34	57.06	48.91	4.08	4.08
7-2	12.5	655	116.88	11.69	105.19	90.16	7.51	7.51
7-1	3.1	755	29.22	2.92	26.30	23.01	1.64	1.64
6	6.0	573	56.10	5.61	50.49	42.08	5.89	2.52
5	4.4	573	41.02	4.10	36.92	30.77	4.31	1.85
4	3.5	337	33.13	4.14	28.99	21.74	2.17	5.07
3	2.9	555	26.82	2.68	24.14	20.12	2.01	2.01
2-3	3.3	473	30.39	3.04	27.35	21.88	3.83	1.64
2-2	3.3	473	30.39	3.04	27.35	21.88	3.83	1.64
2-1	3.3	473	30.39	3.04	27.35	21.88	3.83	1.64
1	3.1	455	29.22	2.92	26.30	21.04	2.63	2.63

在模型正面布置测点,观测随煤层开采顶板垮落特征及顶板结构形态,同时测量顶板应力分布,具体测点布置如下:

位移测点:模型正面水平方向从下至上每隔 10 cm 布置一条测线,共布置 14 条;竖直方向每隔 10 cm 布置一条测线,共 24 条,得到位移测点 336 个。

　　应力测点:压力盒布置及煤柱留设如图 7-19 所示,共布置 14 个压力盒,测量 3-5# 煤层开采时覆岩压力的变化,以及煤柱留设对下部岩层内应力的影响。

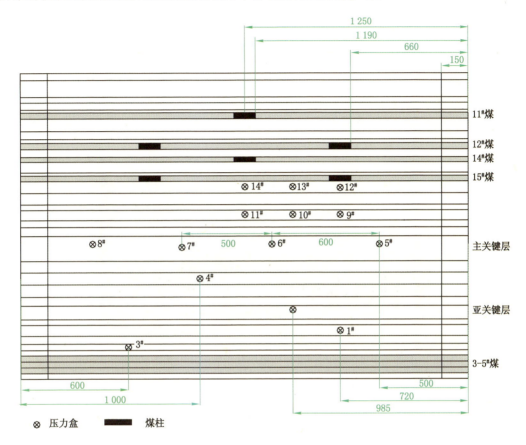

图 7-19　测点布置及模型尺寸示意图

　　为消除边界效应,所有煤层距模型左端 15 cm 处开切眼,距模型右端 15 cm 停止回采。煤层开采顺序为下行开采,首先开采侏罗系 12# 煤层,根据现场实际开采条件,14#、15# 煤层联合开采;侏罗系煤层开采完毕后,开采石炭系 3-5# 煤层。

　　相似模拟实验过程中,采用运用数码相机位移观测系统,记录分析侏罗系及石炭系煤层开采时覆岩大范围活动规律及顶板结构形态;使用应力记录仪记录在不同煤层开采时岩层中应力的变化。

7.2.2　特厚煤层覆岩破断结构特征及运动规律

　　石炭系 3-5# 煤层厚度较大,采用综采放顶煤开采方式。其直接顶为碳质泥岩,上覆各岩层多为砂质岩性,且厚度较大,形成坚硬厚层顶板群,对侏罗系采空区垮落矸石承载强度较大。

　　为分析顶板运动规律,在石炭系煤层上方选取 5 条测线,从下往上依次编号为 1# ～ 5#,各测线所在岩层及距离工作面的垂直距离如表 7-4 所示。

表 7-4 测线所在位置

编号	1#	2#	3#	4#	5#
所在岩层	直接顶	基本顶	亚关键层	主关键层	侏罗系 15# 煤层直接底
与工作面垂向距离/m	12	28	44	92	140

模拟实验得到,工作面距离切眼 45 m 左右时,碳质泥岩直接顶与其上岩层之间出现明显裂缝,随工作面的推进,岩层之间出现离层,直接顶悬露岩梁两端及中间位置竖向裂纹萌生。工作面推进 56 m 左右时,碳质泥岩直接顶初次垮落,并伴有一定的冲击性,垮落块体约 20 m,煤层采出后采空区遗留空间较大,直接顶初次破断块体间无咬合作用,如图 7-20 所示。

图 7-20 3-5# 煤层碳质泥岩直接顶初次垮落

随工作面的推进,碳质泥岩直接顶呈悬臂梁结构,并周期性破断,周期来压步距为 19 m 左右,垮落岩块在采空区排列较规则,岩块间相互作用较小。工作面推进约 88 m 时,岩浆岩顶板初次失稳,悬露岩梁呈整体性垮落,垮落岩块长度为 16~26 m,如图 7-21 所示。垮落前岩梁下沉量较小,由于已垮落碳质泥岩顶板具碎胀性,破断后岩浆岩顶板垂向最大位移量为 12.9 m,同时基本顶出现下沉,最大下沉量为 0.6 m,最大下沉量位置位于工作面后方 18 m 左右,如图 7-22 所示。

图 7-21 岩浆岩顶板初次失稳破断

工作面推进 96 m 左右时,悬露粉砂岩顶板上方出现离层,其内部竖向裂隙萌生且迅速

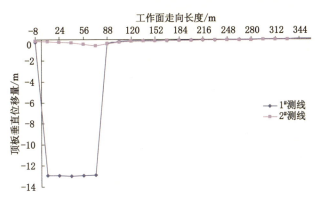

图 7-22 3-5# 煤层工作面推进 88 m 左右时顶板下沉量

发展,裂隙较发育位置位于岩梁两端及中间;碳质泥岩顶板与岩浆岩顶板形成组合悬臂梁结构,悬梁长度约 11 m,并同步周期性破断。工作面推进 112 m 左右时,粉砂岩顶板初次失稳破断,如图 7-23 所示,顶板破断线距离工作面约 17 m,该三层顶板悬露部分形成组合悬臂梁结构。

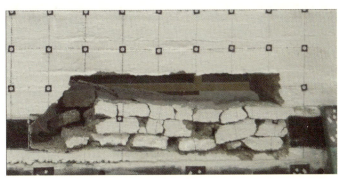

图 7-23 粉砂岩顶板初次破断

工作面推进 120 m 左右时,基本顶初次失稳垮落,且冲击性较强,其上部砂质泥岩顶板随之垮落,工作面上方岩层破断角约 63°,基本顶破断岩块长度为 17～32 m,如图 7-24(a)所示。工作面推进 136 m 左右时,由于采动影响及基本顶来压冲击作用,加之采空区矸石碎胀,下位碳质泥岩直接顶随采随垮,中位岩浆岩破断悬梁与采空区矸石挤压成拱,拱脚一端位于采空区垮落矸石交接处,一端位于工作面上方岩梁破断铰接处,该拱结构对上位粉砂岩顶板具有一定的支撑作用。同时,采空区上方亚关键层内裂隙发育,如图 7-24(b)所示。

基本顶初次垮落呈剪切破断,破断岩块下沉量曲线呈对称"U"形,如图 7-25 所示,基本顶的垮落引起亚关键层发生一定的下沉量,最大下沉量约 1.1 m,位于悬梁的中间位置。

工作面推进 144 m 左右时,亚关键层突然失稳垮断,上方作为载荷的岩层也同步失稳垮落,并伴有强烈的冲击性,亚关键层破断岩块长度约 56 m,岩块内部裂隙较发育。失稳垮落后的两岩块相互挤压咬合,呈对称"V"形结构,对上方矸石具有一定的承载作用。亚关键层的垮落导致裂隙迅速向上发展,采空区上方 20 m 左右岩层出现明显离层及竖向裂隙,如图 7-26 所示。

亚关键层的断裂失稳造成采空区矸石进一步压缩,工作面后方 56～120 m 范围内矸石

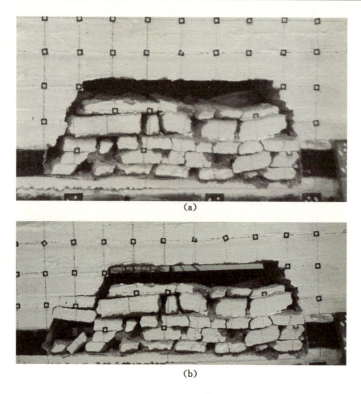

(a)

(b)

图 7-24 3-5# 煤层基本顶初次垮落

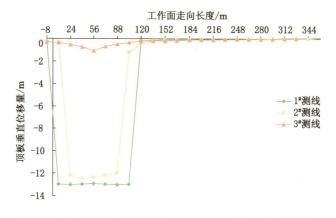

图 7-25 3-5# 煤层工作面推进 120 m 时各顶板下沉量曲线

基本处于压实状态,且采空区矸石自上而下压实程度呈递增趋势,即最终碎胀系数自上而下递减。由测量结果可知,3-5# 煤层直接顶最大下沉量为 14.9 m,基本顶垮落矸石最大下沉量为 13.3 m 左右,顶板垂直下沉量曲线均呈"U"形;亚关键层顶板最大下沉量为 12.9 m,下沉量曲线呈对称"V"形;主关键层出现弯曲下沉,最大下沉量为 0.54 m,各顶板的垂直位移量如图 7-27 所示。

随工作面推进,基本顶及亚关键层周期性垮断,基本顶周期破断步距约 23 m,破断后的悬露岩梁与其下岩层形成组合悬梁结构,岩梁最长悬露长度约 17 m;亚关键层破断步距约

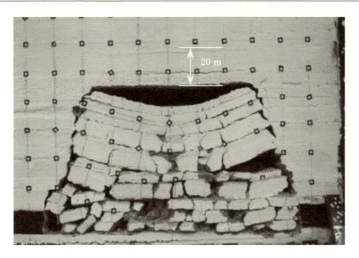

图 7-26　亚关键层初次失稳垮落

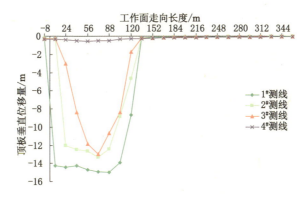

图 7-27　3-5# 煤层工作面推进 144 m 左右时顶板下沉量

27 m,破断失稳块体相互挤压形成铰接顶板结构,承担其上载荷作用。工作面推进 176 m 左右时,主关键层与其下岩层之间出现离层,竖向裂隙发育明显,但尚未贯通岩层,如图 7-28 所示。

　　工作面推进 208 m 左右时,主关键层突然失稳垮断,带有强烈的冲击性,其上岩层随之垮落,裂缝带瞬间波及侏罗系采空区,双系煤层采空区贯通,侏罗系煤层采空区矸石发生少量下沉。主关键层中部断裂位置位于侏罗系 12# 及 15# 煤层遗留煤柱正下方,靠近工作面一侧的破断位置位于 14# 煤层遗留煤柱下方,破断大岩块长度约 64 m,两岩块相互挤压,岩块中断缝发育明显,如图 7-29 所示。

　　主关键层的回转失稳对下部采空区矸石挤压,造成破断岩块发生少量水平位移,工作面后方 56 m 范围内矸石相互咬合且相互间水平作用力增大,总体碎胀系数较后方垮落矸石大。主关键层发生最大下沉量位置位于工作面后方 130 m 左右,最大下沉量约 10.6 m,不同位置下沉量曲线呈不对称"V"形。侏罗系煤层直接底岩层最大下沉量为 7.5 m 左右,其上侏罗系采空区矸石随之下沉,两采空区贯通。各岩层下沉曲线如图 7-30 所示。

　　随工作面继续推进,主关键层周期性回转失稳破断,形成铰接顶板结构,回转块体长度约 56 m,回转岩块内部裂隙发育,裂隙平均距离 17 m 左右,如图 7-31 所示。铰接顶板块体

图 7-28 3-5#煤层顶板周期破断结构特征

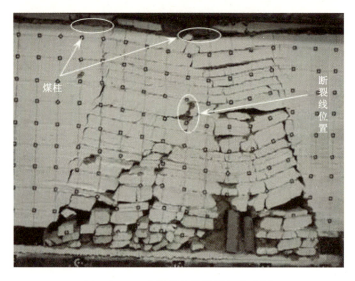

图 7-29 3-5#煤层主关键层初次垮断

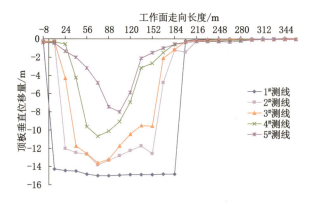

图 7-30 3-5#煤层工作面推进 208 m 时各顶板下沉量曲线

相互挤压对其上载荷岩层及侏罗系已开采的多煤层采空区矸石具有一定的承载作用,同时对 3-5# 煤层矿压显现起到缓冲作用。

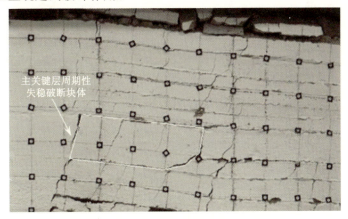

图 7-31　主关键层周期性失稳破断

由顶板下沉量曲线可知,工作面后方 64 m 范围内矸石碎胀系数较大,64 m 以后已垮矸石基本处于压实状态,顶板下沉量曲线呈不对称"U"形,如图 7-32 所示。

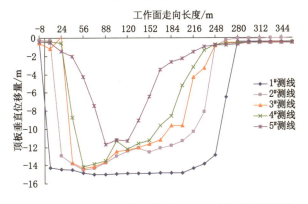

图 7-32　3-5# 煤层工作面推进 280 m 顶板下沉量曲线

7.3　石炭系特厚煤层开采覆岩应力变化特征

随 3-5# 煤层工作面的推进,其不同层位顶板内应力变化如图 7-33 所示。

由图 7-33 可知,1#、2#、4# 测点应力变化趋势大致相同,呈"升高—降低—再升高"三个阶段。3-5# 煤层工作面推进 64 m 左右时,工作面前方 27 m 处 1# 测点应力开始有上升趋势,说明测点处进入工作面支承压力影响区,当工作面与测点之间的距离缩短为 15 m 左右时,测点处应力达到峰值 26.3 MPa,而后随工作面推进,测点处应力急剧减小,工作面推过测点后,测点处于采空区卸压带,应力降低 1.5 MPa 左右,说明测点所在岩层为垮落带岩层。另外,随工作面的进一步推进,测点处应力出现两次急剧增高而后又急剧减小的现象,这是由于亚关键层及主关键层两岩层垮落冲击所造成的,工作面推进 208 m 左右主关键层垮落以后,采空区垮落矸石得到进一步压实,测点应力又逐渐升高,并趋于一稳定值。

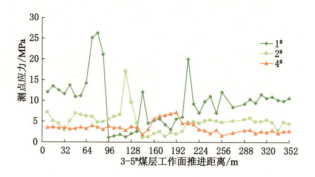

图 7-33　3-5#煤层开采对 1#、2#、4# 测点应力影响

随工作面推进,14# 测点及主关键层内 5#、6# 测点应力变化曲线如图 7-34 所示。由图 7-34 可知,14# 测点位于侏罗系采空区遗留煤柱正下方,由于应力集中的影响,应力大小总体较非煤柱下方测点高。主关键层的初次破断及周期性失稳导致其内部应力呈"升高—降低—升高"的趋势,由于主关键层厚度较大且岩性坚硬,作为 3-5# 煤层外部边界承担上覆岩层及侏罗系多煤层采空区的边界,来压后岩层内应力较初始应力下降幅度不大。

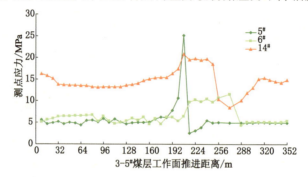

图 7-34　3-5#煤层开采对 5#、6#、14# 测点应力影响

3# 测点应力随 3-5# 煤层工作面推进变化曲线如图 7-35 所示。由图可知,3-5# 煤层工作面推进 232 m 左右时,煤层直接顶内 3# 测点应力开始上升,进入支承压力影响范围内,达到峰值 31.5 MPa 时,应力下降,最大应力集中系数为 3.2,随工作面继续推进,3# 测点处应力迅速下降,当测点位于工作面后方 65 m 左右时,由于上覆岩层的垮落,采空区矸石堆积

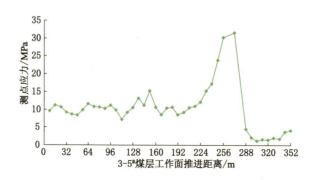

图 7-35　3-5#煤层开采对 3# 测点应力影响

压实,测点应力有上升趋势,应力变化特征与1#测点处应力变化特征相似,均符合常规支承压力分布,说明双系煤层采空区贯通,上部侏罗系采空区矸石重组对下部石炭系煤层工作面矿压规律无影响。

7.4　石炭系特厚煤层开采覆岩坚硬顶板破断失稳结构特征

综上物理相似模拟与数值分析研究表明,大同矿区石炭系特厚煤层开采条件下,煤层下位多层顶板易形成组合悬梁结构,而上位关键层顶板则随着工作面的推进周期性破断形成砌体梁结构。由于上位不同层位坚硬顶板的厚度不同,从而形成不同破断步距的砌体梁结构。因此,石炭系特厚煤层覆岩坚硬顶板的破断失稳呈现"下位组合悬梁与上位多层砌体梁"结构特征,如图7-36所示。

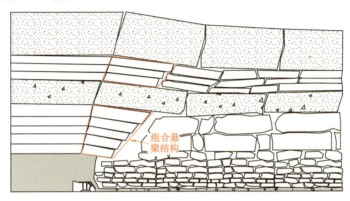

图7-36　特厚煤层开采覆岩多层顶板结构

随着特厚煤层的开采,工作面大采空区扰动波及的顶板范围相对较广,而顶板厚度及岩性的不同又会造成工作面支架承载的差异:

(1)工作面上覆第一关键层顶板破断失稳前,其下位直接顶岩层随着工作面推进周期性破断,其破断形式呈现组合悬臂梁的方式。此时,工作面支架主要承受此破断岩层的重力,且随着工作面的推进,煤层顶板组合悬梁结构运动失稳,易对工作面来压造成一定影响。

(2)第一关键层顶板破断后,坚硬厚层顶板破断块体间形成具有一定承载能力的砌体梁结构,该砌体梁结构的回转及下沉会造成其上覆软弱顶板的周期性垮断,并以载荷的形式作用到下位砌体梁结构上,此时工作面支架承载主要来自上覆岩层下位组合悬臂梁与第一关键层砌体梁结构间的共同作用,易对工作面造成较大矿压影响。

(3)依次类推,随着工作面开采影响程度的增加,工作面支架支护阻力主要来自覆岩多层顶板关键层结构与组合悬臂梁结构间的共同作用,而此时工作面一般多出现较强的矿压显现。

由此可见,工作面采动及采空区大空间范围导致上覆顶板的垮裂高度相对较大,随着特厚煤层的推进覆岩不同级次的组合顶板结构周期性运动失稳,从而发生特厚煤层工作面大小来压特征。

基于大同矿区特厚煤层开采后的覆岩破断失稳规律与结构特征分析,得到以下主要结论:

（1）特厚煤层顶板第二关键层垮断失稳后引起的覆岩活动范围相对较大，甚至波及上覆的侏罗系采空区空间范围，但工作面直接顶组合悬梁结构依然周而复始地呈现与垮断。此时，工作面支护结构承受上覆多层垮断顶板与直接顶组合悬梁结构的共同作用，呈现较高的工作阻力。

（2）特厚煤层开采留下的巨大空间使得上覆岩层运动趋于同步状态，各顶板分层间的协调运动使得顶板内应力分布趋于不变状态；随着 3-5# 煤层的开挖，煤岩层整体受到一定影响，同一水平测点应力变化趋势基本趋于一致，但应力变化幅度相对较小；工作面的不同推进距离并未使得相同测点位置处的应力发生较大变化，大采空区空间范围易使得顶板组合岩层出现同步协调运动。

（3）石炭系特厚煤层第一关键层顶板垮断前，特厚煤层工作面直接顶呈现出一定的组合悬梁结构特征，随着工作面的推进周期性垮断，覆岩顶板第一关键层垮断前，特厚煤层工作面支架阻力主要受支架上方的放顶煤与直接顶岩层活动影响；煤层顶板第一关键层垮断后，覆岩第二顶板关键层垮断失稳前，覆岩顶板处于整体垮断活动状态，导致两关键层顶板间的分层顶板组合协调运动下沉，连同原第一顶板关键层结构共同作用于工作面支护结构上方，且覆岩顶板结构的运动失稳易导致工作面大小周期来压现象的产生。

8 特厚煤层综放开采覆岩结构力学模型及支架阻力确定

石炭系特厚煤层开采过程中,由于采空区空间范围较大,顶板活动相对剧烈,工作面强矿压显现频繁并伴有一定的冲击性,基于传统的顶板控制理论与工作面支架阻力确定方法则难以满足特厚煤层工作面合理支护要求,根据石炭系特厚煤层覆岩的破断失稳规律和结构特征的研究结果,本章从特厚煤层分层坚硬顶板破断方式、破断次序及顶板结构承载能力的角度建立覆岩结构力学模型,探讨工作面支架阻力确定的原则与方法。

8.1 特厚煤层综放开采覆岩结构力学模型

根据对石炭系特厚煤层顶板破断结构形态的探讨,得知特厚煤层开采后的下位顶板呈现组合悬梁结构,而其上岩层为关键层铰接结构。因此,要弄清覆岩顶板运动对特厚煤层工作面支架阻力的影响,还必须对各级顶板结构临界失稳条件下的工作面支架阻力进行分析。

特厚煤层上方第一关键层破断失稳前,工作面支架主要承受直接顶岩层组合悬梁结构与顶煤的作用,工作面支架与直接顶岩层组合悬梁受力模型如图 8-1 所示。

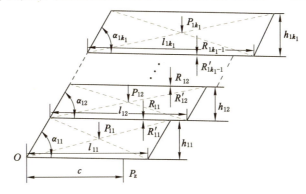

图 8-1 软弱岩层组合悬梁受力

根据力矩平衡条件,计算得到工作面支架支护阻力为:

$$P_z = \frac{1}{c}\left[\frac{1}{2}\sum_{i=1}^{k_1} P_{1i}(l_{1i} + h_{1i}\cot\alpha_{1i}) + \sum_{i=1}^{k_1-1} R_{1i}h_{1i}\cot\alpha_{1i}\right] + P_d \qquad (8\text{-}1)$$

式中 P_z——工作面支架支护阻力;

c——支架有效承载作用点距组合悬梁断裂点的距离;

k_1——组合悬梁岩层总数;

$P_{1i}, l_{1i}, h_{1i}, \alpha_{1i}, R_{1i}$——组合悬梁第 i 分层的重力,长度,厚度,破断角以及与相邻分层间的相互作用力;

P_d——支架上方顶煤重力。

特厚煤层第一关键层破断失稳后，坚硬厚层顶板破断块体间仍具有一定的承载能力。在第二关键层顶板破断失稳前，两关键层间的软弱岩层随着工作面的采动逐步破断，作为载荷直接作用于第一关键层破断块体上方，并连同下位组合悬梁以及顶煤作用于工作面支架顶梁上方，此时工作面支架受力模型如图8-2所示。

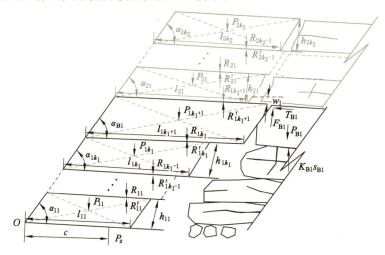

图 8-2　第一关键层破断失稳时的支架承载模型

图8-2中，k_2为第一与第二关键层间软弱岩层总数；P_{2j}，l_{2j}，h_{2j}，α_{2j}，R_{2j}分别为层间软弱岩层第j分层的重力，长度，厚度，破断角以及与相邻分层间的相互作用力；α_{B1}为第一关键层破断角；T_{B1}，F_{B1}分别为第一关键层破断块体受相邻块体的挤压力与支撑力。

为便于描述，令：

$$(P,l,h,\alpha,R)_{1i} = (P,l,h,\alpha,R)_i$$
$$(P,l,h,\alpha,R)_{2j} = (P,l,h,\alpha,R)_{k_1+j+1}$$

式中　(P,l,h,α,R)——顶板相关参数符号；

i,j——顶板分层序号。

计算分析得到特厚煤层第一关键层破断失稳时的工作面支架支护阻力为：

$$P_z = \frac{1}{c}\left\{ \left[\frac{1}{2}\sum_{i=1}^{k_1+k_2+1} P_i(l_i+h_i\cot\alpha_i) + \sum_{i=1}^{k_1+k_2} R_i h_i \cot\alpha_i \right] + P_d c - \right.$$
$$\left. \frac{1}{f_{B1}}(K_{B1}s_{B1}-P_{B1})(h_{k_1+1}-w_1+l_{k_1+1}f_{B1}+h_{k_1+1}f_{B1}\cot\alpha_{B1}) \right\} \quad (8-2)$$

式中　K_{B1}——采空区矸石承载系数；

s_{B1}——采空区矸石压缩量；

f_{B1}——第一关键层破断块体间摩擦系数；

P_{B1}——采空区侧第一关键层破断块体重力。

当第二层关键层顶板破断失稳时，工作面支架支护阻力主要来自第二层与第三层间软弱岩层、第二关键层顶板破断块体及以下煤岩块体间的共同作用。

为便于表达起见，令：

$$Z' = k_1 + k_2 + k + 2, (P, l, h, \alpha, R)_{3k} = (P, l, h, \alpha, R)_{Z'}$$

式中 k——失稳顶板分层序号；

Z'——第三关键层顶板破断失稳前其下部破断顶板总层数。

计算得到第二顶板关键层破断失稳时的工作面支架支护阻力为：

$$P_z = G_1' + G_2' + G_3' + G_4' \tag{8-3}$$

其中：

$$G_1' = \frac{1}{2c} \sum_{i=1}^{Z'} P_i(l_i + h_i \cot \alpha_i), \quad G_2' = \frac{1}{c} \sum_{i=1}^{Z'-1} R_i h_i \cot \alpha_i, \quad G_3' = P_d,$$

$$G_4' = \frac{1}{c} \sum_{j=k_1}^{k_2} \frac{1}{f_{Bj}} (K_{Bj} s_{Bj} - P_{Bj})(h_{j+1} - w_j + l_{j+1} f_{Bj} + h_{j+1} f_{Bj} \cot \alpha_{Bj})$$

式中 K_{Bj}——第 j 关键层采空区矸石承载系数；

s_{Bj}——第 j 关键层下采空区矸石压缩量；

f_{Bj}——第 j 关键层破断块体间摩擦系数；

P_{Bj}——采空区侧第 j 关键层破断块体重力。

同理，当第 $m-1$ 层关键层顶板破断失稳后，随着特厚煤层的采动影响，工作面支架支护阻力主要来自第 $m-1$ 与第 m 层间软弱岩层、第 $m-1$ 层关键层顶板破断块体以及工作面顶煤的共同作用。

同样，令：

$$Z = k_1 + k_2 + \cdots + k_{m-1} + m + k - 1, (P, l, h, \alpha, R)_{mk} = (P, l, h, \alpha, R)_Z$$

式中 m——顶板关键层序号。

同样，计算分析得到第 m 层关键层顶板破断失稳前，第 $m-1$ 层关键层顶板破断失稳后的工作面支架支护阻力为：

$$P_z = G_1 + G_2 + G_3 + G_4 \tag{8-4}$$

其中：

$$G_1 = \frac{1}{2c} \sum_{i=1}^{Z} P_i(l_i + h_i \cot \alpha_i), \quad G_2 = \frac{1}{c} \sum_{i=1}^{Z-1} R_i h_i \cot \alpha_i, \quad G_3 = P_d,$$

$$G_4 = \frac{1}{c} \sum_{j=k_1}^{k_{m-1}} \frac{1}{f_{Bj}} (K_{Bj} s_{Bj} - P_{Bj})(h_{j+1} - w_j + l_{j+1} f_{Bj} + h_{j+1} f_{Bj} \cot \alpha_{Bj})$$

由式（8-4）可见，在特厚煤层开采过程中，工作面支架支护阻力主要包括四部分：

（1）工作面采动影响范围内，破断失稳顶板的自身重力 G_1；

（2）覆岩顶板分层间附加内作用力 G_2；

（3）工作面顶煤重力 G_3；

（4）关键层顶板破断失稳块体间由于相互挤压与摩擦产生的作用力 G_4。

综上分析可知，特厚煤层综放工作面支架支护阻力确定，按如图 8-3 所示的程序进行。

大同矿区石炭系特厚煤层综放工作面支架支护阻力确定步骤为：

（1）根据煤岩物理力学参数及地质赋存条件，判定顶板关键层级次；

（2）根据坚硬厚层顶板结构的破断承载特征，分别计算顶板关键层的失稳破断步距；

（3）依据计算得到的多级关键层破断步距，判断工作面正常推进过程中多层顶板关键层的破断形式与破断次序；

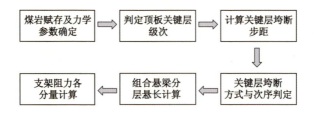

图 8-3　特厚煤层综放工作面支架支护阻力确定

（4）计算顶板关键层间软弱岩层结构分层的各自悬露长度；

（5）根据覆岩顶板破断特征参数，计算支架阻力组成部分的每个载荷量，最终得到工作面支架总阻力。

8.2　特厚煤层综放开采覆岩结构参数确定

对特厚煤层覆岩顶板关键层进行判定，采用顶板岩层的周期破断步距作为判断标准，认为在顶板周期破断步距相近条件下，邻近顶板分层间易出现同步失稳破断，反之则相对独立失稳。

8.2.1　顶板关键层判定

对于关键层顶板，岩层岩性较硬、厚度较大，破断块体悬露尺寸较大，且两端承受相邻块体的挤压与支撑作用。

根据坚硬厚层顶板的周期破断特征得到关键层顶板极限跨距尺寸 l_g 为：

$$l_g \leqslant h_g \sqrt{\frac{[\sigma_{tg}]}{4.56 n_s q_g}} \tag{8-5}$$

式中　l_g——坚硬厚层关键层顶板的极限跨距；

h_g——关键层顶板厚度；

$[\sigma_{tg}]$——关键层顶板的极限抗拉强度；

n_s——顶板完整性系数；

q_g——顶板承载量。

对于坚硬厚层顶板下方的软弱岩层，顶板分层周期性破断步距 l_z 为：

$$l_z = \frac{h_z}{2.45} \sqrt{\frac{2[\sigma_{tz}]}{q_z}} \quad 或 \quad l_z = \frac{h_z}{1.23} \sqrt{\frac{[\sigma_{tz}]}{3 q_z}} \tag{8-6}$$

式中　l_z——软弱岩层周期破断步距；

h_z——软弱岩层厚度；

σ_{tz}——软弱岩层极限抗拉强度；

q_z——软弱岩层的承载量。

大同矿区同忻矿石炭系煤层工作面岩性相近的砂质坚硬顶板破断角为 $30°$，岩层摩擦系数为 0.8，工作面动载系数为 1.52，支架中心距为 1.75 m，采空区矸石压缩率为 4%，采空区矸石压缩模量为 0.126 GPa，支架集中力作用点距离煤壁 1.7 m。煤岩赋存与物理力学参数如表 8-1 所示，结合煤岩物理力学参数，依次分析得到覆岩顶板的承载特征，见表 8-2。

表 8-1　　　　　　　　　　　　　　　　　　煤岩物理力学参数

序号	岩性	厚度/m	密度/(kg/m³)	抗拉强度/MPa	弹性模量/GPa
14	中粉砂岩	20.0	2 628	7.3	18.3
13	中粉砂岩	30.0	2 628	7.3	18.3
12	中粉砂岩	26.0	2 628	7.3	18.3
11	中粉砂岩	20.0	2 628	7.3	18.3
10	中粉砂岩	10.5	2 628	7.3	18.3
9	中粗砂岩	10.9	2 534	7.0	14.3
8	粉砂互层	17.0	2 587	5.2	23.4
7	粉砂互层	23.0	2 587	5.2	23.4
6	粉砂互层	9.0	2 587	5.2	23.4
5	碳质泥岩	6.0	2 376	4.8	15.8
	薄煤层	2.4	1 426	2.6	2.8
4	细砂岩	16.6	2 438	5.6	23.6
3	岩浆岩	1.7	2 595	8.6	40.2
	薄煤层	4.2	1 426	2.6	2.8
2	粉砂岩	2.9	2 728	3.6	23.4
1	岩浆岩	1.7	2 595	8.3	39.8
	特厚煤层	15.6	1 426	2.6	2.8

表 8-2　　　　　　　　　　　　　　　　顶板岩层关键层判定　　　　　　　　　　　　　　　　MPa

n ＼ m	4	7	11	12	13
2					
4	0.456				
7	0.373	0.597			
11		1.028	0.526		
12			0.378	0.683	
13				0.580	0.788

　　由表 8-2 可以看出，特厚煤层开采条件下，坚硬顶板 14 个分层中，可以充当关键层结构的有 5 层，其中 11# ～13# 顶板岩层岩性一致，完整度较高，且分层不明显，可作为特厚煤层开采过程中的主关键层，其余 4 与 7 号顶板岩层分处于亚关键层地位，为便于叙述方便，对上覆 5 层关键层结构进行编号为 I# ～V#。

8.2.2　顶板破断方式确定

8.2.2.1　关键层顶板破断

　　根据式(8-5)计算得到石炭系煤层顶板关键层的周期破断步距，见表 8-3。

表 8-3 关键层顶板破断尺寸

层号	I	II	III	IV	V
顶板载荷/MPa	0.699	1.030	0.526	0.683	8.834
破断步距/m	20.98	23.07	33.27	37.95	12.18

由表 8-3 可见，I#与 II#顶板关键层破断尺寸基本相当，说明在 I#顶板关键层破断失稳的同时，II#顶板结构发生失稳的概率也较大，从而特厚煤层工作面易出现坚硬顶板的同步失稳现象；同理，III#与 IV#顶板关键层的破断尺寸也基本一致且与 V#关键层破断步距的 3 倍基本相当，故 III#、IV#与 V#关键层发生同步失稳的概率也较大。

由此可判定石炭系煤层顶板关键层的可能破断形式为：

（1）随着特厚煤层的推进，I#顶板关键层首先失稳破断；

（2）I#顶板关键层产生二次周期破断后，覆岩顶板悬露尺寸已接近 II#顶板关键层周期破断尺寸，此时工作面可能发生 I#、II#顶板关键层的同步失稳破断；

（3）II#顶板关键层失稳后，当工作面推进距离大于 33～38 m 时，顶板主关键层可能出现失稳破断，此时下部亚关键层结构在主关键层作用下要发生同步失稳，从而形成工作面强矿压。

8.2.2.2 组合悬梁顶板破断

根据式（8-6）计算石炭系组合悬梁顶板以及关键层间软弱岩层分层的周期破断尺寸，见表 8-4。

表 8-4 石炭系组合悬梁顶板岩层破断尺寸

层号	1	2	3	5	6	8	9	10
顶板载荷/MPa	0.044	0.079	0.093	0.699	0.699	1.030	1.030	1.030
拉断步距/m	13.48	16.76	9.44	9.08	14.17	22.05	16.40	16.14
剪断步距/m	10.96	12.48	7.67	7.38	11.52	17.93	13.34	13.12
平均步距/m	12.22	14.62	8.55	8.23	12.85	19.99	14.87	14.63

由表 8-4 可以看出，覆岩顶板的 1#～3#分层组成了石炭系特厚煤层的组合悬梁结构，分层顶板的平均破断尺寸为 8.6～14.6 m，受工作面采动的直接影响，顶板组合悬梁结构一般随采随垮。

8.3 特厚煤层综放工作面支架阻力计算

石炭系煤层的开采导致坚硬顶板岩层分层间具有一定的相对独立性，且在特厚煤层开采中，采空区空间较大，顶板相互作用影响较小，故顶板间的附加作用力相对较小。当关键层顶板破断块体间摩擦系数取值为 0.8，支架合力作用点位置距煤壁 4.5 m，采空区矸石压缩量为相应破断块体长度的 0.4 倍，坚硬砂质岩层破断角为 60°情况下，结合表 8-2 至表 8-4 所示的顶板破断及承载特征，根据式（8-1）至式（8-4）计算得到 I#关键层破断失稳前的支架阻力约 1.99 MN，I#关键层临界失稳时的支架阻力为 11.08 MN，II#关键层顶板临界失稳条件下的支架阻力为 14.26 MN。

　　特厚煤层开采条件下采空区顶板垮落高度相对较大,覆岩Ⅱ#关键层顶板以上关键层破断点位于采空区垮落矸石上方,破断顶板块体主要由采空区矸石支撑。因此,对采场产生显著影响的覆岩关键层为Ⅱ#顶板关键层以下岩层。因此,选用额定工作阻力为 15 MN 的支架可实现对工作面顶板的有效控制。但考虑到上覆侏罗系煤层采空区留设区段煤柱集中应力的影响,在临近上覆煤柱影响区时,需采取一定的顶板辅助控制措施弱化集中应力的影响,以保证工作面的安全开采。

9 石炭系特厚煤层综放开采安全保障技术

根据前面的研究结果可知,石炭系特厚煤层综放开采强矿压显现是由多因素影响造成的,区域构造形成的高应力、覆岩多层坚硬顶板的破断失稳运动、巷道围岩双向高应力、上覆侏罗系煤层采空区煤柱以及特厚煤层开采形成的大采空区等,均是形成强矿压的原因。通过建立覆岩结构力学模型,合理确定支架工作阻力,虽然为支架的合理选型提供了依据,但在大同矿区石炭系特厚煤层的地质赋存条件和开采环境下,现有的高强度支架还难以对顶板及强矿压进行有效控制,必须采取有效的辅助技术措施进行顶板控制,同时还应在瓦斯防治及防灭火方面采取有效技术措施,为综放开采提供安全保障。

9.1 覆岩厚层坚硬顶板分层垮断定向控制技术

20 世纪 80 年代同煤集团就开始进行难冒厚砂岩及砾岩层顶板注水与爆破弱化控制技术的研究,解决了同煤集团侏罗系中厚煤层坚硬顶板安全控制的难题。虽然近年来国内有关专家学者在水压致裂的有关理论与技术方面进行了大量研究,但是关于定向致裂控制坚硬顶板的现场应用,仍旧没有成熟的技术工艺以及完善的成套设备,再加上煤层赋存条件的千差万别,造成了坚硬顶板的控制至今还是一个难题。

分层定向致裂坚硬厚层顶板使得岩梁厚度减小,岩梁抗弯截面模量降低,顶板的完整性受到破坏,从而减小顶梁的极限垮落步距,减缓工作面矿山压力。工作面坚硬厚层顶板分层致裂位置如图 9-1 所示。

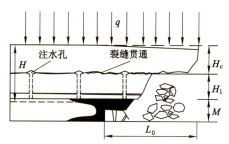

图 9-1　坚硬顶板分层致裂位置

岩梁截面最大弯矩 $M_{\max}$ 和截面模量 E' 分别为:

$$M_{\max} = \frac{qdL_0^2}{12}, E' = \frac{H_c^2}{6} \tag{9-1}$$

其中:

$$L_0 = \sqrt{\frac{2H_c^2[\sigma]}{qd}} \tag{9-2}$$

$$d = \frac{E'(H-H_1)^3[\gamma(H-H_1)+\gamma_1 h_1 + \cdots + \gamma_n h_n]}{(q_n)_0[E'(H-H_1)^3 + E_1 h_1^3 + \cdots + E_n h_n^3]} \tag{9-3}$$

其中，$(q_n)_0$ 为考虑上覆 n 层岩层对坚硬顶板岩梁影响的载荷，其值为：

$$(q_n)_0 = \frac{EH^3[\gamma H + \gamma_1 h_1 + \cdots + \gamma_n h_n]}{EH^3 + E_1 h_1^3 + \cdots + E_n h_n^3} \tag{9-4}$$

式中　h_i——岩梁上覆各岩层厚度；

　　　　E——坚硬顶板岩梁的弹性模量；

　　　　E_i——岩梁上覆各岩层弹性模量；

　　　　γ——坚硬顶板岩梁重度；

　　　　γ_i——岩梁上覆各岩层重度，$i=1,2,\cdots,n$；

　　　　L_0——拉槽后顶板极限垮落步距；

　　　　d——采用分层致裂控制放顶技术导致的坚硬岩梁本身及上覆岩层传递载荷系数；

　　　　H_c——厚层坚硬顶板分层致裂后剩余岩梁厚度。

若要求坚硬顶板分层致裂后的极限垮落步距 L_1 是非强制放顶前 L_0 的 $1/n$，则要求的分层致裂工艺钻孔深度 H_1 计算如下：

$$L_1 = \frac{1}{n}L_0 \tag{9-5}$$

则有：

$$\sqrt{\frac{2H_c^2[\sigma]}{qd}} = \frac{1}{n}\sqrt{\frac{2H^2[\sigma]}{q}}$$

计算可得：

$$H_c = \frac{1}{n}\sqrt{d}\,H \tag{9-6}$$

$$H_1 = H - \frac{1}{n}\sqrt{d}\,H = \left(1 - \frac{1}{n}\sqrt{d}\right)H \tag{9-7}$$

9.1.1　特厚煤层水压致裂工艺系统

为实现覆岩厚层坚硬顶板的分层处理，在大同矿区塔山煤矿石炭系特厚煤层综放工作面开展了水压定向分层致裂坚硬顶板的现场试验以解决临空顺槽矿压显现剧烈的难题。

9.1.1.1　特厚煤层水压致裂装备

试验地点选择在塔山煤矿 8106 工作面，岩石定向水压致裂所需的设备包括：煤矿用隔爆型三相异步电动机、BZW200/56 型动压注水泵、SX3000 型清水箱、KXJR4—12 矿用隔爆兼本质安全型乳化液泵站用电器控制箱、切槽钻头、ZF19—增强型封孔器、封孔器专用安装杆、75 MPa 高压钢丝缠绕胶管、两通、三通、截止阀等设备。水压致裂泵及控制箱，如图 9-2 所示。

其中，SX3000 型清水箱，容积 3 000 L，外部有内震压力表，水位计，其中内震压力表量程 0～100 MPa；BZW200/56 型注水泵，公称流量 220 L/min，公称压力 56 MPa，功率 220 kW；KXJR4—12 矿用隔爆兼本质安全型乳化液泵站用电器控制箱，额定电压 127 V，本安电源开路电压 18.5 V，本安电源最大短路电流 1 A，煤安证号 MAB090136，防爆证号

(a)　　　　　　　　　　　　(b)

图 9-2　水压致裂设备

(a) 水压致裂泵；(b) 水压致裂控制箱

2092069,内有 1 号泵输出,2 号泵输出,1 号泵输入,2 号泵输入,水位输入共 5 个传感器接口。

9.1.1.2　水压致裂系统布置与工序

注水工作主要有钻孔、封孔和注水三道主要工序。系统设备布置如图 9-3 所示。

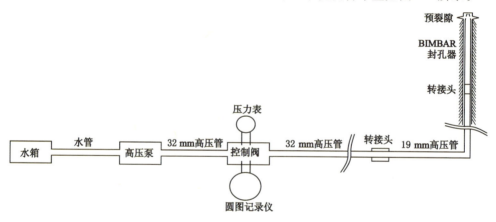

图 9-3　系统设备布置

(1) 钻孔。钻机设在上下巷内,若巷道断面不够时,可开专用钻场。按设计的仰角和水平转角向顶板钻孔。应根据岩石硬度和钻孔深度选择钻机。对砂岩顶板可选用 TXU—75 型、FRA—160 型或 MYZ—150 型钻机。

为有利于封孔器有效封孔作业,要求钻孔壁面光滑,不出现明显螺旋纹、裂隙以及离层等情况,打好钻孔后将切槽刀具送入钻孔底部切出楔形槽,如图 9-4 所示。

(2) 割缝。割缝设备包括:机身 1 放置在导向装置 2 中,并带有一个纵向的开槽。刀具 5 和机身 1 用螺栓 8 连接,放置在导向装置 2 的轴向切槽中,可顺着轴线移动。这些元件除了共同转动外,它们的轴向径移带动稳定装置 10(棱形花键)运动。复位弹簧 6 能够使处于极限伸开位置的导向装置 2 和机身 1 之间保持连接。导向装置 2 和机身 1 共同移动,刀具 5 在导向装置外,以剪切方式向前运动。仪器末端一边是定向锥 3,一端是连接器,能够使仪器和钻杆相连。装置如图 9-5 所示。

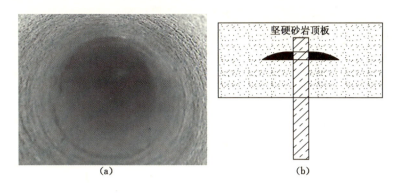

图 9-4 钻孔窥视图和切槽示意图

(a) 钻孔窥视图；(b) 切槽示意图

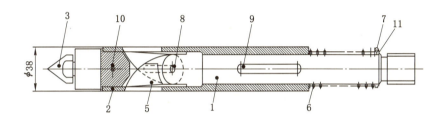

图 9-5 直径为 38 mm 的岩石定向裂缝开凿设备

具体操作方法：首先，将机身和钻杆相连，放入钻孔中直至定向锥 3 接触到钻孔底部。

将钻具进行空钻（不要有向前的运动），把泥浆冲出。等从钻孔中有水流出后，慢慢有控制地推动钻杆转动，使钻杆沿轴向向前运动。钻杆向前的移动量不能超过纵向切槽的长度，从而切出预裂缝。钻杆必须要缓慢地向前移动，否则容易损坏刀具 5。

停止钻杆向前运移动，保持旋转 1 min，以便将钻具从形成的预裂缝中移出。

停止钻机的转动，并将钻杆从钻孔中取出。待复位弹簧 6 撤回刀具 5 以后，再进一步将钻杆从钻孔中取出。

（3）封孔。可采用水泥砂浆封孔或封孔器封孔。用水泥砂浆封孔需在注水孔内设置一根略长于封孔长度的注水铁管，然后将水泥、砂子和水按 2∶4∶1 的比例混合好后，通过注浆罐注入孔口一定深度内。封孔后 3 d，待水泥凝固后即可开始注水。用橡胶封孔器封孔比用水泥砂浆封孔速度快，省工、省料，简便易行。只要连接接长管，把封孔器送到指定位置，用手摇泵注液加压到 9～12 MPa，即可开始注水，我国已生产出可封直径 60～100 mm 的系列封孔器，封孔器可以复用，钻孔还可以一孔多用，也可以利用注水后的孔进行辅助爆破等，所以应优先采用封孔器封孔。

钻孔的密封过程：

① 把密封头固定在弹性压力管或刚性导管元件的末端；

② 通过弹性高压管的压力或刚性高压管把密封头导入钻孔中；应小心地连接压力管的后面部分，以确保高压管的坚固性和密封性；

③ 当密封头到达钻孔底部后，把压力管从钻孔中拉出 20 cm；

④ 把高压管和水泵(或采煤工作面的液压装置)连接在一起;

⑤ 连接控制、测量装置和仪表(压力计、流量计和其他);

⑥ 使封头在钻孔中膨胀,以保证压力管在几十兆帕的液体压力下不被抛出。

(4)注水。注水一般使用矿井水,由地面蓄水池通过静压管路送到顺槽,经过滤后由高压注水泵注入顶板,在水泵入水口装流量计测量注水量,在出水口装压力表测注水压力。

泵站要满足下面的条件:

① 远离钻孔至少 50 m;

② 安置在能确保人员安全的地方;

③ 全面检查巷道支护情况,必要时要适当加固;

④ 在定向水压致裂过程中,泵站工作台应至少可以容纳 3 人。

(5)监测。判断定向水压致裂过程是否完成:采用自行研制的水力致裂监测仪对水力致裂过程中的水压力等进行实时监测、曲线显示和数据存储。通过记录的信息可以确定:

① 达到设计要求的压力;

② 检查水压变化;

③ 当岩体中的压力下降至少 5 MPa 时,可认为定向水压致裂过程已经完成。

岩石定向水压致裂法的控制必须适应现场条件。尤其重要的是确定裂缝和产生裂缝的平面传播范围。检验裂缝致裂范围最常用的方法是借助钻孔法或在钻孔中使用内孔窥视仪测试。由控制测量钻孔网组成,如图 9-6 所示,目的是确定钻孔中液体的流出或在涉及液体的溢流以及钻孔围岩电阻的变化,以便确定致裂的效果。

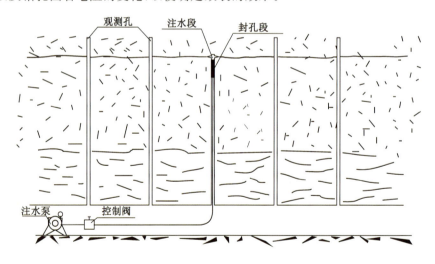

图 9-6　致裂裂缝扩展的控制方法

内孔窥视仪的测试本质是借助摄像机对孔壁进行观测。内孔窥视仪测试当前普遍应用在矿山研究的冲击地压和岩石力学领域。如图 9-7 所示。

9.1.2　水压致裂顶板弱化参数确定

顶板水压致裂的效果取决于煤岩层的地质条件、钻孔布置方式和注水参数。根据工作面长度和钻机性能,水压致裂钻孔可单向布置,也可双向布置。工作面长度小于 100 m 时,常用单向布置,大于 100 m 时用双向布置。水压致裂参数应根据具体条件确定,包括孔深、

图 9-7　内孔窥视仪

孔间距、钻孔转角、封孔长度、注水量和注水压力、注水超前时间等。

（1）致裂位置：根据式（9-7），代入相关参数计算得到关键层顶板水压致裂位置约为 54 m，但鉴于矿井长距离打孔的困难，这里只能将顶板致裂高度确定为 30 m，钻孔倾角取为 45°，由此确定钻孔长度为 43 m。以期致裂后的破坏岩层对覆岩厚层垮断顶板的运动失稳起到缓冲作用。

（2）钻孔间距：孔间距按注水孔的湿润范围（湿润半径）确定。湿润半径与注水量、岩性、注水时间和注水压力有关，应根据试验确定。一般取 30～40 m。大同矿区塔山矿现场试验表明，当注入高压水致裂钻孔时，在距离注水致裂孔 10 m 远的观测孔有乳化液流出，水流由小到大，过了几分钟后，距离注水钻孔 20 m 的观测孔也有乳化液流出，但流量比前一观测孔要小一些。由此确定大同矿区塔山矿工作面坚硬顶板注水孔间距为 40 m，可保证相邻水压致裂孔间的有效贯通而对煤层坚硬顶板进行整体致裂。

（3）封孔长度：封孔方式采用定做的增强型橡胶注水封孔器进行封孔，封孔器全长 40 m，有效封孔段长度 38 m。根据钻孔深度采用不同节数的安装杆（自行设计定做）与封孔器连接，实现深孔封孔。安装杆与高压胶管通过转换接头连接。

根据工作面顶板岩层赋存条件及煤岩物理力学参数特征，得到钻孔几何参数，如表 9-1 所示。

表 9-1　　　　　　　　　　　　压裂钻孔参数

钻孔号	位置/m	钻孔间距/m	长度/m	水平距离/m	垂直距离/m	倾角/(°)
HYD-1	490	40	43	30	30	45
HYD-2	450	40	43	30	30	45
HYD-3	410	40	43	30	30	45
HYD-4	360	40	43	30	30	45
HYD-5	320	40	43	30	30	45
HYD-6	280	40	43	30	30	45
HYD-7	240	40	43	30	30	45

（4）注水压力：注水压力以不小于煤岩体抗拉强度为限，即应能破开煤岩体中的封闭裂隙而不使压力从开放裂隙放掉，故煤岩体注水压力不能太低，也不能太高，可选择中低压注水。按自重应力及注水压力应不小于煤岩体抗拉强度的原则，则其致裂水压力应为 31.5～56.8 MPa，取致裂水压力为 56 MPa。

当注入高压水致裂 1# 钻孔时，观测到的高压管路中的压力变化如图 9-8 所示，水压力维持在 35 MPa 上下波动，不能继续升高。将泵站保护压力设置为 56 MPa 后，水压力瞬间升高至 46.22 MPa，此后进入到正常致裂阶段，随着钻孔裂缝的张开，与冲水的交替，导致孔内水压力呈"上升—下降—上升"的趋势。

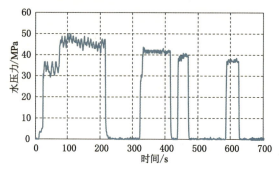

图 9-8　1# 致裂孔压力变化趋势图

（5）注水量与注水时间：注水量的合理确定，直接影响到注水效果。注水量过小，达不到软化效果，过大则工程量大，甚至造成直接顶破碎，发生漏顶。根据顶板岩性和难冒程度的不同，在其他参数相同的情况下，注水量也不同。因此，注水量应根据具体条件和浸水试验结果确定。注水压力主要取决于水泵的调定压力和注水孔的渗水条件，一般情况下，流量越大、压力越高，当高压水将岩体压裂后，压力会降低，并维持一个相当稳定值。工艺实践中，每孔注水量约 0.8 m³，致裂孔整排注水量约 8 m³，根据实验顶板破断情况，每孔注水时间约 500 s。

9.1.3　水压致裂工艺实施与效果

工作面回采过程中，运输巷矿压显现剧烈，顶板破碎变形明显，为此，根据 8106 工作面顶板岩层的特点选择在 5106 巷布置定向水压致裂钻孔，对工作面 K₃ 基本顶进行断裂弱化处理，使顶板能够随工作面的推进及时垮落从而释放压力。结合工作面工程地质条件、地应力的大小与方向、工作面生产条件以及安全要求，进行水压致裂钻孔的布置，由于 5106 巷临空煤柱宽 38 m，8105 工作面前期采动对其顶板影响较大，故水压致裂方案选择在临空一侧。另外，将水压致裂钻孔布置在 8106 面停采线往里 310 m 范围，钻孔间距 40 m，有的地段施工不方便，钻孔间距调整成 50 m。压裂钻孔具体为 HYD-1～HYD-7 共 7 个孔，由里向外依次进行编号，具体压裂钻孔布置见图 9-9。

为尽可能地回收煤炭资源，应采取适当的辅助措施，降低巷道压力，减少区段煤柱留设宽度，实现巷道超前支护段附近的煤岩高应力区转移。因此，提出对工作面顶板岩层实施水压致裂控制技术，实现煤层顶板断裂线内移，区域高应力向煤层内部转移，避免巷道超前支护段的双向高应力叠加影响，实现 5106 巷超前支护段附近的高应力转移，此时工作面 5106 巷位于覆岩支承压力低应力区，从而解除了巷道超前支护段的高应力影响，保证了巷道超前

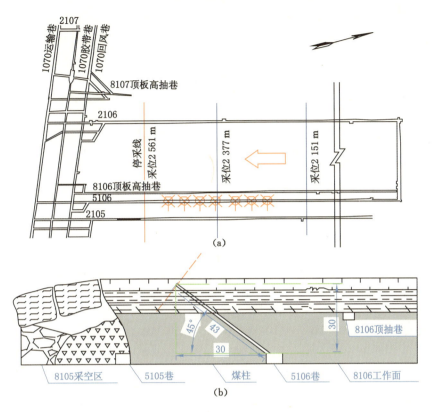

图 9-9　8106 工作面压裂钻孔布置

（a）水压致裂位置；（b）钻孔布置剖面（单位：m）

支护段的稳定，减少巷道强矿压显现及二次维修费用。

　　为了观测水压致裂裂缝扩展情况，选择在 HYD-3 钻孔 5 m 处进行水压致裂，图 9-10 为水压致裂后新增的裂隙，这说明水压致裂能够产生一定范围的裂隙，但是裂隙的方向由于煤岩中地质构造的复杂性存在一定的不确定性。

图 9-10　定向水压致裂效果

（1）水压致裂钻孔扩展特性

在水压致裂 HYD-1 钻孔时，通过剩余钻孔作为监测孔分析裂缝的萌生、扩展范围。进行定向水压致裂时，监测钻孔 HYD-2 有压裂水流出（见图 9-11），有的出水位置位于顶板或者巷道两侧锚杆处（见图 9-11），与压裂段的距离分别为 26 m、33 m、55 m、40 m 的 HYD-2 钻孔也有水流出，另外，在压裂中间几个压裂孔时，也发现这样的出水现象。

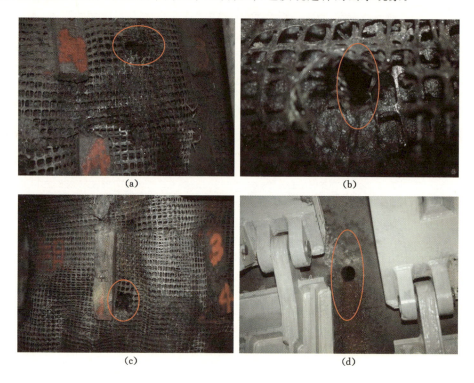

图 9-11　压裂现场监测情况

(a) HYD-3 孔压裂；(b) HYD-5 孔出水；(c) HYD-4 孔压裂；(d) HYD-6 孔出水

水压致裂过程中，压裂某一钻孔时，其余钻孔则作为监测钻孔使用。在水压致裂图 9-11(a) 所示的 HYD-3 孔时，距离 90 m 的 HYD-5 孔有水溢出，说明压裂产生的裂缝能够扩展到 90 m 范围，或者压裂产生的裂缝与其他原始裂缝贯通，从而压裂水溢出；在压裂 HYD-4 孔时，距离 80 m 的 HYD-6 孔有水溢出，说明裂隙能扩展到 80 m 范围。

本次压裂效果表明，定向水压致裂作用后，顶板开槽裂缝会有不同的扩展范围，最大的甚至达到 90 m，但考虑到可能存在裂缝扩展范围与原生裂隙沟通的可能性，初步判断裂隙扩展范围不超过 55 m。

（2）压力 P—时间 t 关系

水压致裂过程中，根据控制箱显示的压力、流量数据，每隔 50 s 进行一次采集，如图 9-12 和表 9-2 所示。可对水压致裂过程进行分析，从而分析 K_3 坚硬难垮顶板水压致裂的特点。

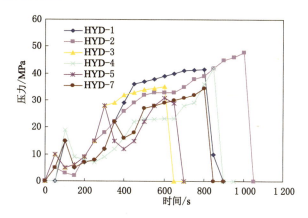

图 9-12 水压致裂压力—时间曲线

表 9-2   5106 巷水压致裂记录表

钻孔编号	里程位置/m	封孔长度/m	致裂时间	持续时间/min	最高压力/MPa	注水量/t
HYD-1	490	38	4 月 3 日 16:23	13	41.6	1.89
HYD-2	450	38	4 月 3 日 15:04	17	47.8	1.94
HYD-3	410	37	5 月 4 日 12:25	11	35.1	1.76
HYD-4	360	35	5 月 4 日 12:57	15	42.0	2.04
HYD-5	320	37	5 月 4 日 13:31	11	28.9	1.58
HYD-6	280	37	5 月 4 日 14:08	1	冲孔	冲孔
HYD-7	240	37	5 月 4 日 14:19	14	34.6	1.89

从图 9-12 可以看出,在水压致裂过程中,一些裂缝一定的压力下会随着时间的变化而变化,说明裂缝在某一恒定压力下发生扩展,如 HYD-1、HYD-3 曲线;一些裂缝表现为随着时间的变化压力升降变化,这说明裂缝所处的煤岩体环境具有明显的各向异性、非连续、不均一性特征,如 HYD-4、HYD-5、HYD-7 曲线;一些裂缝表现为随着时间的变化压力一直在上升,这说明裂缝所处的煤岩体环境地应力场异常,或者裂缝的扩展与某些原生结构面垂直,如 HYD-2 曲线。

(3) 水压致裂前后工作面矿压实测

8106 工作面周期来压步距较大,来压步距平均 20 m 左右;工作面带压时间较长;尾部支架来压期间工作阻力较大,安全阀大量开启。在对 5106 巷进行水压致裂弱化基本顶后,通过统计分析发现:工作面周期来压步距较之前缩小 2 m 左右,带压时间较短(一个班即推出来压区),尾部支架压力显现不明显,如表 9-3 所示。

在 8106 工作面分上、中、下 3 个测区采用 KJ216 矿压监测在线系统对液压支架工作阻力进行了监测,表 9-3 为根据工作面工作阻力变化得到的周期来压步距和来压强度。由表 9-3 可知,8106 工作面基本顶初次来压步距约为 51.6 m,动载系数约为 1.75;水压致裂前平均周期来压步距约为 18.7 m,平均周期来压动载系数约为 1.69;水压致裂后,进行了三次周期来压步距的监测统计,分别为 16.4 m、16.2 m、17.7 m,水压致裂后平均周期来压动载系

表 9-3   8106 工作面来压特征

工作面位置		机头				中部			尾部			平均
		11#	22#	33#	44#	55#	66#	77#	88#	99#	110#	
初次来压步距/m		51.6	51.6	51.6	51.6	51.6	51.6	51.6	51.6	51.6	51.6	51.6
初次来压动载系数		1.59	1.85	1.82	1.68	1.36	1.54	1.75	1.82	1.95	2.18	1.75
水压致裂前	平均周期来压步距/m	20.3	20.3	19.8	20	18.6	18.7	18.6	16.9	16.8	16.9	18.7
	平均周期来压动载系数	1.58	1.65	1.66	1.59	1.36	1.59	1.82	1.81	1.89	1.95	1.69
水压致裂后	第一次来压步距/m	17	17	17	17	16.6	16	16.4	15	16.3	15.6	16.4
	第二次来压步距/m	17.5	16.8	15.9	16	16.3	16.2	16.1	15.7	15.7	15.7	16.2
	第三次来压步距/m	18	19.4	19.5	19	17.2	18.7	17.0	14.9	16.7	16.7	17.7
	平均周期来压动载系数	1.39	1.41	1.66	1.51	1.42	1.39	1.61	1.58	1.63	1.71	1.53

数为 1.53。通过水压致裂前后周期来压步距、周期来压动载系数的分析说明,采用水压致裂后,工作面上覆基本顶得到了一定的弱化,缩小了来压的步距与来压强度,如果工作面大面积开展水压致裂,应该能够更为有效地控制顶板压力,减小临空顺槽来压强度。

为了更好地对水压致裂弱化基本顶效果进行评价,在 5106 巷水压致裂段布置 10 个测点观测巷道变形量,见表 9-4 与图 9-13。

表 9-4   5106 巷道变形量

编号	里程 /m	钢带	高度/m			宽度/m		
			初始值	实测值	变化量	初始值	实测值	变化量
1	270	374#	3.26	3.24	0.02	5.56	5.53	0.03
2	315	428#	3.39	3.28	0.11	5.61	5.55	0.06
3	345	463#	3.34	3.27	0.07	6.07	6.0	0.07
4	370	484#	3.44	3.44	0	5.63	5.55	0.08
5	412	523#	3.43	3.42	0.01	5.78	5.69	0.09
6	445	557#	3.14	3.11	0.03	5.78	5.71	0.07
7	480	597#	3.24	3.22	0.02	6.03	5.93	0.10
8	515	641#	3.32	3.25	0.07	5.87	5.61	0.26
9	550	685#	3.41	3.18	0.23	5.63	5.42	0.21
10	590	732#	3.28	3.12	0.16	5.54	5.38	0.16

从图 9-13 可以看出,水压致裂前的巷道顶板下沉量与两帮移近量都明显大于水压致裂

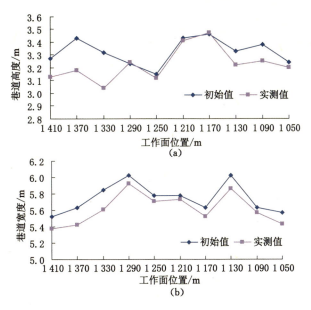

图 9-13 水压致裂前后巷道变形量曲线

（a）巷道高度；（b）巷道宽度

后的,说明临空顺槽水压致裂弱化基本顶控制顶板变形具有可行性。通过对表 9-4 中数据的分析可知,5106 巷在进行水压致裂弱化基本顶后,巷道变形量明显变小,超前支护范围内巷道顶板基本无下沉,超前 5 m 范围内有局部底鼓,巷道顶板整体可控。通过对临空顺槽顶板进行水压致裂,降低基本顶的完整性,使采空区基本顶及时垮落,降低相邻采空区对 5106 巷的影响,起到了切顶卸压的效果,能够有效地维护临空顺槽巷道顶板。

工作面水压致裂前后对工作面的煤壁片帮情况进行了统计研究,分别在里程 590 m、540 m、490 m、450 m、410 m、360 m、320 m 处,在工作面中班检修期间对工作面 $C_1 \sim C_{17}$ 共 17 个测点进行片帮统计,具体见表 9-5。

表 9-5　　　　　　　　　8106 面片帮深度统计　　　　　　　　cm

编号	C_1	C_2	C_3	C_4	C_5	C_6	C_7	C_8	C_9	C_{10}	C_{11}	C_{12}	C_{13}	C_{14}	C_{15}	C_{16}	C_{17}	片帮深度平均值/cm	≥50 cm 出现的频率/%
架号	7#	14#	21#	28#	35#	42#	49#	56#	63#	70#	77#	84#	91#	98#	105#	112#	119#		
里程 590 m	0	0	20	40	40	30	20	0	0	20	60	60	60	0	60	60	60	31	35.29
里程 540 m	0	40	0	0	20	0	20	30	0	0	50	50	30	30	30	10		18	11.76
里程 490 m	0	0	0	0	40	30	0	0	0	20	50	50	0	40	20	12		15	11.76
里程 450 m	0	10	20	0	0	0	30	0	10	20	0	0	0	10	5	7		8	0
里程 410 m	0	20	40	30	20	0	0	30	10	0	0	40	0	20	0			12	0
里程 360 m	10	0	0	20	0	40	50	0	0	20	10	0	0	0	0			9	5.88
里程 320 m	20	0	0	0	10	0	30	20	0	0	10	0	30	0	0			7	0

从表 9-5 可以看出,水压致裂后,片帮深度平均值均小于水压致裂前的值,特别是靠近 5106 巷的 98# 架、105# 架、112# 架与 119# 架位置处。

9.2 特厚煤层初采期间瓦斯控制技术

9.2.1 瓦斯监测钻孔布置

塔山煤矿 3-5#煤层原始瓦斯压力为 0.14～0.17 MPa,煤层瓦斯含量为 1.6～1.97 m³/t,平均为 1.78 m³/t,煤层透气性系数为 171.71～428.80 m²/(MPa²·d),百米钻孔瓦斯流量为 0.015～0.021 2 m³/(min·hm),钻孔瓦斯流量衰减系数为 0.602～0.742 7 d⁻¹。3-5#煤层原煤瓦斯残存量为 1.17 m³/t。煤层属自燃煤层,最短发火期为 60 d;煤层具有煤尘爆炸的危险性,爆炸指数为 37%。

为分析和研究采空区"三带"内瓦斯的浓度分布特征,采用钻孔测定法对塔山煤矿 3-5#煤层 8104 工作面采空区瓦斯浓度进行测定。首先在塔山煤矿 8104 工作面回风巷内布置测试钻场,距工作面切眼距离 350 m,钻场布置 6 个钻孔,钻孔开孔高度距巷道底板分别为 1.6 m 和 2.1 m,钻孔开孔点水平间距为 0.6 m,钻孔终孔间距为 5 m,钻孔终孔距回风巷的水平距离为 8～32 m,距煤层顶板的垂直距离为 55 m,钻孔测定方法及钻孔布置示意图如图 9-14 和图 9-15 所示。钻孔长度 100～120 m,钻孔直径 94 mm,各钻孔布置参数见表 9-6。

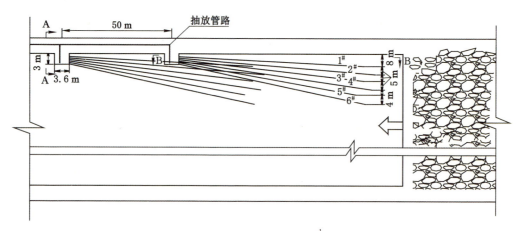

图 9-14　钻孔测定采空区瓦斯浓度示意图

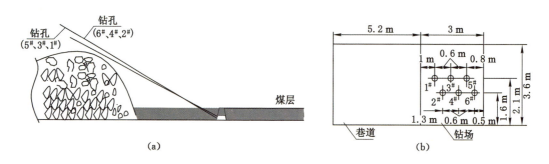

图 9-15　钻孔布置剖面图及钻孔开孔布置图
(a) B—B 剖面;(b) A—A 剖面

表 9-6   **测试钻孔参数表**

孔号	钻孔开孔高度/m	终孔点距回风巷帮水平投影距离/m	与巷道夹角/(°)	终孔点距煤层顶板距离/m	钻孔长度/m	钻孔倾角/(°)	钻孔直径/mm
1#	2.1	8	4.0	55	115	27	94
2#	1.6	13	6.5	55	120	28	94
3#	2.1	18	9.0	55	115	27	94
4#	1.6	23	11.5	55	120	28	94
5#	2.1	28	14.0	55	115	27	94
6#	1.6	32	16.5	55	120	28	94

9.2.2 瓦斯监测结果分析

9.2.2.1 回风巷瓦斯监测结果分析

在 8104 工作面回风巷预打的测试钻孔随工作面的推进逐步进入采空区内，6 个测试钻孔终孔点分布在距煤层顶板 25~55 m 的范围内，距 8104 工作面回风巷右帮距离分别为 8、13、18、23、28、32 m。钻孔逐步进入采空区高冒落区后，随着工作面的继续推进，钻孔逐段垮落，测试钻孔终孔点的高度逐步降低，降低幅度为 5 m，通过分段测定的方法，测定各钻孔终孔点的瓦斯浓度，可以初步掌握采空区内上隅角附近(横向 32 m，纵向 55 m)煤层顶板瓦斯浓度分布特点。测定结果见表 9-7，表中的测定点即为钻孔的终孔点位置。

表 9-7   **钻孔测试结果表**

测定数据分组	测定点距回风巷水平距离/m	测定点距煤层顶板距离/m	测定点距工作面煤壁距离/m	测定点瓦斯浓度/%
1	8	50~55	95	18
	13	50~55	95	19
	18	50~55	95	18
	23	50~55	95	19
	28	50~55	95	19
	32	50~55	95	20
2	5.9	45~50	84	16
	9.5	45~50	84	17
	13	45~50	84	17
	16.7	45~50	84	17
	20.3	45~50	84	18
	23.9	45~50	84	18
3	5.2	40~45	75	14
	8.5	40~45	75	14
	11.7	40~45	75	15
	15	40~45	75	15
	18.2	40~45	75	15
	21.3	40~45	75	15

测定数据分组	测定点距回风巷 水平距离/m	测定点距煤层 顶板距离/m	测定点距工作面 煤壁距离/m	测定点瓦斯 浓度/%
4	4.5	35～40	65	11
	7.4	35～40	65	11
	10.2	35～40	65	13
	13	35～40	65	13
	15.7	35～40	65	14
	18.5	35～40	65	13
5	3.8	30～35	55	8
	6.2	30～35	55	8
	8.6	30～35	55	9
	11	30～35	55	10
	13.3	30～35	55	10
	15.6	30～35	55	10
6	3.1	25～30	45	6
	5.1	25～30	45	6
	7	25～30	45	7
	9	25～30	45	8
	11	25～30	45	9
	12.8	25～30	45	9

钻孔布置在工作面采空区上方,采动压力场形成的裂隙空间便成为瓦斯流动通道。通过钻孔内的负压,加速了瓦斯的流动,使顶板钻孔能够抽出采空区高顶中的瓦斯。塔山矿8104 工作面瓦斯富集区在煤层顶板竖直向上 40～60 m、回风巷向下 0～50 m 的裂隙圈范围内。

通过表 9-7 数据,以测定点与回风巷左帮的距离为横坐标,以瓦斯浓度为纵坐标,作出煤层顶板 25～55 m 范围内的瓦斯浓度分布曲线图,如图 9-16 所示。

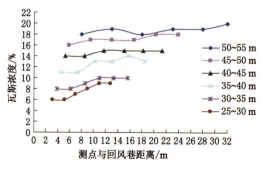

图 9-16　测点瓦斯浓度分布曲线图

从表 9-7 可以看出,塔山矿综放工作面高顶 25～55 m 范围内,瓦斯浓度分布自下而上呈增大的趋势,自下而上的最小浓度为 6%,最大浓度可达 20%,增大速度平均为每 5 m 增大 2.3%;自工作面回风巷至内错 32 m 的范围内,同一标高,瓦斯分布也呈增大趋势,具体的分布趋势如图 9-16 所示。以上的测定基本上反映了综放工作面采空区内瓦斯浓度纵向分布的情况。

9.2.2.2　特厚煤层采空区瓦斯浓度监测分析

塔山煤矿 8104 综放工作面自开采以后,在 5104 回风巷布置束管,监测采空区内气体分布的情况。通过束管监测系统可以实现对井下气体进行连续采样分析,准确监测测点处气体成分;通过采空区埋管利用束管监测系统连续分析采空区气体组分,可以考察采空区内瓦斯浓度随工作面推进的变化规律,同时,还可以总结出大采高综放工作面采空区内沿推进方向的瓦斯分布规律。本节截取部分束管的监测数据进行分析。

在 8104 综放工作面回风巷 1 136 m 处埋设的束管采集了采空区以里 0~200 m 范围内的瓦斯浓度数据,如表 9-8 所示。

表 9-8　　　　　　　　　　采空区沿推进方向瓦斯浓度分布数据表

测点距工作面距离 /m	瓦斯浓度平均值 /%	测点距工作面距离 /m	瓦斯浓度平均值 /%
0	0.5	110	3.9
10	2.1	120	3.9
20	2.5	130	3.9
30	2.7	140	3.6
40	2.8	150	4.0
50	2.8	160	4.6
60	3.6	170	5.7
70	3.6	180	5.8
80	4.0	190	5.9
90	3.7	200	6.1
100	3.8		

通过对表 9-8 的数据进行整理,作出沿工作面推进方向的瓦斯浓度分布曲线图,如图 9-17 所示。

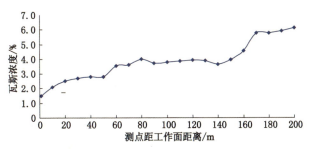

图 9-17　瓦斯浓度分布曲线图

对图 9-17 进行分析,可以看出采空区的瓦斯浓度分布由外到里呈增大趋势,且瓦斯浓度的增大并不是呈线性分布,而是分为三个阶段,这三个阶段分别为工作面以里 0～60 m,瓦斯浓度从 1.5％增大到 2.8％;60～160 m 范围内,从 3.6％增大到 4.6％;160～200 m 范围内,从 5.7％增大到 6.1％。以上增大趋势与塔山煤矿测定的"三带"范围基本重合(塔山煤矿散热带最大宽度为 56 m,氧化带最大宽度为 186 m),由此可以推断出瓦斯浓度在大采高综放工作面采空区的分布也呈三带式分布,增大趋势呈非线性。

9.2.2.3 特厚煤层工作面瓦斯监测分析

根据国内综放工作面瓦斯涌出研究成果,放顶煤工作面瓦斯涌出在空间分布上极不均衡。主要表现在涌出地点与工作面风速分布的关系上,工作面后部输送机上方浓度最高;前部输送机上方区域内瓦斯浓度最低;以综放工作面为例,其风速及瓦斯涌出分布情况如图 9-18 所示。据测定 B 区的平均风速是 A 区平均风速的 80％,C 区的平均风速是 A 区平均风速的 70％,A、B、C 区的瓦斯浓度比为 1∶2∶3。这说明综放工作面 B、C 区是瓦斯涌出的主要地点,工作面瓦斯主要是由采空区涌出,其中,放煤涌出瓦斯量占工作面总瓦斯涌出量比例较大。

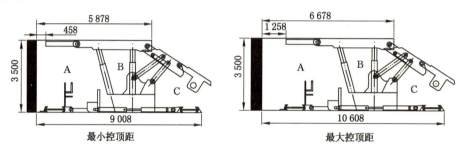

图 9-18　综放工作面瓦斯分布示意图

另外,由于综放工作面放煤高度较大,放煤后在采空区顶部形成空间较大的高位冒落空间,垮落矸石堆积采空区下部,在高冒区形成瓶颈,造成瓦斯流动不畅,使高冒区上部积聚大量高浓度瓦斯,在工作面通风负压作用下,采空区漏风将采空区高冒区积存的高浓度瓦斯逐步带出来,再加之工作面风流在上隅角处拐弯形成涡流,因而造成上隅角附近瓦斯易于积聚超限和瓦斯涌出异常。

为摸清工作面瓦斯浓度分布特征,及上隅角瓦斯浓度的变化规律,在工作面横向和纵向分别布置测定断面,横向布置 10 个测定断面,其中,回风巷内布置 3 个测定断面,第 1 断面距回风巷上帮 0.3 m,第 2 断面距回风巷帮 2.6 m,第 3 断面距回风巷下帮 0.3 m;工作面内从 91# 支架开始,每隔 5 架支架布置一个测定断面,共计 7 个测定断面,第 4 测定断面至第10 测定断面分别在工作面第 121#、116#、111#、106#、101#、96#、91# 支架处。每个测定断面布置 5 个测点,第 1 测点距工作面煤壁 0.1 m,第 2 测点在前运输机道正上方,第 3 测点布置在人行道内,第 4 测点布置在后运输机道正上方,第 5 测点布置在距采空区冒落煤壁0.1 m 处,每个测点距支架顶梁 0.3 m(见图 9-19)。

通过对 8104 工作面各测点观测,测定的瓦斯浓度变化与工作面采煤工序、割采煤机的位置有直接关系,主要表现为:

(1) 高位抽采巷未塌通,割采煤机在 90# 支架以前进行采、放煤作业,10 个断面中 1、2

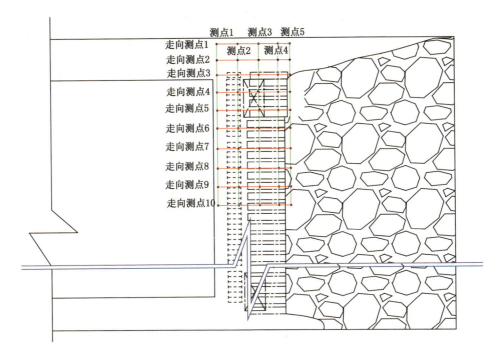

图 9-19　8104 工作面瓦斯浓度测点布置图

和 3 号测点瓦斯浓度变化不大，4 和 5 号测点瓦斯浓度变化范围较大，其中，1 号测点瓦斯浓度在 0.2％～0.25％，2 号测点瓦斯浓度在 0.15％～0.2％，3 号测点瓦斯浓度在 0.3％～0.4％，4 号测点瓦斯浓度在 0.85％～1.5％（见图 9-20），5 号测点瓦斯浓度在 1.15％～2.5％（见图 9-21），工作面瓦斯浓度分布特征见图 9-22。

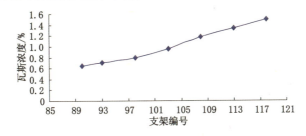

图 9-20　4 号测点瓦斯浓度变化趋势图

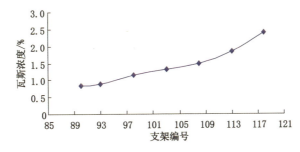

图 9-21　5 号测点瓦斯浓度变化趋势图

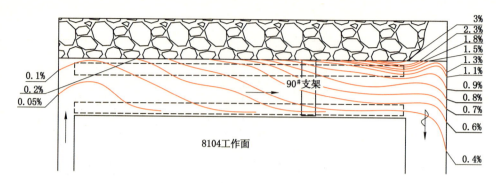

图 9-22　8104 工作面瓦斯浓度分布特征图

（2）高位抽采巷密闭抽采（混合抽采量 500 m³/min），割采煤机在 90# 支架以前进行采、放煤作业，10 个断面中 1、2 和 3 号测点瓦斯浓度变化与上隅角抽采基本相同，4 和 5 号测点瓦斯浓度大幅度降低，其中，1 号测点瓦斯浓度在 0.18％～0.2％，2 号测点瓦斯浓度在 0.13％～0.17％，3 号测点瓦斯浓度在 0.2％～0.3％，4 号测点瓦斯浓度在 0.25％～0.43％（见图 9-23），5 号测点瓦斯浓度在 0.38％～0.5％（见图 9-24），工作面瓦斯浓度分布特征见图 9-25。

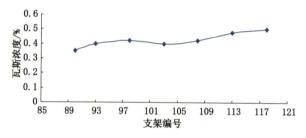

图 9-23　4 号测点瓦斯浓度变化趋势图

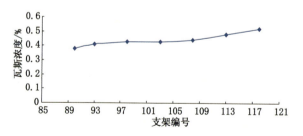

图 9-24　5 号测点瓦斯浓度变化趋势图

通过以上测定结果可以看出，大采高综放工作面的瓦斯在通风负压的影响下，从上部、深部集中到上隅角区域内涌出。工作面 100# 支架至上隅角之间的区域是采空区瓦斯涌出集中的区域，这部分区域占整个工作面的 10％，在实施瓦斯治理时要以这部分区域为主要治理区域。

9.2.3　工作面多点组合抽采瓦斯工艺

9.2.3.1　工作面瓦斯综合治理措施

根据对 8104 工作面观测与模拟得出的瓦斯涌出规律及 8105 工作面煤层赋存、开采条

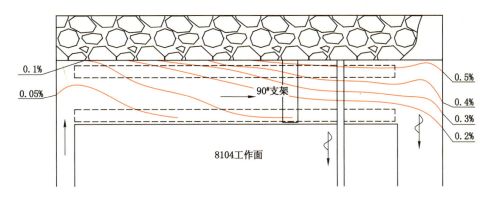

图 9-25　8104 工作面瓦斯浓度分布特征图

件综合分析,3-5# 煤层瓦斯含量较低,煤层只有在破碎时才能解吸出瓦斯,属于较难抽采煤层。8105 工作面在开采过程中,工作面瓦斯主要来源于采空区,主要表现为工作面上隅角瓦斯积聚和超限、工作面 100# ～121# 架之间后溜子通道瓦斯超限,针对这一特点,塔山煤矿 3-5# 煤层 8105 工作面瓦斯综合治理指导方针是"以强化采空区瓦斯抽采为主,以工作面通风系统优化为辅"。

9.2.3.2　工作面瓦斯涌出构成分析

通过对塔山矿 8105 工作面瓦斯涌出量预测结果分析,8105 工作面瓦斯主要来源于开采层和邻近层(含围岩),其中,工作面煤壁、割煤瓦斯涌出量占工作面总瓦斯涌出量的 18%,采空区涌出瓦斯(含邻近层、围岩和放煤涌出的瓦斯)占工作面总瓦斯涌出的 82%(见表 9-9)。

表 9-9　　　　　　　　　　　　　8105 工作面瓦斯涌出构成表

工作面瓦斯涌出量	工作面煤壁、割煤		采空区瓦斯	
$/[m^3/(t \cdot d)]$	涌出量$/[m^3/(t \cdot d)]$	所占比例/%	涌出量$/[m^3/(t \cdot d)]$	所占比例/%
1.122	0.191	18	0.931	82

开采层瓦斯由工作面固定煤壁、移动煤壁、采煤机割落煤和放煤涌出的部分瓦斯组成。其中,工作面固定煤壁、移动煤壁、采煤机割落煤涌出的瓦斯直接涌入工作面。而预放落煤体因工作面的采动影响,煤体破碎卸压,解吸出大量的瓦斯直接涌入采空区高顶冒落空间内,随着煤体放落,煤体破碎程度增大,放落煤体内瓦斯继续涌出,当放落煤炭落入工作面风流(后运输机道)时,涌出的瓦斯直接涌向工作面回风流内。根据对全国综放工作面放落煤量大小和风流中瓦斯浓度变化幅度统计和分析,得出综放工作面预放煤体涌出瓦斯中有 30%～35% 直接涌入工作面后溜子道,有 65% 涌入工作面采空区。

随 3-5# 煤层开采范围的增大,其上覆岩层及邻近煤层受开采层的采动影响而产生裂隙程度逐步增大,卸压范围扩大,赋存于其中的瓦斯卸压,不同程度地沿裂隙依次涌入采空区。为此,8105 工作面采空区瓦斯主要是由邻近层及围岩、采空区丢煤和放落煤涌出的,通过对8105 工作面采空区瓦斯涌出预测,采空区瓦斯涌出量为 0.931 $m^3/(t \cdot d)$,占工作面总瓦斯涌出量的 82%。

根据 8105 工作面煤层的赋存条件、采掘部署、瓦斯涌出特征以及设计供风量等各方面的综合分析,必须对 8105 工作面采空区的瓦斯进行分源治理,才能确保工作面正常回采。设计塔山矿对采空区瓦斯进行抽采并加大抽采力度,同时进行邻近层瓦斯抽采,减少采空区和邻近层的瓦斯向工作面上隅角涌出,解决工作面上隅角的瓦斯超限问题。

9.2.3.3　工作面瓦斯综合治理方法选择原则

选择工作面瓦斯综合治理方法应根据矿井开采煤层赋存条件、瓦斯基础参数、瓦斯来源、巷道布置、抽采瓦斯目的及利用要求等因素确定,并遵循以下原则:

(1) 选择的抽采瓦斯方法应适应煤层赋存状况、巷道布置、地质条件和开采技术条件。

(2) 应根据矿井瓦斯涌出来源以及涌出量构成分析,有针对性地选择抽采瓦斯方法,以提高瓦斯抽采效果。

(3) 抽采方法在满足矿井安全开采的前提下,还需满足开发、利用瓦斯的需要。

(4) 巷道布置在满足瓦斯抽采的前提下,应尽可能利用生产巷道,以减少抽采工程量。

(5) 选择的抽采方法应有利于抽采巷道的布置和维护。

(6) 选择的抽采方法应有利于提高瓦斯抽采效果,降低瓦斯抽采成本。

(7) 抽采方法应有利于钻场、钻孔的施工和抽采系统管网的设计,有利于增加钻孔的抽采时间。

在分析研究塔山煤矿已采工作面瓦斯涌出实际情况和对瓦斯治理措施效果考察基础上,结合 8105 工作面回采巷道布置特点,提出塔山煤矿 8105 工作面瓦斯综合治理技术。

在 8105 工作面开采前期采用 U 形通风巷道布置,后期采用"U+I"形通风巷道布置,为能有效利用工作面巷道资源,提高工作面瓦斯治理效果,本设计方案采用分三步走的综合治理措施:

(1) 在 8105 工作面大流量抽采瓦斯系统建立之前,工作面治理采用通风法,上下隅角封堵、风帘引风稀释法治理工作面上隅角瓦斯超限。

(2) 大流量抽采瓦斯系统建立后,采用高位预埋立管抽采、高位钻孔抽采、上隅角插管抽采和工作面通风系统优化治理瓦斯措施。

(3) 采用专用排瓦斯巷全风压引排和专用排瓦斯巷密闭抽采采空区瓦斯方法。

9.2.4　特厚煤层工作面瓦斯治理成套技术

塔山煤矿应将专用排瓦斯巷作为工作面回采巷道等级管理,在工作面开采前将该巷道布置到位,工作面回采巷道采用"U+I"布置方式,工作面采用专用排瓦斯巷巷道密闭抽采采空区瓦斯方法。

为减少采空区漏风和防止采空区煤炭自然发火,工作面上、下隅角及时进行粉煤灰墙封堵,上隅角每隔 10 m 封堵一道,下隅角每隔 20 m 封堵一道。

对上隅角或后运输机道出现局部瓦斯超限,可采用通风方法(挂风帘)对局部瓦斯积聚进行处理。

综上所述,塔山煤矿工作面瓦斯治理方法采用:顶板专用排瓦斯巷巷道密闭抽采采空区瓦斯,上、下隅角粉煤灰墙封堵,减少采空区漏风量,局部地点挂风帘处理局部瓦斯积聚和超限综合治理措施。

9.2.4.1　专用排瓦斯巷道布置与密闭抽采参数确定

为摸清工作面瓦斯浓度分布特征,及上隅角瓦斯浓度的变化规律,在工作面横向和纵向分别布置测定断面,横向布置 10 个测定断面,其中,回风巷内布置 3 个测定断面,第 1 断面距回风巷上帮 0.3 m,第 2 断面距回风巷帮 2.6 m,第 3 断面距回风巷下帮 0.3 m;工作面内从 91# 支架开始,每隔 5 架支架布置一个测定断面,共计 7 个测定断面,第 4 测定断面至第 10 测定断面分别在工作面第 121#、116#、111#、106#、101#、96#、91# 支架处。每个测定断面布置 5 个测点,第 1 测点距工作面煤壁 0.1 m,第 2 测点在前运输机道正上方,第 3 测点布置在人行道内,第 4 测点布置在后运输机道正上方,第 5 测点布置在距采空区冒落煤壁 0.1 m 处,每个测点距支架顶梁 0.3 m,见图 9-26。

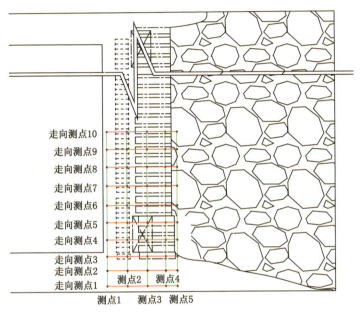

图 9-26　8105 工作面瓦斯浓度测点布置图

通过对 8105 工作面各测点观测,发现管路测定的浓度变化与工作面采煤工序、割采煤机的位置有直接关系,主要表现为:

(1) 专用排瓦斯巷未塌通,割采煤机在 90# 支架以前进行采、放煤作业,10 个断面中 1、2 和 3 号测点瓦斯浓度变化不大,4 和 5 号测点瓦斯浓度变化范围较大,其中,1 号测点瓦斯浓度在 0.2%～0.3%,2 号测点瓦斯浓度在 0.1%～0.2%,3 号测点瓦斯浓度在 0.3%～0.5%,4 号测点瓦斯浓度在 0.6%～1.4%(见图 9-27),5 号测点瓦斯浓度在 1.2%～2.4%(见图 9-28)。

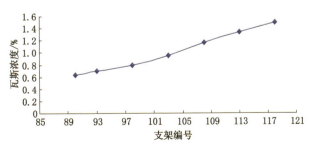

图 9-27　4 号测点瓦斯浓度变化趋势图

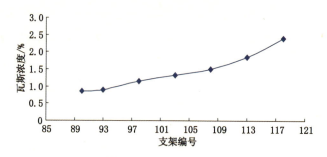

图 9-28　5 号测点瓦斯浓度变化趋势图

（2）专用排瓦斯巷密闭抽采（混合抽采量 500 m³/min），割采煤机在 90# 支架以前进行采、放煤作业，10 个断面中 1、2 和 3 号测点瓦斯浓度变化与上隅角抽采基本相同，4 和 5 号测点瓦斯浓度大幅度降低，其中，1 号测点瓦斯浓度在 0.18％～0.21％，2 号测点瓦斯浓度在 0.12％～0.18％，3 号测点瓦斯浓度在 0.2％～0.4％，4 号测点瓦斯浓度在 0.2％～0.5％（见图 9-29），5 号测点瓦斯浓度在 0.36％～0.5％（见图 9-30）。

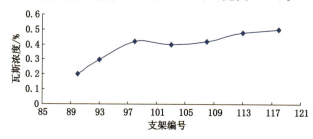

图 9-29　4 号测点瓦斯浓度变化趋势图

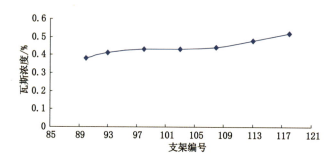

图 9-30　5 号测点瓦斯浓度变化趋势图

9.2.4.2　专用排瓦斯巷密闭抽采影响范围确定

通过对 8105 工作面布点测定结果分析，"U"形工作面瓦斯超限主要集中在上隅角和 110#～121# 支架之间后运输机道内，工作面瓦斯超限主要是因通风负压影响，将采空区内瓦斯拉出，造成上述地点瓦斯超限，瓦斯超限范围在工作面距回风巷 60 m 范围内。

工作面采用专用排瓦斯巷密闭抽采后，工作面的通风流场发生改变，采空区内的瓦斯通过专用排瓦斯巷排出工作面。8105 工作面专用排瓦斯巷引排在全风压引排期间，引排风量大小波动较大，观测专用排瓦斯巷引排瓦斯效果发现：

（1）当专用排瓦斯巷引排风量达到 1 000 m³/min 以上时，引排风流中瓦斯浓度在

2.5%左右,上隅角向采空区漏风现象明显,工作面上隅角瓦斯浓度达到0.2%,工作面从第90#支架后运输机道至上隅角瓦斯浓度不超限,瓦斯浓度0.2%,表明上隅角在专用排瓦斯巷密闭抽采采空区负压影响范围内,引排负压影响范围大于等于20 m。

(2)当专用排瓦斯巷引排风量大于等于500 m³/min且小于等于800 m³/min时,引排风流中瓦斯浓度在4%以上,工作面上隅角瓦斯浓度在0.3%~0.4%,工作面从第90#支架后运输机道至上隅角瓦斯不超限,瓦斯浓度达到0.2%~0.3%,上隅角还有向采空区漏风现象,表明上隅角还处在专用排瓦斯负压影响范围内,引排负压影响范围大于等于20 m。

(3)当专用排瓦斯巷引排风量为500 m³/min时,引排风流中瓦斯浓度在5%~6%,工作面上隅角瓦斯浓度0.6%,工作面从第90#支架后运输机道至上隅角瓦斯不超限,工作面上隅角瓦斯浓度在0.3%~0.4%,表明专用排瓦斯巷引排负压应处在影响范围内,引排负压影响范围在20 m左右。

(4)专用排瓦斯巷引排风量为400 m³/min左右时,引排风流中瓦斯浓度在5%~6%,此时工作面上隅角瓦斯浓度超0.8%,第111#支架后运输机道瓦斯浓度1%,采空区瓦斯向上隅角涌出,表明专用排瓦斯巷引排负压影响范围在15 m左右。

(5)专用排瓦斯巷引排风量为300 m³/min时,引排风流中瓦斯浓度在7%左右,此时工作面上隅角瓦斯浓度瞬间达1%,第114#支架后运输机道瓦斯超限1.2%,采空区瓦斯向上隅角涌出,表明专用排瓦斯巷引排负压影响范围在10 m左右。

正常情况下(工作面非周期来压),8105工作面瓦斯增大范围是工作面距回风巷上帮60 m,其中,40 m范围是瓦斯易超限范围,如引排负压影响范围达到20 m,就可以解决工作面瓦斯超限问题,从8105工作面开采工艺看,上隅角处有4架不放煤,使专用排瓦斯巷抽采负压影响缩小,故专用排瓦斯巷布置位置应尽量靠近上隅角。如8105工作面专用排瓦斯巷布置在2#煤层内,8105工作面专用排瓦斯巷水平投影距回风巷15 m为合适的位置。从8105工作面煤层顶板压力看,专用排瓦斯巷距回风巷越近,巷道变形较大,断面变小影响抽采效果。综合分析认为,8105工作面专用排瓦斯巷水平投影距回风巷20~25 m为合适的位置。

9.2.4.3 专用排瓦斯巷密闭抽采量确定

正常情况下(工作面非周期来压),8105工作面采空区瓦斯涌出量一般在25~30 m³/min,周期来压时,采空区瞬间瓦斯涌出最大量40 m³/min,以专用排瓦斯巷抽采采空区瓦斯浓度5%计算,工作面需要抽采采空区瓦斯量500~800 m³/min(混合量),则工作面装备抽采瓦斯系统最小能力大于等于500 m³/min,最大抽采能力大于等于800 m³/min。

9.3 特厚煤层临空巷道强矿压控制技术

同忻煤矿石炭系3-5#煤层工作面开采过程中,受工作面开采扰动影响,临空巷道矿压显现强烈。巷道底鼓严重,底鼓量0.4~1.5 m,水泥浇铸的底板被顶起、折断,车辆无法通行;巷道表面混凝土喷层开裂、掉落,煤壁片帮,两帮内挤0.5~1.0 m,尤以煤柱侧帮更为严重;巷道顶板下沉明显,局部区域顶板钢带变形,锚杆被拉断。巷道进行了多次卧底及补打锚杆,加大了维修工程量,影响了巷道的安全使用。

针对临空巷道煤柱侧形成悬臂梁结构的现象,通过对顶板进行爆破,人为地切断顶板,进而促使采空区顶板冒落,削弱采空区与待采区之间的顶板连续性,减小顶板来压时的强度和冲击性。通过爆破切顶能够改善煤柱受力状态,缓解临空巷道矿压显现强度。此外,爆破可以改变顶板的力学特性,释放顶板所集聚的能量,从而达到防治强矿压发生的目的。在爆破切顶卸压的基础上,减小煤柱留设尺寸,提高煤炭回采率。

9.3.1 临空巷道预裂切顶的作用

根据同忻矿工作面及回采巷道布置形式,采用在工作面顶抽巷内沿工作面推进方向切断相邻工作面顶板。同忻矿 2012 年 10 月底开采 8105 工作面,工作面开采后,采空区顶板在煤柱侧形成悬梁结构,悬梁结构的变形引起煤柱应力集中,造成 5104 巷道变形破坏严重。利用现有巷道,施工爆破切顶拟在 8104 工作面顶抽巷内进行,在顶抽巷内沿工作面推进方向布置爆破孔和控制孔(图 9-31),采用孔底装药,切断相邻 8105 工作面的顶板,使其在煤柱上形成的悬臂梁顶板结构发生断裂,缓解煤柱受力,保证 5104 巷围岩稳定。

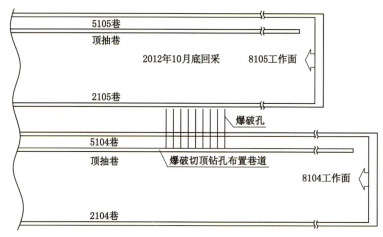

图 9-31 爆破切顶布置示意图

9.3.2 临空巷道预裂切顶岩石爆破原理

9.3.2.1 柱状装药产生的爆炸载荷

在不耦合装药条件下,岩石中的柱状药包爆炸后,向岩石施加强冲击载荷,按声学近似原理,有:

$$p = \frac{n l_{\mathrm{e}} K^{-2\gamma}}{2(1+\gamma)} \rho_0 D^2 \tag{9-8}$$

式中 p——透射入岩石中的冲击波初始压力;

$\quad\quad K$——装药径向不耦合系数,$K = d_{\mathrm{b}}/d_{\mathrm{c}}$;

$\quad\quad d_{\mathrm{b}}, d_{\mathrm{c}}$——炮孔半径和药包半径,分别为 44.5 mm 和 37.7 mm;

$\quad\quad l_{\mathrm{e}}$——装药轴向系数,这里取 1;

$\quad\quad n$——炸药爆炸产物膨胀碰撞孔壁时的压力增大系数,一般取 $n=10$;

$\quad\quad \gamma$——爆轰产物的膨胀绝热指数,一般取 $\gamma=3$;

$\quad\quad \rho_0$——炸药的密度,1 040 kg/m³;

$\quad\quad D$——炸药爆速,取 2 800~3 000 m/s。

计算得到,透射入岩石中的冲击波初始压力为 3 149~3 615 MPa。

岩石中的透射冲击波不断向外传播而衰减,最后变成应力波。岩石中任一点引起的径向应力和切向应力分别表示为

$$\sigma_r = p\bar{r}^{-\alpha}, \sigma_\theta = -b\sigma_r \tag{9-9}$$

式中　σ_r, σ_θ——岩石中的径向应力和切向应力;

　　　$\bar{r}$——比距离,$\bar{r} = r/r_b$;

　　　r——计算点到装药中心的距离;

　　　r_b——炮孔半径;

　　　α——载荷传播衰减指数,$\alpha = 2 \pm \mu_d/(1-\mu_d)$,正、负号对应冲击波区和应力波区,$\mu_d$为岩石的动泊松比;

　　　b——侧向应力系数,$b = \mu_d/(1-\mu_d)$。

岩石的泊松比是与应变率相关的,随应变率的提高而减小。根据有关研究,在工程爆破的加载率范围内,可以认为 $\mu_d = 0.8\mu$,其中,μ 为岩石的静态泊松比,取 0.24。

平面应变条件下,进一步求得轴向应力为:

$$\sigma_z = \mu_d(\sigma_r + \sigma_\theta) = \mu_d(1-b)\sigma_r \tag{9-10}$$

9.3.2.2　爆炸载荷作用下岩石的破坏准则

外载荷作用下材料的破坏准则取决于材料的性质和实际的受力状况。岩石属于脆性材料,抗拉强度明显低于抗压强度。工程爆破中,岩石呈拉压混合的三向应力状态,并且研究已表明,岩石爆破中的压碎区是岩石受压缩所致,而裂隙区则是受拉破坏的结果。

岩石中任一点的应力强度:

$$\sigma_i = \frac{1}{\sqrt{2}}\sqrt{(\sigma_r - \sigma_\theta)^2 + (\sigma_\theta - \sigma_z)^2 + (\sigma_z - \sigma_r)^2} \tag{9-11}$$

联立式(9-9)至式(9-11)整理后得到:

$$\sigma_i = \frac{1}{\sqrt{2}}\sigma_r\sqrt{(1+b)^2 - 2\mu_d(1-b)^2(1-\mu_d) + (1+b_2)} \tag{9-12}$$

根据 Mises 准则,如果 σ_i 满足式(9-13),则岩石破坏准则为:

$$\sigma_i \geqslant \begin{cases} \sigma_{cd}（压碎圈） \\ \sigma_{td}（裂隙圈） \end{cases} \tag{9-13}$$

式中　σ_{cd}, σ_{td}——岩石的单轴动态抗压强度和抗拉强度。

岩石的动态抗压强度随加载应变率的提高而增大,但不同岩石对应变的敏感程度不同,根据已有的研究,对常见的爆破岩石,可近似用下式统一表达岩石动态抗压强度与静态抗压强度之间的关系:

$$\sigma_{cd} = \sigma_c \dot{\varepsilon}^{\frac{1}{3}} \tag{9-14}$$

式中　σ_c——岩石的单轴静态抗压强度;

　　　$\dot{\varepsilon}$——加载应变率,工程爆破中,岩石的加载率在 $1 \sim 10^5 \ s^{-1}$。在压碎圈内,加载率较高,可取 $10^2 \sim 10^4 \ s^{-1}$;在压碎圈外,加载率进一步降低,可取 $1 \sim 10^3 \ s^{-1}$。

岩石的动态抗拉强度随加载应变率的变化很小,在岩石工程爆破的加载应变率范围内,可以取 $\sigma_{td} = \sigma_t$,其中,σ_t 为岩石的单轴静态抗拉强度。

9.3.2.3　压碎圈与裂隙圈半径计算

如果采用不耦合装药且不耦合系数较小时,则相应的压碎圈半径为:

$$R_1 = \left(\frac{\rho_0 D^2 n K^{-2\gamma} l_e B}{8\sqrt{2}\,\sigma_{cd}} \right)^{\frac{1}{\alpha}} r_b \tag{9-15}$$

其中：

$$B = \left[(1+b)^2 + (1+b^2) - 2\mu_d(1-\mu_d)(1-b)^2 \right]^{\frac{1}{2}}, \alpha = 2 + \frac{\mu_d}{1-\mu_d}$$

在压碎圈之外即是裂隙圈，在两者的分界面上有：

$$\sigma_R = \sigma_r \mid_{r=R} = \frac{\sqrt{2}\,\sigma_{cd}}{B} \tag{9-16}$$

式中　σ_R——压碎圈与裂隙圈分界面上的径向应力。

在压碎圈之外爆炸载荷以应力波的形式继续向外传播，衰减指数为：

$$\beta = 2 - \frac{\mu_d}{1-\mu_d} \tag{9-17}$$

于是，计算得到不耦合装药条件下的岩石中裂隙圈半径 R_2 为：

$$R_2 = \left(\frac{\sigma_R B}{\sqrt{2}\,\sigma_{td}} \right)^{\frac{1}{\beta}} \left(\frac{\rho_0 D^2 n K^{-2\gamma} l_e B}{8\sqrt{2}\,\sigma_{cd}} \right)^{\frac{1}{\alpha}} r_b \tag{9-18}$$

经计算得不耦合装药条件下的压碎圈半径 R_1 为 204～217 mm，裂隙圈半径 R_2 为 1 548～1 647 mm，每个炮孔爆破后影响区域尺寸为 1 752～1 864 mm。

9.3.3　巷道预裂切顶爆破参数确定

9.3.3.1　炮孔参数

利用同忻矿现有的巷道布置形式设计工作面切顶卸压方案。在 8104 工作面的顶抽巷内布置 10～15 组炮孔作为试验区域，切顶长度为 100～150 m，试验区域对应于 5104 巷 7#～9# 矿压监测断面，对应于 5104 巷中的里程数分别为 1 346 m、1 296 m、1 246 m。在该区域内布置切顶爆破钻孔，每 5 个孔为一组，各孔分布于煤层顶板亚关键层Ⅰ到亚关键层Ⅱ之间的岩层内，距离煤层顶板距离分别为 6.5 m、14.8 m、25.6 m、34.9 m、42.8 m（表 9-10）。各炮孔实施预裂爆破，切断采空区顶板，改善煤柱受力状态，缓解临空巷道矿压显现强度。

表 9-10　钻孔参数

序号	钻孔角度/(°)	钻孔长度/m	距煤层顶板距离/m	层位
1	7	57.8	6.5	亚关键层Ⅰ
2	16	58.0	14.8	中粒砂岩
3	25	61.0	25.6	粉砂岩
4	33	64.2	34.9	亚关键层Ⅱ
5	39	67.6	42.8	亚关键层Ⅱ

试验区域共布置 10～15 组炮孔，每组 5 个炮孔，孔口间距 0.6 m，各孔底位置水平错距 1.5 m；根据距离煤层由近及远分别为 1#、2#、3#、4#、5# 孔，长度分别为 57.8 m、58.0 m、61.0 m、64.2 m、67.6 m；倾角为 7°、16°、25°、33°、39°；炮孔孔径确定为 89 mm；炮孔组之间布置一组控制孔，每组 3 个控制孔，控制孔的长度、倾角与 1#、3#、5# 炮孔相同，控制孔间距 0.6 m，孔径 100～140 mm，控制孔为空孔，不装药爆破。炮孔与控制孔在巷道中的位置见图 9-32。

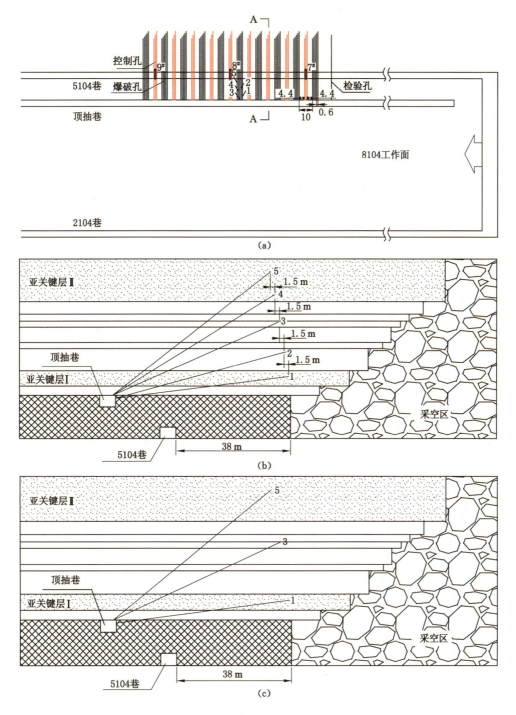

图 9-32 临空巷道切顶参数

（a）水平剖面；（b）炮孔布置剖面；（c）控制孔布置剖面

9.3.3.2 装药参数

考虑顶板预裂爆破主要目的是为切断 8105 工作面采空区与待采区 8104 工作面的顶板联系，并且保证附近回采巷道的安全，炮孔采用底部集中装药形式。1#、2#、3#、4#、5# 炮孔孔底 3 m 长度范围内装药,药卷采用三级煤矿许用乳化炸药,药卷规格 ϕ35 mm-200 g,长度 350 mm,装药结构采用反向装药(图 9-33),各药卷通过导爆索串联,孔底装入雷管,孔口引出脚线;每次装药将 3 包药卷捆绑后使用竹皮子将捆绑后的药卷送至炮孔中的相应位置(图 9-34 和图 9-35),每米装药 9 卷,线装药密度 1.80 kg/m,每孔装药 27 卷,每孔装药量为 5.40 kg。每个炮孔采用孔口处封孔,封孔长度取 9 m,封孔材料选用黄泥。均采用毫秒延期电雷管,1#、2#、3#、4#、5#炮孔分别采用 1、2、3、4、5 段别的毫秒延期电雷管。起爆顺序为 1#、2#、3#、4#、5#炮孔顺序起爆。井下试验开始阶段,必须从一次起爆 1 个炮孔开始试验,逐渐地扩大到一次起爆 1 组炮孔。

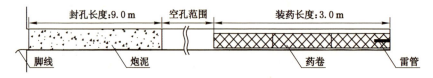

图 9-33 装药结构

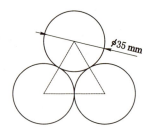

图 9-34 药卷捆绑方式

图 9-35 竹皮子

实施顶板预裂爆破所需材料包括乳化炸药、电雷管、导爆索、竹皮子,各种工程量及材料消耗量见表 9-11。

表 9-11　　　　　　　　　　现场工程量及材料消耗量

工程与材料	数　　量	备　　注
炮孔(ϕ89)/m	3 100.0	
控制孔(ϕ108)/m	1 687.5	
乳化炸药/kg	270.0	
电雷管/个	50.0	每个电雷管的脚线长度不小于 75.0 m
导爆索/m	750.0	
竹皮子/m	175.0	

9.4 特厚煤层综放工作面防灭火技术

塔山煤矿 4#煤层属容易自燃煤层;2#、8#煤层属不易自燃煤层;3-5#煤层属自燃煤层;另据小窑调查,多数矿井 3-5#煤层有自然发火现象,堆积 6～12 个月即发热。8105 综放工作面自然发火期为 68 d。

塔山煤矿采空区防灭火以注氮为主,同时结合黄泥注浆、三相泡沫和上下端头垒砌沙土墙堵漏风的综合防灭火措施。氮气防灭火技术的实质是将氮气送入拟处理区,使该区域空气惰化,氧气浓度降低到煤自然发火的临界浓度以下,以抑制煤的氧化自燃,直到火区窒息。氮气防灭火机理主要有惰化、抑爆、减小漏风和吸热等,应用氮气防灭火技术防治矿井火灾,是世界主要产煤国家所公认的行之有效的方法。

9.4.1　特厚煤层综放工作面采空区漏风测定

(1) 矿井漏风及其危害性

矿井中流至各用风地点,起到通风作用的风量称为有效风量。未经用风地点而经过采空区、地表塌陷区、通风构筑物和煤柱裂隙等通道直接流(渗)入回风道或排出地表的风量称为漏风。塔山煤矿 8105 工作面新风由于部分进入采空区而造成漏风。

漏风使工作面和用风地点的有效风量减少,环境恶化,增加无益的电能消耗,并可导致煤炭自燃等事故。减少漏风、提高有效风量是通风管理部门的基本任务。

(2) 漏风的分类及原因

矿井漏风按其地点可分为:① 外部漏风(或称井口漏风),泛指地表附近如箕斗井井口,地面主通风机附近的井口、防爆盖、反风门、调节闸门等处的漏风。② 内部漏风(或称井下漏风),是指井下各种通风构筑物的漏风、采空区以及碎裂的煤柱的漏风。

塔山矿 8105 工作面部分新风经过采空区进入回风巷,属于内部漏风。

当有漏风通路存在,并在其两端有压差时,就可产生漏风。漏风风流通过孔隙的流态,视孔隙情况和漏风大小而异。经测定,8105 工作面采空区漏风风量为 439 m³/min。

9.4.2　特厚煤层综放工作面采空区"三带"研究

9.4.2.1　采空区"三带"划分理论研究

在采煤工作面的采空区,存在一定的破碎遗煤,并且有漏风存在,有供氧条件。随着工作面的推进,采空区的状态逐步发生变化,煤的自燃情况随之改变。因此,采空区的自燃状态一般可划分为三个带(图 9-36):① 散热带;② 自燃带;③ 窒息带。

图 9-36　煤自燃"三带"分布示意图

随着工作面的推进,采空区顶板逐渐自然塌落,并在一定范围内形成比较松散的垮落带,此区域的漏风比较严重,遗煤在氧气的作用下,开始发生氧化反应,并释放出微量的热量,但由于其间的漏风风速比较大,氧化所产生的热量绝大部分随漏风带走,破坏了煤自然发火的蓄热条件,使煤的氧化反应由于缺乏足够的能量补给而不能加速,即无法进入加速氧化和激烈氧化阶段,一般不会发生自然发火。因此,这一区域通常称为"散热带"。

在采空区,从散热带再往里,冒落体逐渐被压实,漏风随之减小,并呈层流状态。在一定的范围内,一方面层流的适量漏风不足以带走过多的氧化热,使这一区域具有了自然发火的蓄热条件,另一方面漏风又携带着足够的氧气供给遗煤,使其又具有自然发火的供氧条件。因此,氧化热不断积聚,使煤的氧化反应自动地加速,最终可能发展到激烈氧化阶段,甚至出现明火燃烧现象。这个区域就是"自燃带"。自燃带内最明显的变化是一氧化碳浓度逐渐增大而氧浓度降低,煤温升高。自燃带的宽度取决于工作面两端风压差和采空区的漏风风阻,而决定风阻的是冒落岩块的压实程度。

紧靠自燃带之后的就是窒息带。在此区域内冒落岩块逐渐压实,漏风风流基本消失,氧的浓度进一步下降,甚至可能到窒息界限以下。即使在自燃带范围内已经发展起来的煤的自燃,在此带内也会因缺氧而窒息,因此称为窒息带。窒息带内由于岩石导热会使在自燃带内生成的热量逐渐消失而温度下降。

这三个带的位置随工作面的推进而前移。知道了自燃带的位置,再结合煤层的自然发火时间,就能确定最合适的回采速度,以便避免采空区内遗煤的自然发火。

9.4.2.2 采空区"三带"划分指标研究

采空区"三带"的正确划分能够为煤自燃防治工作的开展提供重要参考。定性而言,"三带"是客观存在的,但如何划分,是一个非常复杂的问题。由于探测手段和方法的局限,目前尚无统一的指标参数,想要定量地准确划分是难以做到的。

目前,一些研究者提出确定划分"三带"的指标有漏风风速(v)、采空区氧浓度和温升速率3种:

(1)采空区漏风风速(v)。从理论上说,漏风风速指标相对较好。因为它可以体现氧浓度分布、氧化生热与散热的平衡关系。

研究表明,采空区及煤柱的漏风强度在 $0.1\sim0.24\ \mathrm{m^3/(min\cdot m^2)}$ 时容易自然发火;有的研究者认为不会导致自燃的极限风速低于 $0.02\sim0.05\ \mathrm{m^3/(min\cdot m^2)}$;封闭采空区密闭墙漏风压差在 $300\ \mathrm{Pa}$、漏风强度在 $0.02\sim1.2\ \mathrm{m^3/(min\cdot m^2)}$ 时容易自然发火。由于这些参数都是在一定条件下取得的,有一定局限性,但对我们研究自燃问题是有参考价值的。

目前,一般认为:$v>1.2\ \mathrm{m/min}$ 为散热带;$1.2\ \mathrm{m/min}\geqslant v\geqslant0.06\ \mathrm{m/min}$ 为自燃带;$v<0.06\ \mathrm{m/min}$ 为窒息带。

(2)采空区氧浓度(C)分布。采用氧浓度指标不能划分散热带和自燃带。因为在自燃带中氧浓度也有可能达 20% 以上。

对于划分自燃带和窒息带的指标,一般认为是 7%～10%,如一般应用可取 7%,即氧浓度 $C<7\%$ 为窒息带,$C\geqslant7\%$ 为自燃带。

(3)采空区遗煤温升速度($\mathrm{d}t>1\ ℃/\mathrm{d}$ 为自燃带)。由于缺少深入的理论研究和试验结果,此指标目前尚难以应用,仅作为参考。

9.4.2.3 采空区氧浓度场及风流流场分析研究

根据塔山煤矿 8105 综放工作面 2105 巷原有实际监测数据,当氧气浓度降为 7% 以下时,工作面推进距离达到 91 m。

根据氧气浓度在 7% 的各点位置拟合出采空区窒息带位置,如图 9-37 所示。

采用氧浓度指标不能划分散热带和自燃带。因为在自燃带中氧浓度也有可能达 20% 以上。采用采空区漏风风速(v)来划分散热带和自燃带,从理论上说,相对较好。因为它可以体现氧浓度分布、氧化生热与散热的平衡关系。但在目前的技术条件及合理的成本条件下,由于采空区无法进入,漏风渗流流速又十分低,实测漏风渗流场分布难度大,近乎不可

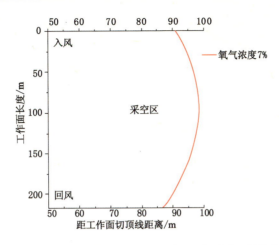

图 9-37　塔山煤矿 8105 综放工作面采空区氧浓度 7％等值线图

能；且采空区的冒落范围与块度分布、遗煤分布、孔隙分布等十分复杂，有着很强的随机特征，很难在实验室条件下进行较为合理和准确的物理模拟。随着基础理论研究的发展和计算机技术的进步，数值模拟在科学研究中已成为与理论研究、实验研究相并列的三大重要手段之一。尤其是大规模并行计算机出现以来，数值模拟研究就显得更加现实。计算流体动力学经过长期的发展，现已成为一门成熟的学科，因此数值模拟成为了流体运动研究简捷有效的研究手段。这里采用 FLUENT 软件对采空区的漏风渗流场进行数值模拟。计算结果可以用云图、等值线图、矢量图、XY 散点图等多种方式显示、存储和打印，甚至传送给其他CFD 软件。FLUENT 提供了用户编程接口，让用户定制或控制相关的计算和输入输出。

（1）8105 综放工作面采空区风流流场模拟

塔山煤矿 8105 综放工作面进风量根据现场实际取 $Q_{入} = 2\ 770\ \text{m}^3/\text{min}$，$Q_{回} = 2\ 806\ \text{m}^3/\text{min}$；运输巷断面积为 21.86 m²，入风风速测量值为 2.11 m/s，回风巷断面积为21.98 m²，回风风速测量值为 2.13 m/s。基本的物理模型取：根据束管监测数据，采空区氧气浓度 7％等值线距工作面切顶线距离 98 m 左右，确定模型采空区走向长为 130 m；工作面长度 207 m，进风巷宽度 4 m，回风巷宽度 6 m，设置总长度 217 m；工作面宽度为 8 m。建立一源一汇的二维模型，并对其利用 GAMBIT 软件进行网格化，将坐标原点定在工作面下端头入风侧，指向采空区的方向为 X 轴正方向，指向工作面的方向为 Y 轴正方向，两方向的步长均取 1 m，即网格大小为 1 m×1 m，网格数量共计 29 946 个。

由于工作面空间存在支架立柱、梁，采煤机机组，人员设备等，增加了工作面通风阻力，因此，将这四部分都定义成为多孔介质区。压力等值线图见图 9-38。

从采空区漏风流场流线图（图 9-39）结果可以看出：U 形通风一源一汇工作面漏风流场流线在假设采空区介质均匀分布的条件下呈对称分布；距离入风巷道煤柱侧越近的漏风分流，漏入采空区的深度越大。因此，在工作面下隅角位置要防止风流直接流入采空区，工作面推进后，入风巷要及时撤除支护使其迅速冒落。

（2）数值模拟采空区风速分布

采空区松散煤体及岩体各为均匀多孔介质。计算区域内，流体密度不变，空气渗流符合达西定律。空气中的氧与煤反应而被消耗，同时产生 CO_2 等气体，气体消耗量与产生量相

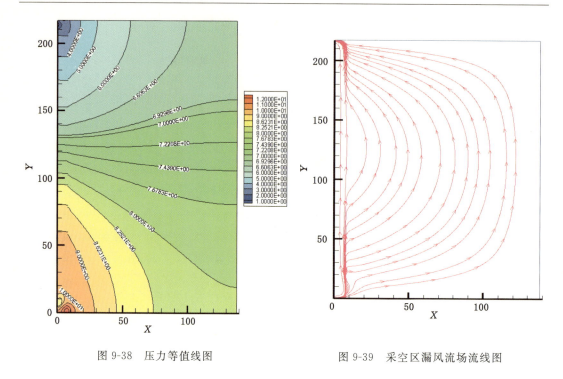

图 9-38　压力等值线图　　　　　　　图 9-39　采空区漏风流场流线图

等,使空气总量不发生变化。空气中各组分按照 Fick 定律从浓度高处向低处扩散。由于煤自燃过程非常缓慢,认为在正常生产中,采空区的渗流、扩散及化学反应是稳态过程,根据实测采空区温度在回采过程中变化不大,因此不考虑热传导。数值模拟漏风风速云图如图 9-40 所示。

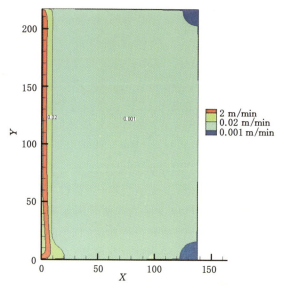

图 9-40　数值模拟漏风风速云图

工作面进风侧距离工作面煤壁约 20 m 远处、回风侧距离工作面煤壁 10 m 和工作面中部距离工作面煤壁 11 m 远处漏风风速等于 0.02 m/s,即 1.2 m³/(min·m²),工作面宽度定为 8 m,因此可知从切顶线计算工作面散热带宽度为 2～12 m。

9.4.2.4 采空区"三带"及推进速度的确定

采空区煤自燃存在"三带",即散热带、自燃带和窒息带。在散热带,由于漏风速度较大,煤体表面氧化产生的热量能很快被带走,因而煤温不会升高,不会发生自燃;窒息带内氧浓度较低,煤也不会发生自燃;只有自燃带内,氧浓度较高,漏风强度也适中,煤氧化放出的热量能够积聚使温度上升。因而"三带"划分依据为,散热带:漏风强度 > 1.2 m³/(min·m²);窒息带:氧浓度 < 7%;自燃带:[漏风强度 < 1.2 m³/(min·m²)] ∩ (氧浓度 > 7%)。塔山矿 8105 工作面采空区散热带从切顶线计算宽度近似为 2～12 m;自燃带主要分布在距离切顶线 2～98 m,自燃带宽度在从工作面中部靠近回风侧较大,约为 95 m;窒息带主要分布在距工作面切顶线 98 m 之后。

处于自燃带的松散煤体氧化放出的热量发生聚积,使其温度从常温上升到燃点需要一定的蓄热时间。当工作面推进速度大于某一临界值时,自燃带的煤温还没有上升到自燃温度就被甩到窒息带,从而不会发生自燃,这个临界速度就是最小推进速度 L。根据自燃带的最大宽度可以确定工作面的最小推进速度 $V_{min} = L_{max}/\tau_{min}$。塔山煤矿 8105 综放工作面在注氮 2 500 m³/h 的情况下,自燃带宽度 $L_{max} = 95$ m,采空区浮煤最短自然发火期 $\tau_{min} = 68$ d,可以得到综放工作面最小推进速度为 1.4 m/d。

9.4.3 特厚煤层综放工作面防灭火实施方案

塔山煤矿采空区防灭火以注氮为主,同时结合黄泥注浆、三相泡沫和上下端头垒砌沙土墙堵漏风的综合防灭火措施。

氮气是一种惰性气体,它本身无毒、不助燃,也不能供人呼吸。由于空气成分中氮气按体积计算占 79%,因此,用氮气来防止和扑灭矿井火灾越来越被重视。氮气防灭火技术的实质是将氮气送入拟处理区,使该区域空气惰化,氧气浓度降低到煤自然发火的临界浓度以下,以抑制煤的氧化自燃,直到火区窒息。氮气防灭火机理主要有惰化、抑爆、减小漏风和吸热等。应用氮气防灭火技术防治矿井火灾,是世界主要产煤国家所公认的行之有效的方法。自 20 世纪 70 年代以来,国外煤矿普遍采用氮气防灭火技术,取得了很大的成效,并都将该项技术作为常规的防灭火手段。我国从 1980 年起,通过 10 余年的试验研究,为我国煤矿推广应用该项技术奠定了技术基础和积累了经验,1992 年氮气防灭火技术纳入了《煤矿安全规程》,并于 1997 年制定和颁布了《煤矿用氮气防灭火技术规范》,从此,氮气防灭火技术走上了法制化、科学化和规范化的轨道。

煤的自燃是一个复杂的氧化反应过程,其中,充足的氧气供给是煤炭自燃发生和持续发展的必要条件。如果氧气浓度下降到一定值,如下降到 14% 时,燃烧的蜡烛就会熄灭;下降到 3% 时,任何物质的燃烧都不会持续进行。氮气防灭火的主要思路是将氮气送入指定的处理区域、使该区域空气惰化,使氧气浓度小于煤炭自燃的临界氧浓度,从而防止煤炭氧化自燃,或者已经形成的火区因缺氧而逐渐熄灭。

氮气防灭火机理为:

(1) 降低氧气浓度。当采空区内注入高浓氮气后,氮气占据大部分空间,氧气浓度相对降低,氮气部分替代氧气而进入煤体裂隙中,这样可抑制氧气与煤的接触,减缓遗煤的氧化放热速度。

(2) 提高采空区内气体静压。将氮气注入采空区后,可提高采空区内气体静压值,减少流入采空区的漏风量,也就减少了空气中的氧气与煤炭直接接触的机会,同样可延缓煤炭氧化自燃的速度。

(3) 氮气吸热。氮气在采空区内流动时,会吸收煤炭氧化产生的热量,减缓煤炭氧化升温的速度,持续的氮气流动会把煤炭氧化产生的热量不断地吸收,对抑制煤炭自燃十分有利。

9.4.4　防灭火注氮流量的计算

氮气防灭火技术已作为综采和综放工作面的主要防灭火措施,由于每个矿井的地质条件、煤层开采条件及外围因素各不相同,因此,确定防灭火注氮流量就成为一个比较棘手的问题。从理论上讲,注氮流量越大,防灭火(特别是灭火)的效果就越好;反之,就越差,甚至不起作用。要使选用的制氮能力既能满足防灭火所需注氮流量的要求,又能充分体现经济技术上的合理性,根据我国应用氮气防灭火的经验,在设计时着重考虑采空区防火惰化指标。

预防综放面采空区内煤炭自然发火,重点是将采空区氧化带进行惰化,使氧含量降到阻止煤炭氧化自燃的临界值以下,从而达到使氧化带内的煤炭处于不氧化或减缓氧化的状态。

按煤炭氧化自燃的观点,采空区气体组分中除氧气外,氮气、二氧化碳等均可视为惰性气体,对煤炭的氧化起抑制作用。氧气是煤炭自燃的助燃剂,注氮后采空区自燃带内氧气浓度的高低反映出注氮效果的好坏,因此把氧含量临界值作为惰化指标是合理的。国内外实验研究表明,当空气中氧含量降到 7% 时煤就不易被氧化,因此采空区防火惰化指标为氧含量降到 7%。

工作面防火注氮流量的大小主要取决于采空区的几何形状、氧化带空间大小、岩石冒落程度、漏风量大小及区内气体成分的变化等诸多因素。防火注氮流量的计算方法很多:按采空区自燃带氧含量计算、按产量计算、按吨煤注氮量计算、按瓦斯量计算等,《煤矿用氮气防灭火技术规范》(MT/T 701—1997)推荐的计算方法为按采空区自燃带氧含量计算,其余的计算方法仅作参考。

此法计算的实质是将采空区自燃带内的原始氧含量降到防火惰化指标以下,按下式计算注氮流量:

$$Q_N = 60 Q_0 k \frac{C_1 - C_2}{C_N - C_2 - 1} \tag{9-19}$$

式中　Q_N——注氮流量;

$\quad$ Q_0——采空区自燃带内漏风量;

$\quad$ C_1——采空区自燃带内平均氧浓度,7%~21%,取 14%;

$\quad$ C_2——采空区惰化防火指标,取 7%;

$\quad$ C_N——注入氮气中的氮气浓度,97%;

$\quad$ k——备用系数,一般为 1.2~1.5,取 1.3。

塔山煤矿采空区自燃带范围为 2~98 m,自燃带中部位置为距离工作面切顶线 50 m 处,此处氧气浓度为 11.5%,可求得采空区自燃带漏风量为 28.5 m^3/min。把采空区惰化到氧含量 7% 则计算所需注氮量为 3 890 m^3/h。

10 效益分析

10.1 经济效益

大同矿区石炭系煤层生产面较多，为便于效益比较，这里以塔山煤矿特厚煤层 8105 工作面经济效益分析为例。通过工业性试验，年产千万吨国产化大采高综放开采成套重装设备中各设备均达到了额定能力，所选设备性能稳定，工作可靠。工作面煤炭资源回收率达 88.9%，较 8104 综放工作面的 83.6% 提高了 5.3%，以年产 1 000 万 t 计算，每年可多回收煤炭 53 万 t，按照目前塔山煤矿原煤市场价格 213.6 元/t 计算，每年产值 21.36 亿元，新增产值 1.13 亿元。待年产 1 000 万 t 国产化大采高综放装备批量生产后，按每套 3.0 亿元产量计算，则每年可新增 15 亿~30 亿元的煤机市场空间，节约大量外汇。

根据大同矿区统计资料，当坚硬顶板工作面发生压架事故时，影响每面每年的生产时间平均为 44.3 d。统计分析得到，石炭系煤层塔山煤矿 8105 综放工作面在 2011 年开始顶板预割裂缝定向水压致裂技术试验，工作面日产量由 28 000 t 提高到 30 100 t，2012 年继续应用该技术，工作面日产量稳定在 30 500 t 以上。

10.2 社会效益

大同矿区坚硬顶板控制理论与技术体系的完善，为大同矿区侏罗系和石炭系煤层的开采提供了完善的技术保障，确保了石炭系特厚煤层综放工作面的安全高效开采。对于提高煤炭资源的回收率、改善工人的作业环境以及增加集团煤炭经济效益，具有积极的推动作用。

大同矿区双系煤层开采覆岩控制理论与技术的研究成果，实现了对工作面来压的有效预测预报，避免了工作面的强矿压显现，提高了资源采出率，增强了工作面支架的稳定性，改善了工人工作环境和安全状况，为煤矿安全高效生产、防止顶板事故的发生提供了新的方法与途径，对构建节约型社会及和谐矿区具有重要意义。

在我国，除大同煤矿集团外，北京、枣庄、通化、艾维尔沟、鹤岗、阳方口、七台河、靖远及神府和东胜煤田等，都存在坚硬难冒顶板控制问题，研究成果可为类似条件下煤层实现安全高效开采提供理论依据和示范作用。

参 考 文 献

[1] 王金华.中国煤矿现代化开采技术装备现状及其展望[J].煤炭科学技术,2011,39(1):1-5.

[2] 于斌.大同矿区特厚煤层综放开采强矿压显现机理及顶板控制研究[D].徐州:中国矿业大学出版社,2014.

[3] 吴永平.大同矿区特厚煤层综采放顶煤技术[J].煤炭科学技术,2010,38(11):28-31.

[4] 方新秋,窦林名,柳俊仓.大采深条带开采坚硬顶板工作面冲击矿压治理研究[J].中国矿业大学学报,2006(5):602-606.

[5] 伍永平,李开放,张艳丽.坚硬顶板综放工作面超前弱化模拟研究[J].采矿与安全工程学报,2009,26(3):273-277.

[6] 于斌,刘长友,杨敬轩,等.大同矿区双系煤层开采煤柱影响下的强矿压显现机理[J].煤炭学报,2014,39(1):40-46.

[7] 牟宗龙,窦林名,张广文.坚硬顶板型冲击矿压灾害防治研究[J].中国矿业大学学报,2006(5):737-741.

[8] 窦林名,曹胜根,刘贞堂.三河尖煤矿坚硬顶板对冲击矿压的影响分析[J].中国矿业大学学报,2003(4):50-54.

[9] 于斌,刘长友,杨敬轩,等.坚硬厚层顶板的破断失稳及其控制研究[J].中国矿业大学学报,2013(3):342-348.

[10] 郭德勇,商登莹,吕鹏飞.深孔聚能爆破坚硬顶板弱化试验研究[J].煤炭学报,2013(7):1149-1153.

[11] 高存宝,钱鸣高,翟明华.复合型坚硬顶板在初压期间的再断裂及其控制[J].煤炭学报,1994(4):352-359.

[12] 陈晖,牛锡倬.用有限元法研究坚硬顶板注水工作面矿压显现特点[J].中国矿业大学学报,1985(3):34-41.

[13] 赵毅鑫,姜耀东,王涛."两硬"条件下冲击地压微震信号特征及前兆识别[J].煤炭学报,2012(12):1960-1966.

[14] 叶明亮.坚硬顶板采场围岩应力场的研究[J].矿山压力与顶板管理,1999(1):59-61.

[15] 王开,康天合,李海涛,等.坚硬顶板控制放顶方式及合理悬顶长度的研究[J].岩石力学与工程学报,2009,28(11):2320-2327.

[16] 靳钟铭.坚硬顶板长壁采场的悬梁结构及其控制[J].煤炭学报,1986(2):71-79.

[17] 伍永平,潘洁,解盘石,等.大倾角煤层坚硬顶板预裂弱化的数值分析[J].西安科

技大学学报,2010,3(1):7-13.

[18] 朱德仁,钱鸣高,徐林生.坚硬顶板来压控制的探讨[J].煤炭学报,1991(2):11-20.

[19] 杨新建,申志平.深孔爆破弱化坚硬顶板技术在大采高综采工作面的应用[J].煤矿开采,2007,12(6):30-32.

[20] 郑富洋.极坚硬顶板强制预裂原理及工程实践研究[J].煤矿开采,2013(3):92-96.

[21] Banerjee G, Ray A K, Singh G S P, et al. Hard roof management-A key for high productivity in longwall coal mines[J]. Journal of Mines, Metals and Fuels, 2003(51):238-244.

[22] Ju-gen Fu, Wei Wu, Gen-yong Hua. Gas control technology for fully mechanized face of outburst coal seam with hard roof during initial caving[J]. Adv. Mater. Res. ,2011(347):974-978.

[23] 张学亮,贾光胜,徐刚.深孔爆破弱化坚硬顶板参数优化分析[J].煤矿开采,2010,15(1):26-34.

[24] 韩凤鸣,王祥麟.回采工作面顶板失稳机理的探讨[J].煤炭科学技术,1983(11):32-34.

[25] 任艳芳,宁宇,齐庆新.浅埋深长壁工作面覆岩破断特征相似模拟[J].煤炭学报,2013(1):61-66.

[26] 马立强,张东升,孙广京.厚冲积层下大采高综放工作面顶板控制机理与实践[J].煤炭学报,2013(2):199-203.

[27] 杜计平,张先尘,贾维勇.煤矿深井采场矿压显现及其控制特点[J].中国矿业大学学报,2000(1):82-84.

[28] 胡守平,巩文胜,柴爱芳.忻州窑矿坚硬顶板综放工作面顶板控制方法[J].煤炭科学技术,2000,28(9):7-10.

[29] 宋永津.大同煤矿坚硬难冒顶板控制问题[J].岩石力学与工程学报,1988(4):291-300.

[30] 牛锡倬.煤矿坚硬难冒顶板控制[J].岩石力学与工程学报,1988(2):137-146.

[31] 徐林生,谷铁耕.大同煤矿坚硬顶板控制问题[J].岩石力学与工程学报,1985(1):64-76.

[32] 于斌,段宏飞.特厚煤层高强度综放开采水压致裂顶板控制技术研究[J].岩石力学与工程学报,2014,33(4):778-785.

[33] 于雷,闫少宏,刘全明.特厚煤层综放开采支架工作阻力的确定[J].煤炭学报,2012(5):737-742.

[34] 万禧.水压致裂的实验研究[J].中国矿业大学学报,1988(1):42-48.

[35] 孙兴林,窦林名,张士斌,等.水力致裂弱化坚硬顶板现场试验研究[J].煤矿安全,2011,42(5):16-19.

[36] 闫少宏,宁宇,康立军.用水压致裂处理坚硬顶板的机理及实验研究[J].煤炭学报,2000(1):34-37.

[37] 杜春志,茅献彪,卜万奎. 水压致裂时煤层缝裂的扩展分析[J]. 采矿与安全工程学报,2008,25(2):231-234.

[38] 徐幼平,林柏泉,翟成,等. 定向水压致裂裂隙扩展动态特征分析及其应用[J]. 中国安全科学学报,2011(7):104-110.

[39] Trueman R,Lyman G,Cocker A. Longwall roof control through a fundamental understanding of shield-strata interaction[C]. International Journal of Rock Mechanics and Mining Sciences,2009:371-380.

[40] Ruppel U,Ulrich,Langosch U,et al. New method for dimensioning of shield support to improve longwall roof control[J]. Journal of Mines,Metals and Fuels,2006(54):179-184.

[41] 杨敬轩,刘长友,于斌,等. 坚硬厚层顶板群结构破断的采场冲击效应[J]. 中国矿业大学学报,2014,43(1):8-15.

[42] 张西斌. 大采高综放工作面强矿压显现机理及防治技术[J]. 煤矿安全,2013,44(6):208-210.

[43] 徐学锋,窦林名,曹安业,等. 覆岩结构对冲击矿压的影响及其微震监测[J]. 采矿与安全工程学报,2011,28(1):11-15.

[44] 孔令海,姜福兴,杨淑华,等. 基于高精度微震监测的特厚煤层综放工作面顶板运动规律[J]. 北京科技大学学报,2010(5):552-558.

[45] 刘杰. 特厚煤层综放工作面围岩运动的微地震监测[J]. 矿业安全与环保,2008(1):44-46.

[46] Yang Yongkang,Kang Tianhe,Lan Yi,et al. Study of mining method of L-shaped working face by fully-mechanized sublevel caving mining in shallow-buried thick coal seam and its underground pressure field observation[J]. Chinese Journal of Rock Mechanics and Engineering,2011(30):244-253.

[47] Peter K Kaiser,Ming Cai. Design of rock support system under rockburst condition[J]. Journal of Rock Mechanics and Geotechnical Engineering,2012,4(3):215-227.

[48] 康立军. 缓倾斜特厚煤层综放工作面矿压显现特征研究[J]. 煤炭科学技术,1996,24(11):40-43.

[49] 王应启,陈勇,郑有雷,等. 深部开采矿井矿压异常显现研究[J]. 煤炭科学技术,2011,39(6):15-17.

[50] Bucher R,Roth A,Roduner A,et al. Ground support in high stress mining with high-tensile chain-link mesh with high static and dynamic load capacity[C]. Proceedings of the 5th International Seminar on Deep and High Stress Mining,2010:273-282.

[51] 刘彦伟,陈攀,魏建平. 煤层地质构造对煤与瓦斯突出的控制作用[J]. 煤炭科学技术,2010,38(1):24-27.

[52] 宋志敏,程增庆,张生华. 构造应力区软岩巷道围岩变形与控制[J]. 矿山压力与顶板管理,2005(04):48-50.

[53] 刘长武,褚秀生.构造应力对巷道维护的影响[J].矿山压力与顶板管理,1999(2):
     23-25.

[54] 于斌,陈蓥,韩军,等.口泉断裂与同忻井田强矿压显现的关系[J].煤炭学报,
     2013,38(1):73-77.

[55] 康红普,吴志刚,高富强,等.煤矿井下地质构造对地应力分布的影响[J].岩石力
     学与工程学报,2012(S1):2674-2680.

[56] Huang Z. Stabilizing of rock cavern roofs by rockbolts[D]. Norway:Norwegian
     Univ of Science and Technology,2001.

[57] 杜晓丽.采矿岩石压力拱演化规律及其应用的研究[D].徐州:中国矿业大
     学,2011.

[58] 缪协兴.自然平衡拱与巷道围岩的稳定[J].矿山压力与顶板管理,1990(2):
     55-57.

[59] 贺广零,黎都春,翟志文,等.采空区煤柱—顶板系统失稳的力学分析[J].煤炭学
     报,2007,32(9):897-901.

[60] 钱鸣高,缪协兴,何富连.采场"砌体梁"结构的关键块分析[J].煤炭学报,1994,
     19(6):557-562.

[61] 钱鸣高,缪协兴.采场上覆岩层结构的形态与受力分析[J].岩石力学与工程学报,
     1995,14(2):97-106.

[62] 姜福兴.采场顶板控制设计及其专家系统[M].徐州:中国矿业大学出版社,2000.

[63] 钱鸣高,缪协兴.岩层控制中的关键层理论研究[J].煤炭学报,1996,21(3):
     225-230.

[64] 钱鸣高,刘听成.矿山压力及其控制[M].北京:煤炭工业出版社,1992.

[65] 闫少宏.放顶煤开采顶煤与顶板活动规律研究[D].徐州:中国矿业大学,1995.

[66] 连琛.我国综采机械化技术装备的开发与应用[J].中国煤炭,1998,24(8):18-20.

[67] 贾喜荣,翟英达,杨双锁.放顶煤工作面顶板岩层结构及顶板来压计算[J].煤炭学
     报,1998,23(4):366-370.

[68] 杨淑华,姜福兴.综采放顶煤支架受力与顶板结构的关系探讨[J].岩石力学与工
     程学报,1999,18(3):287-290.

[69] 陆明心,郝海金,吴健.综放开采上位岩层的平衡结构及其对采场矿压显现的影响
     [J].煤炭学报,2002,27(6):591-595.

[70] 黄庆享,石平五,钱鸣高.老顶岩块端角摩擦系数和挤压系数实验研究[J].岩土力
     学,2000(1):60-63.

[71] 杨敬轩,鲁岩,刘长友,等.坚硬厚顶板条件下岩层破断及工作面矿压显现特征分
     析[J].采矿与安全工程学报,2013,30(2):211-217.

[72] 伍永平,高喜才,段王拴.彬长矿区坚硬特厚煤层综放面矿压显现特征[J].煤炭科
     学技术,2009,37(1):59-61.

[73] 成云海,姜福兴.特厚煤层综放开采采空区侧向矿压特征及应用[J].煤炭学报,
     2012(7):1088-1093.

[74] 王学军,钱学森,马立强,等.厚煤层大采高全厚开采工艺研究与应用[J].采矿与

安全工程学报,2009,26(2):212-216.

[75] 吴永平.大同矿区特厚煤层综放采场矿压显现规律研究[J].煤炭科学技术,2008,36(1):8-10.

[76] 刘锦荣.特厚煤层综放采场直接顶关键层及支架适应性[J].煤炭科学技术,2009,37(6):1-4.

[77] 杨敬轩,刘长友,杨宇,等.浅埋近距离煤层房柱采空区下顶板承载及房柱尺寸[J].中国矿业大学学报,2013,42(2):161-168.

[78] 李仕明,陈光升.区段煤柱影响下的巷道矿压显现规律及支护[J].煤炭工程,2005(2):6-7.

[79] 杨伟,刘长友,黄炳香,等.近距离煤层联合开采条件下工作面合理错距确定[J].采矿与安全工程学报,2012,29(1):101-105.

[80] 鞠金峰,许家林,朱卫兵,等.近距离煤层采场过上覆 T 形煤柱矿压显现规律[J].煤炭科学技术,2010(10):5-8.

[81] 陈法兵,毛德兵,蓝航,等.不规则煤柱影响下旋采工作面冲击地压防治技术[J].煤炭科学技术,2012(2):8-11.

[82] 王永秀,齐庆新,陈兵,等.煤柱应力分布规律的数值模拟分析[J].煤炭科学技术,2004,32(10):59-62.

[83] 刘爱国,苗田,王云方,等.综放工作面回采巷道煤柱应力分析与参数优化[J].煤炭科学技术,2002,30(1):52-54.

[84] 许国安,靖洪文,丁书学,等.沿空双巷窄煤柱应力与位移演化规律研究[J].采矿与安全工程学报,2010,27(2):160-165.

[85] 李晋平,李洪武.综放面护巷煤柱应力与变形分析[J].矿山压力与顶板管理,1999,3(4):129-131.

[86] 谢广祥,杨科,刘全明.综放面倾向煤柱支承压力分布规律研究[J].岩石力学与工程学报,2006(3):545-549.

[87] Xie Xing-Zhi,Fan Zhi-Zhong,Huang Zhi-Zeng,et al. Research on unsymmetrical loading effect induced by the secondary mining in the coal pillar[J]. International Symposium on Mine Safety Science and Engineering,2011(26):725-730.

[88] 尹希文,朱拴成,安泽,等.浅埋深综放工作面矿压规律及支架工作阻力确定[J].煤炭科学技术,2013(5):50-54.

[89] 祝经康.液压支架合理工作阻力的确定[J].煤炭科学技术,1984(7):6-7.

[90] 孔令海,姜福兴,王存文.特厚煤层综放采场支架合理工作阻力研究[J].岩石力学与工程学报,2010(11):2312-2318.

[91] Buzilo V,Serdyuk V,Yavorsky A. Research of influence of support resistance of the stope in the immediate roof condition[C]. New Techniques and Technologies in Mining Proceedings of the School of Underground Mining,2010:127-130.

[92] Ajoy K Ghose. Estimation of support resistance at longwall faces-a critique[J]. Journal of Mines,Metals and Fuels,1985(33):115-129.

[93] 陈学华,段克信,陈长华.地质动力区划与矿井动力现象区域预测[J].煤矿开采,

2003,8(2):55-57.

[94] 张春营,兰天伟,曹博.岩体应力状态分析系统在红阳三矿的应用[J].煤炭技术,
2008,27(1):129-131.